工 厂 供 电

（第4版）

黄明琪　李善奎　文　方　主编

重庆大学出版社

内 容 简 介

本书介绍了工厂供电系统的组成,电气负荷计算与短路电流计算的基本方法,工厂变配电所电气接线与设备结构原理,工厂电力线路的选择、计算,工厂供电系统的保护、防雷与接地,工厂实用节电技术等内容。每章后附有思考题和习题,可以帮助读者掌握书中基本内容。书后附有较丰富的技术资料,方便读者查阅。

本书可作为高等院校工业自动化、电气技术及有关专业专科的教材,也可供工矿企业中从事供配电工作的工程技术人员与管理人员学习参考。

图书在版编目(CIP)数据

工厂供电/黄明琪,李善奎,文方主编.—3 版.
—重庆:重庆大学出版社,2011.1(2020.8 重印)
ISBN 978-7-5624-2947-0

Ⅰ.①工… Ⅱ.①黄…②李…③文… Ⅲ.①工厂—供电—高等学校:技术学校—教材 Ⅳ.①TM727.3

中国版本图书馆 CIP 数据核字(2010)第 233538 号

工 厂 供 电
第 4 版
黄明琪 李善奎 文 方 主编
责任编辑:彭 宁 版式设计:彭 宁
责任校对:任卓惠 责任印制:张 策
*
重庆大学出版社出版发行
出版人:饶帮华
社址:重庆市沙坪坝区大学城西路 21 号
邮编:401331
电话:(023) 88617190 88617185(中小学)
传真:(023) 88617186 88617166
网址:http://www.cqup.com.cn
邮箱:fxk@ cqup.com.cn (营销中心)
全国新华书店经销
POD:重庆新生代彩印技术有限公司
*
开本:787mm×1092mm 1/16 印张:12.5 字数:312 千
2019 年 1 月第 4 版 2020 年 8 月第 17 次印刷
ISBN 978-7-5624-2947-0 定价:32.00 元

本书如有印刷、装订等质量问题,本社负责调换
版权所有,请勿擅自翻印和用本书
制作各类出版物及配套用书,违者必究

序

近年来我国高等专科教育发展很快,各校招收专科生的人数呈逐年上升趋势,但是专科教材颇为匮乏,专科教材建设工作进展迟缓,在一定程度上制约了专科教育的发展。在重庆大学出版社的倡议下,中国西部地区14所院校(云南工学院、贵州工学院、宁夏工学院、新疆工学院、陕西工学院、广西大学、广西工学院、兰州工业高等专科学校、昆明工学院、攀枝花大学、四川工业学院、四川轻化工学院、渝州大学、重庆大学)联合起来,编写、出版机类和电类专科教材,开创了一条出版系列教材的新路。这是一项有远见的战略决策,得到国家教委的肯定与支持。

质量是这套教材的生命。围绕提高系列教材质量,采取了一系列重要举措:

第一,组织数十名教学专家反复研究机类、电类三年制专科的培养目标和教学计划,根据高等工程专科教育的培养目标——培养技术应用型人才,确定了专科学生应该具备的知识和能力结构,据此制订了教学计划,提出了50门课程的编写书目。

第二,通过主编会议审定了50门课程的编写大纲,不过分强调每门课程自身的系统性和完整性,从系列教材的整体优化原则出发,理顺了各门课程之间的关系,既保证了各门课程的基本内容,又避免了重复和交叉。

第三,规定了编写系列专科教材应该遵循的原则:

1. 教材应与专科学生的知识、能力结构相适应,不要不切实际地拔高;

2. 基础理论课的教学应以"必须、够用"为度,所谓"必须"是指专科人才培养规格之所需,所谓"够用"是指满足后续课程之需要。

3. 根据专科的人才培养规格和人才的主要去向,确定专业课教材的内容,加强针对性和实用性;

4. 减少不必要的数理论证和数学推导;

5. 注意培养学生解决实际问题的能力,强化学生的工程意识;

6. 教材中应配备习题、复习思考题、实验指示书等,以方便组织教学;

7. 教材应做到概念准确,数据正确,文字叙述简明扼要,文、图配合适当。

第四,由出版社聘请学术水平高、教学经验丰富、责任心强的专家担任主审,严格把住每门教材的学术质量关。

出版系列专科教材堪称一项"浩大的工程"。经过一年多的艰苦努力,系列专科教材陆续面市了。它汇集了中国西部地区14所院校专科教育的办学经验,是西部地区广大教师长期教学经验的结晶。

纵观这套教材,具有如下的特色:它符合我国国情,符合专科教育的教学基本要求和教学规律；正确处理了与本科教材、中专教材的分工，具有很强的实用性；与出版单科教材不同，有计划地成套推出，实现了整体优化。

这套教材立足于我国西部地区，面向全国市场，它的出版必将对繁荣我国的专科教育发挥积极的作用。这套教材可以作为大学专科及成人高校的教材，也可作为大学本科非机类或非电类专业的教材，亦可供有关工程技术人员参考。因此我不揣冒昧向广大读者推荐这套系列教材，并希望通过教学实践后逐版修订，使之日臻完善。

吴云鹏

1993年

仲夏

前　言

《工厂供电》课程涉及面宽，实用性强。本书从掌握工业企业供电系统基本知识、基本原理、基本计算及实际运行技术的需要出发，在内容及章节安排上与一般工厂供电书籍相比有较大的变动，增加了工厂实用节电新技术方面的介绍。全书共分6章，第1章介绍工厂供电系统的组成、基本要求、质量指标、图纸资料及技术管理文件；第2章把工业企业正常的电力负荷计算、电气照明负荷计算以及故障时的短路电流计算合并在一起，着重介绍实用计算方法；第3章介绍工厂变配电所常用高、低压电气设备，电气主接线及其成套配电装置的构成以及运行知识；第4章介绍了工厂电力网及电力线路的选择与计算，电压调整措施及运行知识；第5章介绍工厂供电系统的保护，包括线路与设备的保护，防雷保护与接地以及二次回路；第6章介绍了工厂节电新技术，包括提高工厂功率因数和常用用电设备节电的新方法。全书注重实用性，做到内容精，取材新。电气图形符号、技术数据、技术资料采用最新国家标准，电气设备注意了最新产品的介绍。书中附录列入了较为丰富的技术参考资料，方便读者使用。每章后列出思考题和习题，以帮助读者复习与掌握基本内容。

本书第1、2、3、4章由贵州工业大学黄明琪编写，第6章由重庆大学李善奎编写，第5章由贵州工业大学文方编写。陕西理工学院李生鹏在第3、5章前期编写中做了部分工作。全书由黄明琪教授主编。

本书由重庆大学叶一麟教授主审。他认真审阅了全书，并对初稿提出了许多宝贵意见，在此表示衷心感谢！

由于编者业务水平有限，书中错误和不当之处难免，恳请广大师生和读者指正批评。

编　者

目　录

第1章　工厂供电系统概述

任何一个现代化的工矿企业，工厂供电系统关系到能否正常、可靠、安全、经济地进行生产，所以工矿企业对工厂供电系统均十分重视。工业国家工矿企业用电量一般占全国发电量的一半左右，工厂供电系统在电力系统中也占有重要的地位。因此，必须认真学习、研究工厂供电系统的有关问题。

1.1　工厂供电的电源

工厂供电的电源绝大多数都来自国家电力系统，有的来自工厂自建的发电厂，现分述如下：

一、工厂由电力系统供电

发电厂是将煤炭、水力、石油、天然气及原子能等自然能（一次能源）转变为电能（二次能源）的工厂。早年发电厂建设在用户附近，规模小而且是孤立运行。随着生产的发展和用电量的增加，电厂容量不断增大，为了减少大量一次能源的远距离输送，要求发电厂尽可能建在动力资源所在地如矿区和河流落差大的山区。然而用户又大量集中在城市和工业中心，所以就必须建设升压变电所和架设高压输电线路，将电能送到用电中心，然后又经过降压变电所降压，通过配电线路，再送给各类用户。

由各种电压的电力线路，将发电厂、变电所和电力用户连接起来的一个发电、输电、变电、配电和用电的整体，称为电力系统。

电力系统中各级电压的电力线路及与其连接的变电所，叫做电力网，简称电网。电网按电压高低和供电范围大小可分为区域电网和地方电网。区域电网的供电范围大，电压一般在220 kV及以上。地方电网的供电范围小，电压一般为35～110 kV。电网或系统也往往按电压等级来称呼，如说10 kV电网或10 kV系统，它的意思是指相互连接的整个10 kV电压的电力线路。根据供电地区的不同有时也将电网称为城市电网（简称城网）和农电网等。

电力系统的单线接线图，如图1.1所示。由图看出：大型水电厂由于容量大、输电距离远，把电压升高到500 kV用超高压输电线送至枢纽变电所与区域电网相连。热电厂是装有供热式汽轮发电机组的发电厂，它除发电外，还兼向附近的工厂供热，这样做可以提高热能利用效率，所以一般热电厂常建在用户附近。从图1.1中还可看出工厂从电力系统得到供电的情况，它或者从系统中的变电所，或者从邻近的发电厂得到电源。

将各孤立运行的发电厂通过电力网连接起来形成并联运行的电力系统后，在技术经济上的好处是很明显的。如电厂可以不受地方负荷限制而安装大型机组（大机组效率高，运行经济）；可以合理利用地方资源，灵活安排水火电厂负荷，提高运行经济性；可以减少系统备用容量；可以提高供电可靠性和电能质量等。当然，电网结构的合理与否对安全、可靠供电的影响是很大的。供电部门对电源接入、受端系统、输电线路等均应有全面的考虑与规划。工厂如何从国家电力系统取得电源(接入地点、接线方式、运行方式、自动装置装设等)均应与供电部门协商,统筹考虑,合理解决。

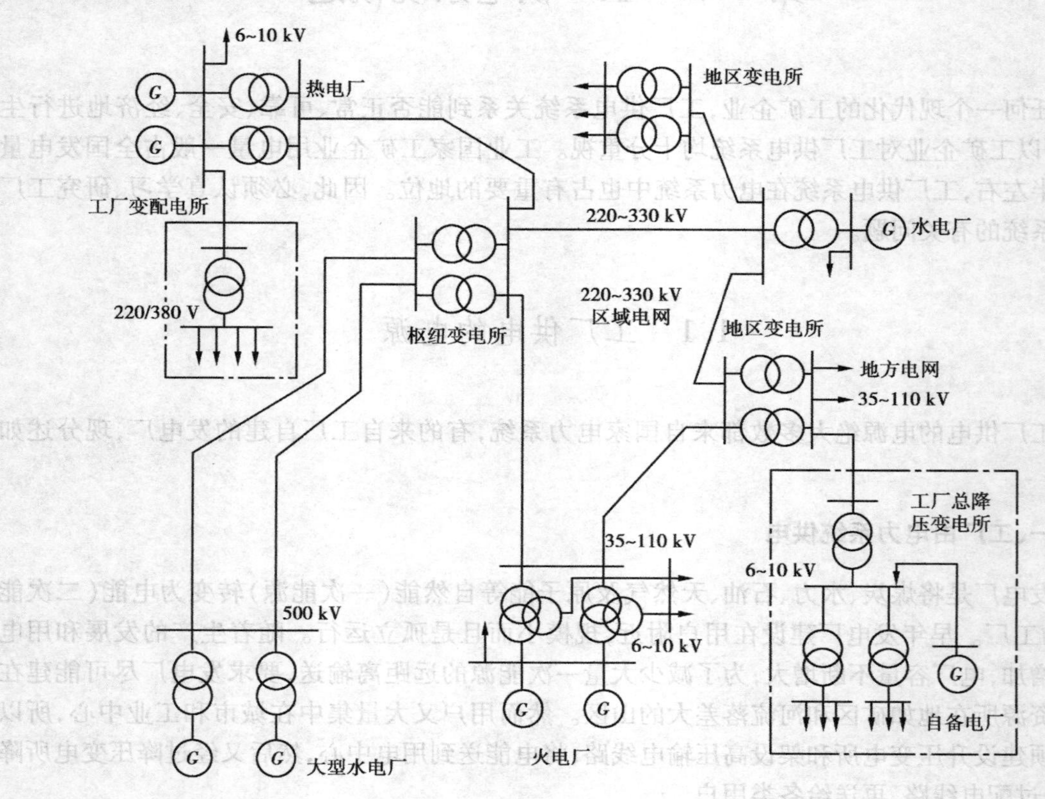

图 1.1 电力系统的单线接线图

二、工厂由自备发电厂供电

工厂的电源绝大多数来自国家电力系统,但下述情况,也可以建立工厂自用发电厂,常称自备电厂:

(1)距离系统太远,由系统供电有困难;

(2)本厂生产及生活需要大量热能,建立自备热电厂,既供电也供蒸汽和热水;

(3)本厂有大量重要负荷,需要独立的备用电源,而从系统取得又有困难;

(4)本厂或所在地区有可供利用的能源。

对于重要负荷不多的工厂,作为解决备用电源的措施,发电机可用柴油机或其他小型动力机械带动,这样比较简单。图 1.1 右下角点画线框中为工厂供电系统接入自用发电机的示意图。地方电网接入自备电厂(或供热电厂)中小型发电机时,一般宜以辐射方式直接接入高压电网的地区变电所,并划分供电范围、选择解列点,以保证系统发生故障时能可靠解列。

1.2 供电质量的主要指标

对工厂用户而言,衡量供电质量的主要指标为:(1)交流电的电压及波形;(2)频率;(3)可靠性。它们对用户究竟有什么影响呢?

一、交流电的电压及波形

交流电的电压质量包括电压数值与波形两个方面。电压质量对各类用电设备的工作性能、使用寿命、安全及经济运行都有直接的影响。用电设备在其额定电压下工作既能保证设备运行正常,又能获得最佳的经济效果。

加在用电设备上的电压在数值上偏移额定值后,如对于感应电动机,其最大转矩与端电压的平方成正比,当电压降低时,电动机转矩显著减小,以致转差增大,从而使定子、转子电流都显著增大,引起温升增加,绝缘老化加速,甚至烧毁电动机。而且由于转矩减小,转速下降,既降低生产效率,减少产量,又影响产品质量。反之,当电压过高,对于电动机等具有激磁铁心的电气设备,铁心磁密增大甚至饱和,激磁电流与铁损都大大增加,引起电机等过热,效率降低。如对电热装置,这类设备的功率与电压平方成正比,所以电压过高将损伤设备,电压过低又达不到所需温度。电压偏移对白炽灯影响显著,白炽灯的端电压降低10%,发光效率下降30%以上,灯光明显变暗;端电压升高10%时,发光效率将提高1/3,但使用寿命将只有原来的1/3。电压偏移对荧光灯等气体放电灯的影响不像白炽灯那么明显,但也会影响起燃,同样影响照度和寿命。

《全国供用电规则》(1983年8月)规定用户处容许电压变化范围为:

(1)由35 kV及以上电压供电的用户为±5%。

(2)由10 kV及以下的高压供电的用户和低压电力用户为±7%。

(3)低压照明用户为+5%、-10%。

当然,对于三相而言,三相电压与电流的不对称也影响电能质量。这种不对称运行对发电设备、用电设备、自动控制及保护系统、通信信号等均会产生不良影响。低压供电系统中因三相不对称造成的中性点偏移,可能危及人身及设备安全。

电力系统的供电电压(或电流)的波形畸变,使电能质量下降。高次谐波电流使电网电流有效值增加,电阻也因集肤效应的影响而增大,电网中产生附加能量损耗;高次谐波电流加大了旋转电机、变压器、电缆等电气元件中绝缘介质的电离过程,使其发热量增加,寿命降低;高频电流使静电电容器发热增加,加速绝缘老化。高次谐波电流还将影响电子设备的正常工作,使自动化、远动、通讯都受到干扰。为此,水利电力部在1984年8月31日以急件颁发了《电力系统谐波管理暂行规定》,要求全国电力部门严格管理电网谐波,保证电能质量。

二、频率

由国家电网供电的工厂,其频率是由电力系统决定的,频率偏离额定值同样将影响电力用户的工作并严重影响电力系统本身。如电网低频率运行,所有用户的交流电动机转速都将相应降低,如电网频率由50 Hz降至48 Hz时,电动机转速将降低4%,这将不同程度地影响到工厂产品的产量下降,有的质量也将降低,如纺织品出现断线、毛疵,纸张厚薄不匀等。对电力系统来说,有功电源不足的系统,当有功负荷增加,会造成系统频率下降,而频率降低将使发电厂中锅炉的给水泵和风机等离心机械出力急剧下降,迫使锅炉出力大大减少,这就势必减少系统电源的有功出力,导致系统频率进一步下降,如果系统频率急剧下降的趋势不能及时制止,那将造成恶性循环,导致整个电力系统崩溃。此外,在频率降低的情况下运行,汽轮机叶片将因振动加大而产生裂纹,甚至断裂。当然,频率的变化还将影响到电钟、计算机、自控装置等设备的准确工作。

《全国供用电规则》(1983 年 8 月)规定供电局的供电额定频率为交流 50 Hz,供电频率的允许偏差,电网容量在 300 万 kW 及以上者不得超过 0.2 Hz;电网容量在 300 万 kW 以下者不得超过 0.5 Hz。

三、可靠性

毫无疑问,供电的可靠性应当是衡量供电质量的一个重要指标,有的把它列在质量指标的首位,衡量供电可靠性的指标,一般以全年平均供电时间占全年时间的百分数来表示,例如,全年时间为 8 760 小时,用户全年平均停电时间为 87.6 小时,即停电时间占全年的 1%,则供电可靠性为 99%。

1.3 工厂供配电系统及图纸

工厂供配电系统包括地方电网向工厂的供电系统及工厂内部的供配电系统两个方面。这里介绍有关它的一些知识。

一、对工厂供配电系统的基本要求

为了使工厂供电能很好地满足本厂生产和生活的需要,并能尽量节约能源,对工厂供配电系统有以下基本要求:

1. 供电可靠

不同的工厂,不同的用电设备,对供电可靠性的要求是不相同的。例如电解铝厂的电解槽突然停电 1~2 min 虽不至引起严重后果,但有时会出现大量有害气体,造成再度电解时要多消耗大量电能,当然如突然停电超过 15 min,电解槽将损伤甚至破坏;再如钢厂炼钢炉突然停电 30 min,可能造成炼钢炉报废等。根据用电负荷的性质和突然停电造成的影响可将负荷分为三级,这些将在第 2 章中介绍。

所谓供电可靠,就是指工厂供电的电源,供配电系统的设计与运行等应保证满足全厂不同用电设备对供电可靠性的要求。

2. 保证电能质量

保证工厂供电的电能质量牵涉到各方面。频率是全网统一的,由系统进行控制和调度,由电力系统保证。牵涉到用户的是:当电力系统发生重大事故,为不使频率下降太多,装设有低周减载装置,电力系统按频率降低的范围,自动切除部分用户负荷。

电压质量与用户及电力系统均有密切关系,电力系统的电压质量具有分散性特点,所以一般实行分级管理。为保持电压水平,在发电厂和变电所的母线以及部分用户变电所母线建立了电压监视点,当电压偏移超过所规定的范围时,电力系统的值班调度员应立即设法使电压恢复正常水平,供电局也定期对用户受电端的电压进行测定和调查,发现电压变动超过用户处容许电压变化范围时,供电局与用户都应积极采取措施予以改善。

按照《工业与民用供配电系统设计规范》(GBJ52 修订本)规定:正常运行情况下,用电设备端子处电压偏移的允许值为:

电动机 ±5%;

照明灯　在一般工作场所 ±5%;在视觉要求较高的屋内场所 +5%、-2.5%;在远离变电所的小面积一般工作场所,难以满足上述要求时为 +5%、-10%;

其他用电设备　无特殊规定时 ±5%。

这里所说的电压偏移值是指设备的端电压与设备额定电压之差占设备额定电压的百分比。

为了满足用电设备对电压偏移的要求,工厂供配电系统应能采取一定的措施,以保证电压质量,如:

(1)正确选择无载调压型变压器的电压分接头或采用有载调压型变压器。

(2)合理选择变压级数,合理选择导线或电缆截面,以降低系统阻抗,减少电压损耗,缩小电压偏移范围。

(3)尽量使三相负荷平衡。在有中线的低压配电系统中,三相负荷不平衡将使负荷端的中性点偏移,造成有的相电压升高,加大了电压偏移。

(4)能灵活地改变系统的运行方式,如根据运行情况切投变压器,切换供电线路等。

(5)采用并联电容器、同步补偿机等无功补偿设备,改变供电系统无功功率的分布,减少线路电压损失,以提高用户端电压。

在抑制供电系统高次谐波方面,用户对所用的整流装置、非线性用电设备等,也应采取一定的技术措施,减少高次谐波电流大量注入电网,造成对供电网络的电磁"污染"。

3. 保证安全

工厂供配电系统的设计、安装、运行、维修中均必须充分考虑到人身安全与设备安全。符合安全供用电规定。

4. 结线方式力求简单清晰、操作检修方便、运行灵活

在满足安全、可靠的前提下,工厂供配电线路及变配电所结线应力求简单清晰;投入、切除操作方便;检修操作方便;能适应不同运行方式的变化,根据需要灵活地从不同方向得到供电。

5. 经济

供配电系统的投资要少,运行费用要低,总的经济效果为最好。

此外,在设计供配电系统时,根据工厂发展情况及周边条件,考虑有适当发展余地。

二、工厂供配电电压

工厂电网和电气设备的额定电压可以是不同的电压等级,但均应符合国家关于额定电压的规定。

1. 额定电压的国家标准

根据我国国民经济发展的需要和技术经济上的合理性,为使电气设备实现标准化和系列

化，根据 1981 年我国重新修订发布的额定电压等级，交流电网和电力设备常用额定电压如表 1.1 所示。

表 1.1　我国交流电网和电力设备的额定电压/kV

电网和用电设备额定电压	交流发电机额定线电压	变压器额定线电压	
		一次线圈	二次线圈
0.22	0.23	0.22	0.23
0.38	0.40	0.38	0.40
3	3.15	3 及 3.15	3.15 及 3.3
6	6.3	6 及 6.3	6.3 及 6.6
10	10.5	10 及 10.5	10.5 及 11
–	15.75	15.75	–
35	–	35	38.5
60	–	60	66
110	–	110	121
154	–	154	169
220	–	220	242
330	–	330	363
500	–	500	525

从表 1.1 中，可以看出下列特点：

(1)用电设备的额定电压和电网的额定电压是一致的。实际上电力线路的额定电压是按照受电设备的额定电压来制定的。由于线路在运行时有电压损耗，所以一般线路首端电压高，末端电压低，如图 1.2 所示。

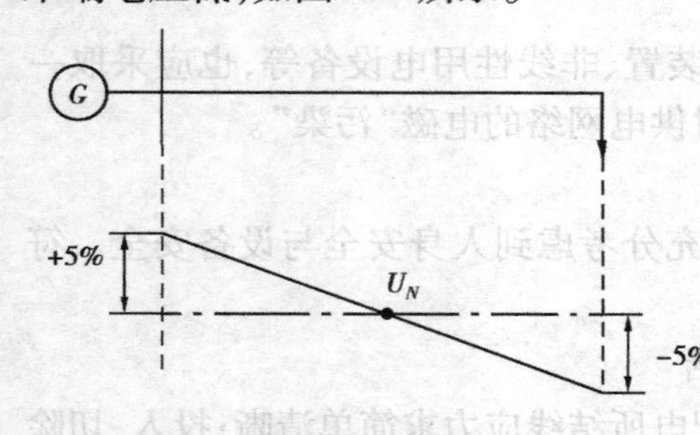

图 1.2　供电线路上的电压变化

(2)发电机的额定电压较用电设备的电压应高出 5%，以补偿线路电压损失，表 1.1 反映了这一点。

(3)变压器的一次线圈(原线圈)是接受电能的，可以看成是用电设备，其额定电压一般与用电设备的额定电压相等。但直接与发电机相连接的升压变压器的一侧(3、6、10 kV 电压等级)，其电压应与发电机电压相适应，即比电网额定电压高 5%。

(4)变压器的二次线圈(副线圈)相当于一个供电电源，它的空载额定电压要比电网额定电压高 10%(当变压器通过额定负荷电流时，变压器绕组的电压损失约为 5%)。但在 3、6、10 kV 电压时，如采用短路电压小于 7.5% 的配电变压器，则二次线圈的额定电压仅高出电网额定电压 5%。

2. 工厂供配电电压的选择

地区变电所向工厂的供电电压及工厂内部的供配电电压的选择与很多因素有关，但主要取决于地区电力网的电压，工厂用电设备的容量和输送距离等。提高送电电压能减少电能损耗，提高电压质量，节约有色金属，但却增加了线路及设备投资，所以对应一个电压等级有一个较合理的输送容量与输送距离。常用各级电压的经济输送容量与输送距离的关系如表 1.2 所示。

表 1.2 常用各级电压的经济输送容量与输送距离

线路电压/kV	输送功率/kW	输送距离/km
0.38	100 以下	0.6
3	100 ~ 1 000	1 ~ 3
6	100 ~ 1 200	4 ~ 15
10	200 ~ 2 000	6 ~ 20
35	2 000 ~ 10 000	20 ~ 50
110	10 000 ~ 50 000	50 ~ 150
220	100 000 ~ 500 000	100 ~ 300

对工厂供配电电压选择说明如下：

(1)工厂供电电压的选择

工厂供电电压基本上只能选择地区原有电压，自己另选电压等级的可能性不大，具体选择时表 1.2 可供参考，即：

对于一般无高压用电设备的小型工厂，设备容量在 100 kW 以下，输送距离在 600 m 以内，可选用 380/220 V 电压供电。

对于中小型工厂，设备容量在 100 ~ 2 000 kW，输送距离在 4 ~ 20 km 以内的，可采用 6 ~ 10 kV 电压供电。

对于中大型工厂，设备容量在 2 000 ~ 50 000 kW，输送距离在 20 ~ 150 km 以内的，可采用 35 ~ 110 kV 电压供电。

(2)工厂配电电压的选择

工厂高压配电电压一般选用 6 ~ 10 kV；3 kV 电压太低，作为配电电压不经济，早已不采用(如有 3 kV 用电设备，可用 10/3.15 kV 的变压器单独供电)。6 kV 与 10 kV 比较，变压器、开关设备投资差不多，传输相同功率情况下，10 kV 线路可减少投资，节约有色金属，减少线路电能损耗与电压损耗，更适应发展，所以一般宜选用 10 kV。但如果工厂供电电源的电压就是 6 kV，或工厂使用的 6 kV 电动机多而且分散(我国当前生产的电动机 10 kV 最低额定功率为 2 000 kW，200 kW 以上的电动机可选 6 kV 及 3 kV)，采用 10 kV 配电电压是否有利，需经过技术经济比较才能决定。

工厂的低压配电电压，除因安全所规定的特殊电压外，一般采用 380/220 V。380 V 为三相配电电压，供电给三相用电设备及 380 V 单相用电设备。220 V 作为单相配电电压，供电给一般照明灯具及 220 V 单相用电设备。对采矿、石油加工、化工等少数部门，因负荷中心离变电所较远等原因，为了减少线路电压损耗和电能损耗，提高负荷端的电压水平，也有采用 660 V 配电电压的。

三、工厂供配电系统的图纸

工厂供配电系统的设计、施工与运行、维护管理均离不开有关的图纸、资料，在工厂供电系统设计中应当提供以下图纸资料：

(1)工厂总降压变电所、车间变电所、配电所的设计说明书，设备材料清单及工程概(预)算，主电路图、平剖面图、二次回路图及其他安装施工图与施工说明书。

(2)工厂厂区配电线路设计说明书、设备材料清单及工程概(预)算,厂区配电线路系统图和平面图、电杆总装图及其他安装施工图与施工说明书。

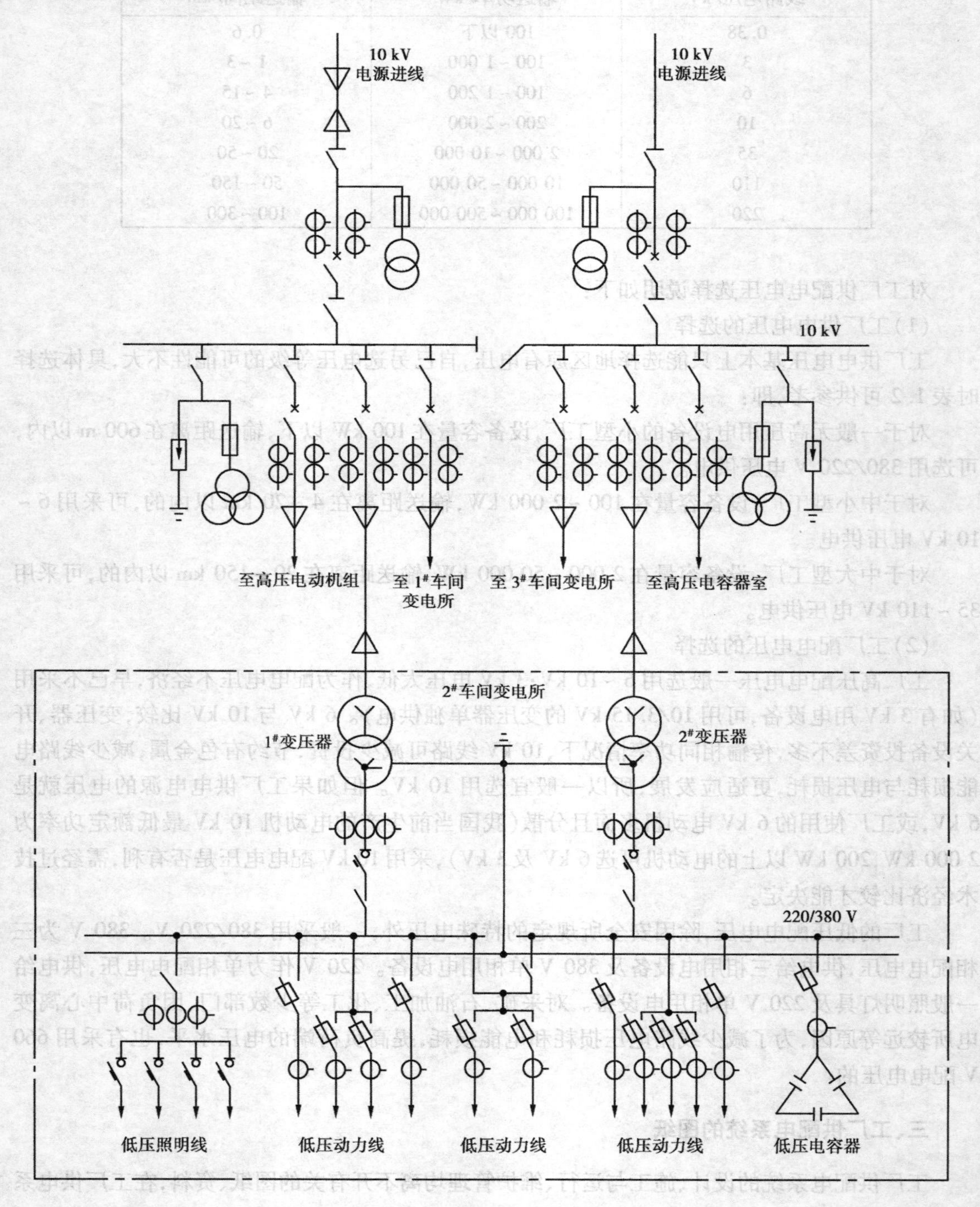

图 1.3　工厂供配电系统图

(3)车间配电线路设计说明书、设备材料清单及工程概(预)算,车间配电线路系统图和平面图及其他安装施工图与施工说明书。

(4)厂区室外照明和车间(建筑)内照明的设计说明书,设备材料清单及工程概(预)算,照明系统图和平面图及其他安装施工图与施工说明书。

上述图纸资料有些在日常操作运行中也常用到。应当具有这方面的识图与绘图能力。绘制各种电气图均应按照国家标准《电气图用图形符号》(GB4728・1~13)和《电气制图》(GB6988・1~7)等的有关规定。并且所有电气元件均应按无电压、无外力作用时的正常状态绘出。

图1.3为工厂供电系统图,所谓供电系统图,实际上就是用电气图形符号按照供电系统的组成方式,表示出一次设备的连接次序和关系的图形,也常称为电气主接线图。为了使图形简单清晰,通常供电系统的系统图、平面布线图等均采用单线表示法,即两根或两根以上的导线只用一条线来表示。

工厂供电系统图能清晰地表明工厂供电的电源以及电能输送、分配、控制等一次设备之间的关系,是工厂电气运行人员进行倒闸操作的主要依据。它能帮助人们迅速准确地了解工厂供配电系统的全貌。如从图1.3可以看出,这个工厂有一个双回路电源进线的高压10 kV配电所,一回是架空进线,一回是电缆进线,分别接于用分段隔离开关连接的两段母线上,正常供电时,分段隔离开关断开,两段母线分别向1#、2#、3#车间变电所供电,2#车间变电所用双回路供电,可见它是重要负荷。在两段母线上都接有电压互感器和避雷器,用于计量和防雷保护。车间变电所设在靠近负荷中心处,2#车间变电所低压侧也设有两段母线,低压母线分别配电给低压动力负荷和照明负荷。高、低压母线上均接有补偿无功功率的电容器,以提高工厂功率因数。

图1.3所示的工厂供电系统图并不完整,如1#、3#车间变电所的主接线图未绘出,2#车间变电所的配电线也不全,但通过这些接线也不难推知其他接线。应当说明,一个完整的工厂供电系统图(变配电所主接线图)的内容要比图1.3所示更多,在每一个图形符号旁要标明电器的规格型号。如果要作现场的模拟图供运行操作之用,还要将每个开关电器(隔离开关、断路器等)按不同的电压等级和顺序给予编号,并标注在图形符号旁。

供配电系统平面图就是根据供配电系统图以一定的比例表示建筑物外部或内部的电源布置情况的图纸。

图1.4所示为厂区建筑物外配电线路总平面布置图。它是用于表示建筑物外接供电电源布置情况的图纸,主要表明变配电所与线路的平面布置情况。它能反映高压架空线路或电力电缆线路进线方向;变配电所的位置、形式;高低压配电线路的走向及负荷分配,各建筑物平面面积、主要平面尺寸及其负荷大小;架空线路的电杆形式、编号、电缆沟的规格;导线的型号、截面积及每回线的根数等。从图1.4可以看出,该厂电源进线为10 kV架空线,工厂变配电所设在靠近大负荷的车间,引出三回380/220 V低压线至各车间。供配电导线的型号、走向均示于图中。

图1.5为一个锅炉房的动力配电线路平面图。它是按建筑物不同标高的楼层分别画出的。它反映动力线路的敷设位置、敷设方式、导线穿线管种类、线管管径、导线截面及导线根数,同时还反映各种电气设备及用电设备的安装数量、型号及相对位置。在平面图上导线及设备通常采用图形符号表示,导线及设备间的垂直距离和空间位置一般不另用立面图表示,而是标注安装标高,以及附加必要的施工说明来表明。为了更明确地表示出设备的安装位置和安装方法,户内动力配电线路平面图一般都在简化了的土建平面图上绘出,电气部分用中粗线表

示，土建部分用细实线表示。从图 1.5 的图形符号及标注符号可以看出，这个锅炉房安装了 7 台电动机和一个三相插座。电源进线穿入直径为 80 mm 的电线管（DG）内，在地下暗敷（DA），然后接至动力配电箱。1、2、3、4、5 号电动机的配线均穿钢管（G）沿地暗敷（DA）；6、7 号电动机为电缆配线沿电缆沟敷设（图中虚线表示电缆沟）。三相插座配线为穿入的硬塑料管（VG），沿墙暗敷（QA）。

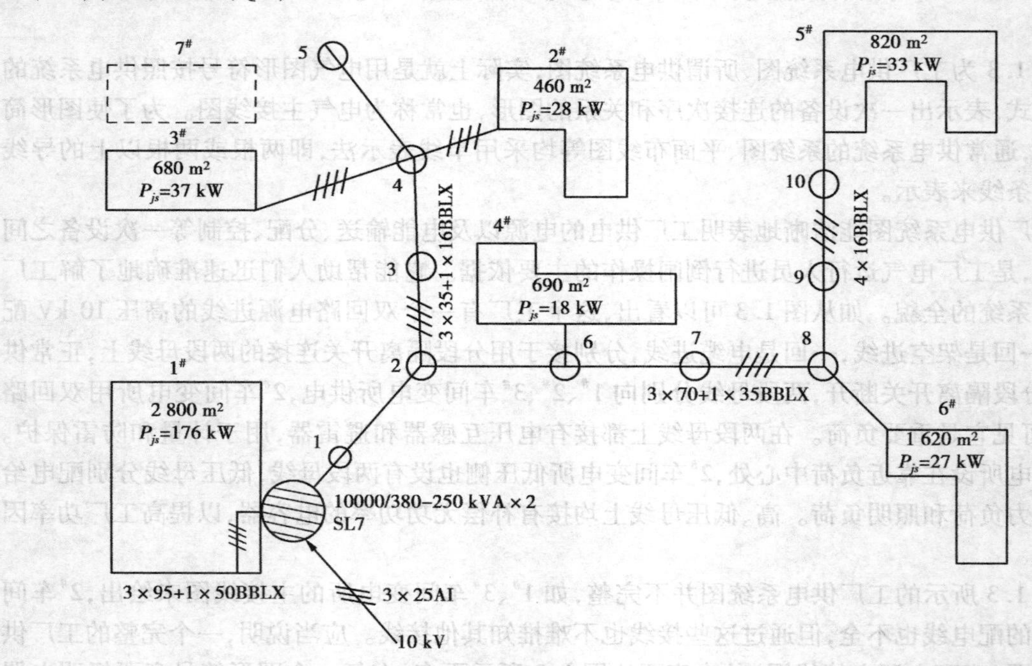

图 1.4　工厂厂区配电系统平面布置图

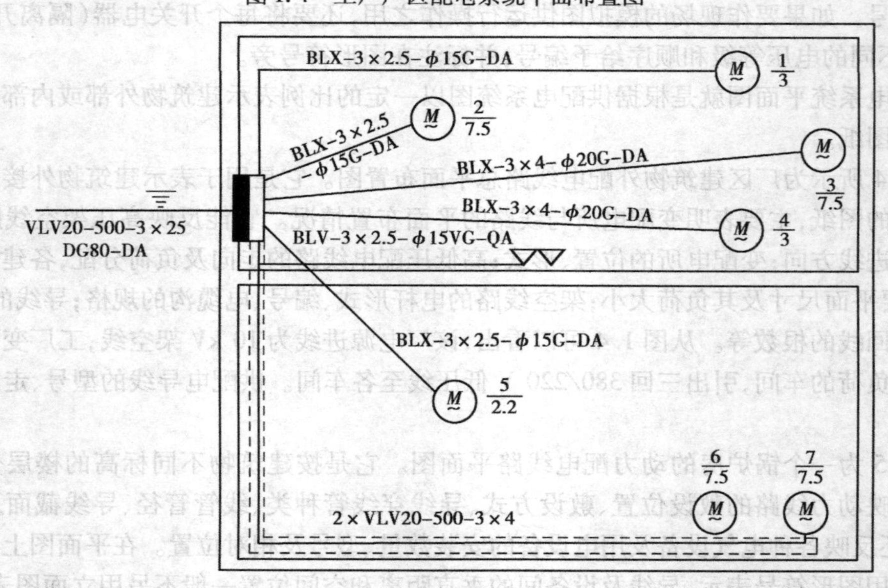

图 1.5　锅炉房动力配电线路平面布置图

图 1.6 是一种很简单的照明配电线路平面图与剖面图。照明配电线路平面图反映的内容

与动力配电线路平面图相类似,只不过全是与照明有关的内容。此外为了更好地了解电气照明平面图,可以另外画出照明器、开关、插座等的实际连接的示意图,称为剖面图,或称为斜视图、透视图。剖面图画起来较麻烦,但对现场施工布线很有帮助。从图 1.6 可看出灯具、开关、线路的布置情况。图中左侧较大房间装了两盏灯,由门旁的 Q_1、Q_2 两只开关控制;右侧房间中装了一盏灯,由 Q_3 开关控制。由图形符号及配线与照明设备标注可知,这三盏灯都是搪瓷伞罩灯(S),白炽灯泡功率为 60 W,线吊式安装(X),安装高度为 2.5 m,Q_1、Q_2 为单极明装翘板式开关,Q_3 为单极拉线开关。室内照明线为 BLV 型绝缘线,截面积均为 2.5 mm^2,采用瓷瓶配线(CP),暗藏于天棚内敷设(PA)。从平面图看出,在两盏灯 E_1 与 E_2 之间及其与两只开关 Q_1 与 Q_2 之间采用的是 3 根导线,其余均为两根导线。造成的原因从剖面图上可看清楚。

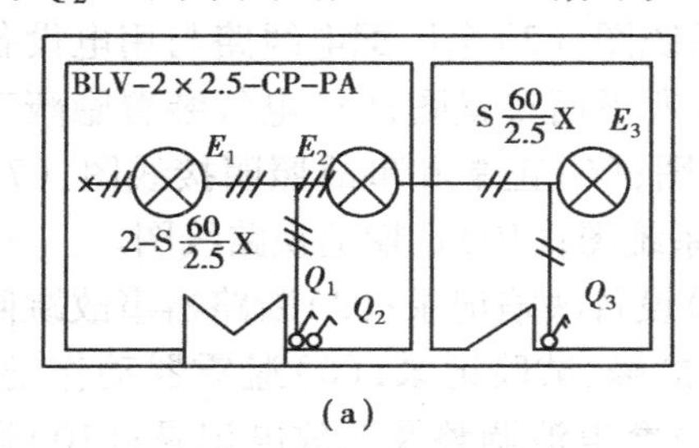

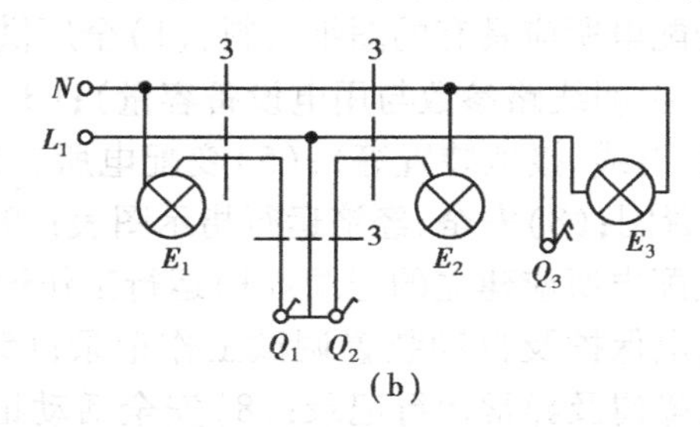

图 1.6　电气照明系统平面图与剖面图

(a)平面图　(b)剖面图

1.4　工厂供用电技术管理

电力工业生产的特点是发电、供电、用电同时完成,电能没有半成品,也不能大量储存,发电量和用电量是严格平衡的。所以电能用户如何用电、何时用电及用多少电对电能生产都有直接影响。作为电力系统中重要一环的电能用户来说,其技术管理工作自然十分重要。有关工厂供用电技术管理的内容我们应当熟悉。

一、供用电技术管理的有关规定

熟悉、了解与供用电技术管理有关的一些主要规定,是搞好供用电技术管理的前提条件。这些规定如下:

《全国供用电规则》(水利电力部编,1983 年 8 月),《电力工业技术管理法规》(试行)(水利电力部编,1980 年 5 月),《电能计量装置管理规程》(试行)(水利电力部编,1982 年 6 月),《电业安全工作规程》(发电厂和变电所电气部分,电力线路部分)(水利电力部编,1978 年 3 月)。此外还有水电部及各地方电力部门颁布的有关规程和技术标准。

与工厂供配电系统设计有关的国家标准也可供技术管理参考,如:《工业与民用供配电系统设计规范》(GBJ52 修订本),《10 kV 及以下变电所设计规范》(GBJ53 修订本),《低压配电设计规范》(GBJ54 修订本)等。

二、工厂变配电所的技术管理

变配电所是全厂供配电系统的枢纽，为了搞好其管理工作，保证安全、可靠供电，变配电所应具有必要的规程、技术资料和必要的记录。并结合本单位的实际情况，制定出具体的操作、维护、检修制度。

1. 变配电所应具有的规章制度：(1)电气安全工作规程(包括安全用具管理)；(2)电气运行操作规程(包括停、送电和限电操作步骤)；(3)电力工业技术管理法规；(4)电气事故处理规程；(5)电气工作岗位责任制；(6)电气设备现场巡视检查制度；(7)电气运行交接班制度；(8)电气工作培训考核制度；(9)调节电荷节约电能工作管理制度；(10)变配电所的门卫制度。

2. 变配电所应具有的图纸资料：(1)全厂供配电系统图；(2)全厂配电线路与用电设备平面分布图(标明线路参数与用电设备容量)；(3)变配电所平面布置图；(4)电气装置隐蔽工程竣工图(如电缆、接地装置等)；(5)变配电所二次接线图；(6)正常和事故照明接线图；(7)接地装置布置图；(8)安全、经济运行指示图表；(9)直流系统图；(10)定期巡视路线图。

3. 变配电所应建立的记录：(1)运行工作记录；(2)设备缺陷记录；(3)断路器事故跳闸记录；(4)继电保护及自动装置调试工作记录；(5)设备检修、试验记录；(6)避雷器动作记录；(7)事故、障碍及异常运行记录；(8)安全活动记录；(9)蓄电池调整及充放电记录；(10)运行分析记录。

三、工厂供电系统的经济运行管理

我国能源供需矛盾十分紧张的局面，在今后相当长一段时期内还较难改变。因此，坚持贯彻开发与节约并重，把节能放在重要位置的方针不能变。节电的途径很多，其中之一就是通过管理节电。也就是通过加强用电经济运行管理、加强用电考核来挖掘潜力，减少浪费，以达到节电的目的。

加强工厂用电经济运行管理就应当使工厂供电系统和电气设备实现经济运行。为此应采取一系列措施，如：

(1)使全体职工明了节电的意义，人人参与节电。

(2)建立定期抄表(或自动巡检)制度，记录有关仪表读数。

(3)测定各种用电设备的电流负荷曲线并用以确定用电设备的运行效率。

(4)根据抄表记录数据，计算各类功率因素、各类损耗及附加损耗。

(5)测量全厂各用电设备组和电力元件的电能损耗量并画出全厂能耗模型图。

(6)绘出全厂最大负荷、有功功率、功率因数，干线的有、无功功率和电流、典型干线末端电压等随时间的变化曲线。

(7)分析上述曲线研究节电措施。如调整负荷使最大负荷减少，研究消除各类附加损耗，减少负荷波动幅值，提高企业日负荷率，调节全厂动态功率因数及运行电压使之接近于经济运行值等等。

(8)组织各项节电措施的实施。

加强工厂用电考核，应当经常考核、分析单位产品所消耗的电量即用电单耗，及时发现生产过程中的薄弱环节并及时采取措施保证产品电耗定额指标的完成。

思　考　题

1.1　什么是电力系统？什么是电力网？建立大型电力系统有哪些好处？

1.2　取得工厂供电电源的有哪些方法？应当如何选择？

1.3　衡量供电质量的主要指标是哪些？应当如何选择？举例说明供电质量不合格所带来的影响？

1.4　一个国家的额定电压等级是根据什么条件来决定的？

1.5　选择工厂的供电电压主要应当考虑哪些因素？

1.6　选择工厂厂内的配电电压主要应当考虑哪些因素？

1.7　为什么对 3 ~ 10 kV 变压器一次线圈和二次线圈额定电压都规定了两种数据？

习　　题

1.1　《全国供用电规则》中对供电质量有哪些具体规定？

1.2　对工厂供配电系统有哪些基本要求？

1.3　什么是工厂供电系统图？什么是工厂供配电系统平面图？试绘出几个实际图形来说明。

1.4　工厂配电所应建立哪些规章制度以确保用电安全？

1.5　工厂供用电技术管理有哪些规定？

第2章　工厂的电力负荷及短路电流计算

学会计算或估算工厂电力负荷的大小和计算发生短路故障时短路电流的大小是很重要的，它是我们对供配电系统中导线、电缆、各种电器设备和变压器等进行正确选择和分析其运行情况的基础。工矿企业的电力负荷是由各种用电负荷(用电设备)所构成。因此，对工厂用电设备的用电情况也应当有所了解。

2.1　工厂的电力负荷和负荷曲线

工厂用电设备的用途、类型很多，容量相差悬殊，运行特性各不相同，在生产过程中的重要性也不一样，现分别介绍如下：

一、工厂常用用电设备的用途及用电特点

电力是现代工业企业中主要的能源和动力，工厂中的用电设备是用来将电能转变成机械能、热能、光能及化学能等的设备。常用用电设备的用途及用电特点如下：

1. 生产机械的拖动电动机

工厂企业广泛使用水泵、油泵、通风机、空压机、球磨机、搅拌机等，一般均用三相交流电动机拖动。这些设备在正常情况下一般均为连续运行且负荷基本上均匀稳定，从供电系统取用电能的需要系数(见2.2)及功率因数均较高。对有些虽为均匀稳定的负荷，但如果需要调速和增加变流环节，其需要系数和功率因数就要稍低一些。

用于金属切削机床的电动机，多数也是长期连续运行的，但其用电负荷一般变动较大，所以从供电系统取用电能的需要系数和功率因数均很低。

还有如提升机、卷扬机、起重机、各型吊车等用的拖动电动机，其工作时间与停转或空转时间交相更替，负荷时刻在变化，其需要系数与功率因数也低。

2. 工业用电炉

分为电阻炉、感应电炉和电弧炉等3种。电阻炉多用于加热金属或对金属进行热处理，负荷性质比较稳定，相当阻性负载，需要系数和功率因数均高。感应电炉分为中频(5 000 ~ 8 000 Hz)和高频($10^5 \sim 10^8$ Hz)两种，由变频机或晶闸管变频装置供电，熔炼时由于炉料的变化将引起负荷的波动，需要系数较高但功率因数很低。电弧炉通过专用的电炉变压器供电，在起始熔炼期，由于原料堆积不均匀及熔融差别等的影响，每相负荷波动很大，但负荷性质比较稳定，基本上为阻性负载，所以需要系数较高，功率因数也很高。

3. 电焊类设备

分为交流电焊和直流电焊两种。都是利用大电流通过被焊接工件的接触处产生很大热量使工件部分熔化，或产生电弧使工件部分熔化而实现焊接。交流电焊机实际上是一种特殊变压器(电焊变压器)，属于间隙工作，功率因数很低，需要系数也不高。直流电焊机有采用电动发电机组和半导体整流器产生直流电的方式,后者没有转动部分、效率高、造价低,是目前使用最广泛的直流电焊机。直流电焊设备工作时功率因数较高。

4. 工业企业的照明设备

分为固定式和移动式两种,均为单相恒定的负荷,所以照明设备接入三相网络应尽量使三相系统的负荷平衡。照明负荷的功率因数高,一般为0.95~1;生产车间照明设备的需要系数也高,可达0.8~1。关于工厂电气照明负荷较详细的介绍,请见2.3。

工厂类型很多,所用用电设备因生产工艺要求不同也各不相同,以上只是举出一般常见的几种用电设备,目的是告诉读者,对用电设备取用电能的情况要作具体分析,也可借助有关资料,总之,掌握了用电设备用电的特点,才能较正确计算出电力负荷。

二、工厂用电设备的工作制

从上面的介绍可知,不同用途的用电设备其工作制是不同的。工厂的用电设备按工作制可分为以下3类:

1. 连续运行工作制

这类用电设备的特点是长时间连续运行。其负荷有的比较稳定,有的波动较大。如前面所介绍。

2. 短时工作制

这类用电设备的特点是工作时间很短,而停歇时间相当长。如水闸用电动机,机床上某些辅助电动机(如进给电动机)等。

3. 反复短时工作制

这类用电设备时而工作,时而停歇,如此反复运行,而工作周期一般不超过10 min。如吊车电动机和电焊变压器等。为表示其反复短时工作的情况,用它们在一个工作周期里的工作时间与整个周期时间的百分比值来描述,这比值称为暂载率或负荷持续率(ε),计算公式如下

$$\varepsilon = \frac{t}{T} \times 100\% = \frac{t}{t + t_0} \times 100\% \tag{2.1}$$

式中 T——工作周期;

t——工作周期内的工作时间;

t_0——工作周期内的停歇时间。

毫无疑问,用电设备的工作制将影响用电负荷,所以在进行工厂电力负荷计算时,对不同暂载率的反复短时工作制设备的容量,需按规定进行换算。

三、工厂电力负荷的分级及其对供电的要求

工矿企业中各种用电负荷的重要性不一样,它们对供电的要求也不相同,供电方案必须根据不同的要求来考虑。根据《工业与民用供配电系统设计规范》(GBJ52修订本)的规定,按供电可靠性及中断供电在政治、经济上所造成的损失或影响的程度,将工厂电力负荷分为3级:

1. 一级负荷

一级负荷为中断供电将造成人身伤亡,或将在政治、经济上造成重大损失者。如重大设备损坏、重大产品报废、用重要原料生产的产品大量报废、国民经济中重点企业的连续生产过程被打乱需要长时间才能恢复等。

对一级负荷也要注意分析，对突然中断供电将发生爆炸、火灾、中毒、混乱等情况属一级负荷中特别重要者。某些一级负荷也可以有极短时间的停电，如钢厂炼钢的电炉，按炉型不同允许断电几分钟到半小时之内，可不致发生凝炉事故；电解铝厂的电解槽，停电 1~15 min，不致将槽破坏（但再度电解时要多耗电能）。

2. 二级负荷

二级负荷为中断供电将在政治、经济上造成较大损失者。如主要设备损坏，大量产品报废，连续生产过程被打乱需较长时间才能恢复，重点企业大量减产等。例如某些化工厂、纺织厂。

3. 三级负荷

不属于一级和二级负荷者。例如一般厂矿企业的附属车间等。

负荷分级问题非常复杂，请注意同样的生产机械，但不同容量或设置于不同的工厂，其分级就可能不同。要对生产工艺及设备用途调查分析后，才能确定。

根据负荷的重要性，各级用电负荷对供电的要求如下：

对一级负荷，应由两个独立电源供电，而且要求两电源中任一电源发生故障时，另一电源不致同时受到损坏。一级负荷中特别重要者，有时还要求增设应急电源（如蓄电池、柴油发电机组等）。

对二级负荷，应由两回路供电，当发生电力线路常见故障或电力变压器故障时应不致中断供电，或中断后能迅速恢复。当负荷较小或地区供电条件困难时，也可由一回 6 kV 及以上电压的专用架空线供电。

三级负荷对供电电源无特殊要求。

四、工厂的负荷曲线与参数

一个工厂的电力负荷是由该厂所有用电设备组成。这些用电设备的容量、开停时间、功率因数、负荷变化规律都不相同。因此，描述工厂用电负荷变化的情况就很难用一个简单的公式来表示。实际上大都采用负荷曲线来表示。从负荷曲线可以直观地了解到工厂负荷变动的情况。

（一）负荷曲线的类型与绘制

负荷曲线是表示电力负荷随时间变动情况的一种图形。在负荷曲线中通常用纵坐标表示负荷的大小，横坐标表示对应负荷变动的时间。

负荷曲线可根据需要绘制成不同的类型。如负荷曲线按负荷范围可分为：全厂的、车间的或某设备的负荷曲线；按负荷的功率性质可分为：有功和无功负荷曲线；按所表示负荷变动的时间可分为：年、月、日或工作班的负荷曲线等。

工厂的有功或无功日负荷曲线，都可以用测量的方法得到数值后绘成曲线。如通过接在供电线路上的有功或无功功率表，在一定的时间间隔内将仪表读数的平均值记录下来，如图 2.1(a) 中所示各点，就是在一天时间内每隔 1 小时所测得的读数。可依次将这些点连成折线形状的日负荷曲线。负荷曲线下面的面积就表示该负荷所消耗的电能。为计算方便，负荷曲线多绘成阶梯形的，即假定在每个时间间隔中负荷是保持其平均值不变的，如图 2.1(b) 所示。时间间隔越小，越能表示出负荷变化的实际情况。目前绘制负荷曲线采用的时间间隔 Δt 一般为半小时，测量 Δt 时间内的电能消耗除以 Δt，得到 Δt 时间内有功或无功功率的平均值，据此绘成负荷曲线。

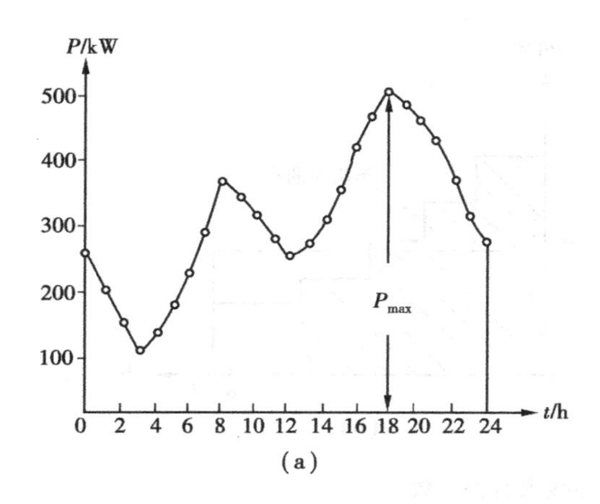

(a)

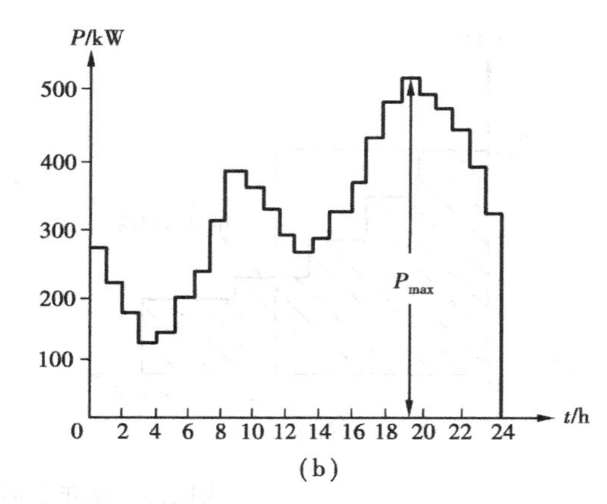

(b)

图 2.1　日有功负荷曲线

(a)折线形负荷曲线　(b)阶梯形负荷曲线

工厂的年负荷曲线与日负荷曲线的绘制方法不同,年负荷曲线是根据一年中具有代表性的冬日和夏日负荷曲线绘制而成。绘制方法如图 2.2 所示。年负荷曲线横坐标是 0 到全年的小时数(8 760 h),纵坐标是负荷的千瓦数。绘制年负荷曲线时,对我国南方可近似地认为冬天为 165 天,夏天为 200 天。绘制时从冬、夏日负荷曲线上的最大负荷开始,依次按阶梯减小到最小负荷值并按阶梯作水平虚线,水平虚线通过冬日负荷曲线所对应的时间乘以 165;水平虚线通过夏日负荷曲线所对应的时间乘以 200。将两个时间相加即为年负荷曲线上横坐标所对应的时间。这种年负荷曲线反映了工厂全年负荷变动与负荷持续时间的关系,所以也称为年负荷持续时间曲线。

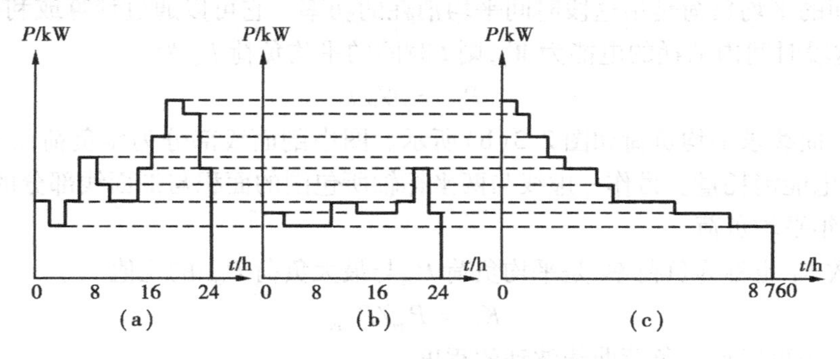

图 2.2　年负荷曲线及绘制方法

(a)冬日负荷曲线　(b)夏日负荷曲线　(c)年负荷曲线

(二)与负荷曲线有关的参数

分析负荷曲线可以了解负荷变动的规律。从工厂来说,可以合理地、有计划地安排车间、班次或大容量设备的用电时间,从而降低负荷高峰,填补负荷低谷,这种“削峰填谷”的办法可使负荷曲线比较平坦,调整负荷既提高了供电能力,也是节电的措施之一。从负荷曲线上还可以求得一些有用的参数。

1. 年最大负荷和年最大负荷利用小时数

图 2.3 为某厂年有功负荷曲线,此曲线上最大负荷 P_{max} 就是年最大负荷。由于绘制日负荷曲线时的时间间隔为半小时,所以此最大负荷也就是半小时最大负荷,记为 P_{30}(它是消耗电能最多的半小时的平均功率)。

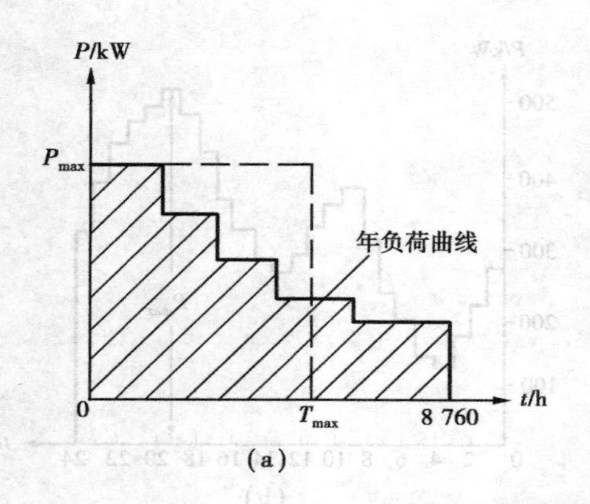

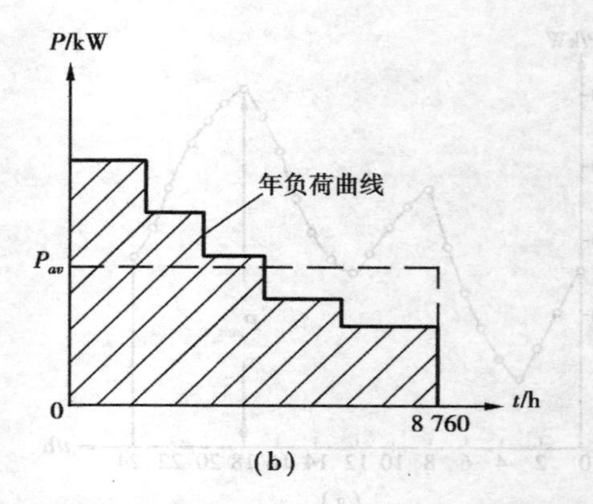

图 2.3 从年负荷曲线求有关参数

(a)年最大负荷利用小时数表示图 (b)年平均负荷表示图

我们假设工厂总是按年最大负荷 P_{max} 持续工作，经过 T_{max} 时间所消耗的电能，恰好等于该厂全年实际所消耗的电能 W_a。即图 2.3(a)中虚线与两坐标轴所包围的面积等于剖面线部分的面积。则 T_{max} 这个假想时间就称为年最大负荷利用小时数。故可得出

$$T_{max} = W_a/P_{max} \tag{2.2}$$

年最大负荷利用小时数与工厂类型及生产班制有较大关系，其数值可查阅有关参考资料或到相同类型的工厂去调查收集。大体情况是，一班制工厂 T_{max} =1 800 ~2 500 h；两班制工厂 T_{max} =3 500 ~4 500 h；三班制工厂 T_{max} =5 000 ~7 000 h。

2. 平均负荷和负荷系数

某段时间的平均负荷是指这段时间平均消耗的功率。它可以通过计算或利用负荷曲线求出。如在 t 这段时间内消耗的电能为 W_t，则 t 时间的平均负荷 P_{av} 为

$$P_{av} = W_t/t \tag{2.3}$$

利用负荷曲线求平均负荷如图 2.3(b)所示。图中剖面线部分为年负荷曲线所包围的面积，也即全年电能消耗量。另作一虚线与两坐标轴所包围的面积与剖面线部分的面积相等，则图中 P_{av} 即为年平均负荷。

负荷系数 K_L 也称为负荷率，是平均负荷 P_{av} 与最大负荷 P_{max} 的比值

$$K_L = P_{av}/P_{max} \tag{2.4}$$

负荷系数的大小可以反映负荷曲线波动的程度。

2.2 工厂电力负荷的计算

选择导线、电缆、变压器和各种电器设备时，都要知道通过它的电力负荷(功率、电流)的大小。因此，要掌握计算电力负荷的方法。

一、计算负荷的意义与求计算负荷的一般方法

(一)计算负荷的意义

将全厂所有用电设备的额定容量相加作为全厂电力负荷是不合适的，因为工厂里各种用

电设备在运行中其电力负荷总是在不断变化的，但一般不会超过其额定容量；而各台用电设备的最大负荷出现的时间也不会都相同，所以全厂的最大负荷总是比全厂各种用电设备额定容量的总和要小。如果根据设备容量总和来选择导线和供电设备必将造成浪费。反之，若负荷计算过小，造成导线和供电设备选择得过小，在运行中必将使上述元件过热，加速绝缘老化，甚至损坏，因此必须合理地进行负荷计算。由于工厂用电设备是一些有各种各样变化规律的用电负荷，要准确算出负荷的大小是很困难的。所谓"计算负荷"是按发热条件选择电气设备的一个假定负荷。计算负荷产生的热效应和实际变动负荷产生的最大热效应相等。所以根据计算负荷来选择导线及设备，在实际运行中它们的最高温升就不会超过容许值。

通常我们把根据半小时(30 min)的平均负荷所绘制的负荷曲线上的"最大负荷"称为"计算负荷"，并作为按发热条件选择电气设备的依据。为什么这样考虑呢？因为导体通过电流达到稳定温升的时间大约为 $3 \sim 4\tau$（τ 为发热时间常数），而一般中小截面导线的 τ 都在 10 min 以上，也就是说载流导体大约经半小时(30 min)后可达到稳定温升值，所以"计算负荷"实际上与从负荷曲线上测得的半小时"最大负荷"是基本相当的。因此图 2.1(b)中的 P_{max} 便称为计算负荷。我们用半小时(30 min)最大负荷 P_{30} 来表示有功计算负荷，其余 Q_{30}、S_{30}、I_{30} 分别表示无功计算负荷、视在计算负荷和计算电流。

（二）求计算负荷的一般方法

计算负荷应当如何确定呢？分两种情况考虑，介绍如下：

1. 求单台用电设备计算负荷的一般方法

当供电线路上只连接有一台用电设备时，线路的计算负荷可按设备容量来确定。此时求计算负荷公式如下：

对电动机

$$P_{30} = P_N / \eta_N \tag{2.5}$$

对白炽灯、电热设备、电炉变压器等

$$P_{30} = P_N \tag{2.6}$$

式中 P_N——用电设备的额定功率(kW)；

η_N——额定容量时用电设备的效率。

2. 求多台用电设备计算负荷的一般方法

在工厂、车间供电干线上均连接有多台用电设备。由于用电设备的特性各异，各设备不一定同时工作，同时工作的设备也不一定都满负荷，设备本身及配电线路有功率损耗，还有其他人为用电因素，这些都影响到电力负荷，所以负荷计算无法用一个简单的公式来描述。

求多台用电设备的计算负荷，最直接的办法当然是从这些用电设备总的实际负荷曲线上查出最大负荷 P_{max} 来确定($P_{max} = P_{30}$)。但这实际是不可能的，这不仅是因为绘制负荷曲线很困难、很费时，对于新设计尚未投产的工厂，实际负荷曲线是无法得到的。但人们经过多年的统计观察后得知，同一类型的用电设备、车间和工厂，它们的负荷曲线形状是大致相似的。因此，人们找出各种典型的负荷曲线，从典型负荷曲线上求出一些特征参数(系数)，通过它来求出相应的计算负荷。采用不同的系数来求取计算负荷仍是当前进行电力负荷计算最普遍采用的方法。现将常用的两种方法介绍如下：

(1)需要系数法

根据负荷曲线，定义需要系数 K_d 为

$$K_d = \frac{\text{负荷曲线上最大有功负荷}}{\text{设备容量}} = \frac{P_{max}}{P_e} = \frac{P_{30}}{P_e} \tag{2.7}$$

同类型用电设备、车间、工厂的负荷曲线相似,所以需要系数也相近。附表2.1、表2.2列出了我国设计部门通过长期实践和调查研究,统计出的一些典型的需要系数值,可供负荷计算时参考。

根据计算所得的设备容量 P_e(kW)和查出的需要系数 K_d,将式(2.7)移项,就可得到按需要系数法求计算负荷 P_{30} 的基本公式

$$P_{30} = K_d \cdot P_e \tag{2.8}$$

用需要系数法求计算负荷方法简便。这种方法的缺点是把需要系数 K_d 看作与一组设备中设备的多少及容量是否相差悬殊等都无关的固定值,这样考虑是不全面的。事实上,只有当设备台数足够多、总容量足够大、无特大型用电设备时,与从附表2.1中查出的 K_d 才较接近。因此,需要系数法普遍应用于求全厂和大型车间变电所的计算负荷。用需要系数法计算干线和分支线上用电设备组的计算负荷时,查表中 K_d 值时宜取大值。

(2)二项式系数法

在确定连接用电设备台数较少但容量差别大的车间干线和分支线的计算负荷时,为了提高计算负荷的准确性,可用二项式系数法来确定用电设备组的计算负荷。

二项式系数法考虑了数台最大容量设备对计算负荷的影响,与需要系数法不同,它采用了两个系数来求取计算负荷。由此得出按二项式系数法求取计算负荷的基本公式:

$$P_{30} = b \cdot P_e + c \cdot P_x \tag{2.9}$$

式中 b、c——二项式的两个系数;

$b \cdot P_e$——用电设备组的平均负荷。其中 P_e 是用电设备组的设备总容量;

$c \cdot P_x$——用电设备组中考虑 x 台最大容量用电设备影响所增加的附加负荷。其中 P_x 是 x 台最大容量用电设备的设备总容量。

二项式系数法中两个系数 b、c 可通过附表2.1查出。但查表时请注意,如果设备总台数 n 少于附表2.1中规定的最大容量设备台数 x 的2倍时,则其最大容量设备台数 x 也宜相应减小,建议取 $x = n/2$。

用二项式系数法确定计算负荷,过分突出了大容量设备的影响,计算结果往往偏高。另外,此法所推荐的系数,目前仅限于机械加工工业,其他行业使用起来还有困难。

确定多台用电设备计算负荷除上述两种方法外,还有其他一些方法,如利用系数法,它是以概率论为理论基础的,其计算结果也比较接近实际,但计算方法复杂,一般采用少,在此就不介绍了。

二、用需要系数法求多台三相用电设备的计算负荷

当车间变电所低压母线或供电干线上接有多台三相用电设备时,可用需要系数法求出其计算负荷。具体办法是先将用电设备按附表2.1上的分类方法,将工艺性质相同及需要系数相近的用电设备合并成一组,称为用电设备组。然后分别对各用电设备组进行负荷计算。最后再求出全部用电设备组的计算负荷,即为总的计算负荷。

(一)按用电设备组求计算负荷

根据式(2.8)可以推出用需要系数法求用电设备组计算负荷的公式

有功计算负荷 $P_{30} = K_d \cdot \sum P_e$ (2.10)

无功计算负荷 $Q_{30} = P_{30} \cdot \tan\varphi$ (2.11)

视在计算负荷 $S_{30} = \sqrt{P_{30}^2 + Q_{30}^2} = P_{30}/\cos\varphi$ (2.12)

计算电流 $I_{30} = S_{30}/\sqrt{3}U_N$ (2.13)

式中 P_{30}、Q_{30}、S_{30}、I_{30}——该用电设备组的有功、无功、视在计算负荷和计算电流(单位分别为kW、A);

$\sum P_e$——该用电设备组的设备容量总和(不包括备用容量)(kW);

K_d——该用电设备组的需要系数(参看附表2.1);

$\cos\varphi$——该用电设备组的平均功率因数(参看附表2.1);

$\tan\varphi$——对应于该用电设备组 $\cos\varphi$ 的正切值(参看附表2.1);

U_N——该用电设备组的额定电压(kV)。

上面在计算用电设备组的容量时,是将各用电设备的"设备容量"相加。所谓"设备容量",对于一般用电设备,就等于其铭牌上的额定功率(kW)。对于反复短时工作制的电动机(如吊车电动机),其设备容量是将其额定功率换算到统一暂载率为25%时的功率,即设备容量 P_e 为

$$P_e = P_N \cdot \sqrt{\frac{\varepsilon_N}{\varepsilon_{25}}} = 2P_N \cdot \sqrt{\varepsilon_N} \tag{2.14}$$

式中 P_N——电动机额定功率(kW);

ε_N——与电动机额定功率对应的暂载率;

ε_{25}——其值为25%的暂载率。

对于电焊机,设备容量是将其额定容量换算到暂载率为100%时的功率,即设备容量 P_e 为

$$P_e = P_N \cdot \sqrt{\frac{\varepsilon_N}{\varepsilon_{100}}} = S_N \cdot \cos\varphi \cdot \sqrt{\varepsilon_N} \tag{2.15}$$

式中 P_N、S_N——电焊机的额定功率(kW)、额定视在容量(kVA);

ε_N——与电焊机额定容量对应的暂载率;

ε_{100}——其值为100%的暂载率;

$\cos\varphi$——电焊机的额定功率因数。

电气照明设备的设备容量计算方法,请参看第2章2.3。

(二)多组用电设备计算负荷的确定

当车间配电干线上接有多台用电设备时,对干线上连接的所有设备进行分组,然后分别求出各用电设备组的计算负荷。考虑到干线上各组用电设备的最大负荷不同时出现的因素,求干线上的计算负荷时,将干线上各用电设备组的计算负荷相加后应乘以相应的最大负荷同时系数(又称参差系数、混合系数)。有、无功同时系数可取:$K_{\Sigma P} = 0.85 \sim 0.95$,$K_{\Sigma Q} = 0.9 \sim 0.97$。

求车间变电所低压母线上的计算负荷时,如果是以车间用电设备为范围进行分组,求出各用电设备组的计算负荷,然后相加求车间低压母线计算负荷,此时同时系数取值为:$K_{\Sigma P} = 0.8 \sim 0.9$,$K_{\Sigma Q} = 0.85 \sim 0.95$。如果是用车间干线计算负荷相加来求出低压母线计算负荷,则同时系数取:$K_{\Sigma P} = 0.9 \sim 0.95$,$K_{\Sigma Q} = 0.93 \sim 0.97$。

求多组用电设备(或多条干线)总的计算负荷的公式是

总有功计算负荷为 $$P_{30}=K_{\Sigma P}\cdot\sum P_{30\cdot i} \tag{2.16}$$

总无功计算负荷为 $$Q_{30}=K_{\Sigma Q}\cdot\sum Q_{30\cdot i} \tag{2.17}$$

以上两式中的 $\sum P_{30\cdot i}$和 $\sum Q_{30\cdot i}$分别表示所有各用电设备组(或各干线)有功和无功计算负荷之和。

总的视在计算负荷为 $$S_{30}=\sqrt{P_{30}^2+Q_{30}^2} \tag{2.18}$$

总的计算电流为 $$I_{30}=S_{30}/\sqrt{3}U_N \tag{2.19}$$

式中 U_N——用电设备组(或干线)的额定电压。

在求总的视在计算负荷和计算电流时请注意,由于各组(或各条干线)的功率因数不一定相同,所以总的视在计算负荷和计算电流一般都不能用各组(或各条干线)的视在计算负荷或计算电流相加来求得,而应用式(2.18)、式(2.19)求出。

例 2.1 某金工车间三相负荷有:车、铣、刨床 22 台,额定容量共 166 kW;镗、磨、插、钻床 9 台,额定容量共 44 kW;砂轮机 2 台,额定容量 2.2 kW;暖风机 2 台,额定容量 1.2 kW;单梁起重机 1 台,额定容量 8.2 kW($\varepsilon=25\%$);电焊机 2 台,额定容量共 44 kVA、$\cos\varphi=0.5$($\varepsilon=60\%$)。单相照明负荷 4 kW。试用需要系数法求出该车间的计算负荷。

解 以车间为范围,将工作性质、需要系数相近的用电设备合为一组,共分成以下 5 组。先求出各用电设备组的计算负荷。

(1)冷加工机床组

设备容量 $P_{e(1)}=166+44+2.2=212.2$ kW

查附表 2.1,取 $K_d=0.2$, $\cos\varphi=0.5$, $\tan\varphi=1.73$

则 $P_{30(1)}=0.2\times212.2=42.44$ kW

$Q_{30(1)}=42.44\times1.73=73.42$ kVar

(2)通风机组

设备容量 $P_{e(2)}=1.2$ kW

查附表 2.1,取 $K_d=0.8$, $\cos\varphi=0.8$, $\tan\varphi=0.75$

则 $P_{30(2)}=0.8\times1.2=0.96$ kW

$Q_{30(2)}=0.96\times0.75=0.72$ kVar

(3)起重机(吊车)组

设备容量 $P_{e(3)}=8.2$ kW($\varepsilon=25\%$,不需换算)

查附表 2.1,取 $K_d=0.15$, $\cos\varphi=0.5$, $\tan\varphi=1.73$

则 $P_{30(3)}=0.15\times8.2=1.23$ kW

$Q_{30(3)}=1.23\times1.73=2.13$ kVar

(4)电焊机组

设备容量 依据式(2.15) $P_{e(4)}=44\text{ kVA}\times0.5\times\sqrt{0.6}=17.04$ kW

查附表 2.1,取 $K_d=0.35$, $\cos\varphi=0.35$, $\tan\varphi=2.68$

则 $P_{30(4)}=0.35\times17.04=5.96$ kW

$Q_{30(4)}=5.96\times2.68=15.98$ kVar

(5)照明

照明虽为单相负荷,但因容量小(参见本节四、单相用电设备计算负荷的确定),可按三相负荷计算。

照明设备容量 $P_{e(5)}=4$ kW,取照明负荷需要系数 $K_d=0.9$(参见2.4),$\cos\varphi=1$,$\tan\varphi=0$

则

$$P_{30(5)}=0.9\times4=3.6\ \text{kW}$$

$$Q_{30(5)}=0$$

以车间为范围对用电设备分组,取同时系数:$K_{\Sigma P}=0.8$,$K_{\Sigma Q}=0.85$。据式(2.16)~式(2.19)得车间总的计算负荷为

$$P_{30}=0.8\times(42.44+0.96+1.23+5.96+3.6)=43.4\ \text{kW}$$

$$Q_{30}=0.85\times(73.42+0.72+2.13+15.98)=78.4\ \text{kVar}$$

$$S_{30}=\sqrt{43.4^2+78.4^2}=89.6\ \text{kVA}$$

$$I_{30}=89.6/\sqrt{3}\times0.38=136.1\ \text{A}$$

在工程设计中,为便于查阅常采用计算表格的形式,表2.1形式供参考。

表2.1　某金工车间负荷计算表

用电设备组名称	设备台数	设备容量 P_e /kW	需要系数 K_d	$\cos\varphi$	$\tan\varphi$	计算负荷 P_{30} /kW	Q_{30} /kVar	S_{30} /kVA	I_{30} /A	备　注
冷加工机床	33	212.2	0.2	0.5	1.73	42.44	73.42			
通风机	2	1.2	0.8	0.8	0.75	0.96	0.72			
起重机	1	8.2	0.15	0.5	1.73	1.23	2.13			$\varepsilon=25\%$
电焊机	2	17.04	0.35	0.35	2.68	5.96	15.98			$\varepsilon=60\%$
照　明		4	0.9	1	0	3.6	0			
小　计	38	242.64				54.19	92.25			
小计×同时系数						43.4	78.4			$K_{\Sigma P}=0.8$ $K_{\Sigma Q}=0.85$
补偿电容器		–								
合　计	38	242.64				43.4	78.4	89.6	136.1	

三、用二项式系数法求多组用电设备的计算负荷

用二项式系数法来确定用电设备台数较少而容量差别相当大的低压分支线(或干线)的计算负荷的基本公式如式(2.9)所示。这个公式适用于同一性质的单组用电设备求有功计算负荷 P_{30}。求无功、视在计算负荷 Q_{30}、S_{30} 和计算电流 I_{30} 的公式与式(2.11)、式(2.12)和式(2.13)相同。

当采用二项式系数法来确定拥有不同性质的多组用电设备的干线或低压母线上的计算负荷时,同样应考虑各组用电设备的最大负荷不同时出现的因素。因此,在确定总计算负荷时,只能在各组用电设备中取一组最大的附加负荷 $c\cdot P_x$,再加上所有各组设备的平均负荷 $b\cdot P_e$。据此得出求总的有功和无功计算负荷的公式

$$P_{30} = \sum (b \cdot P_e)_i + (c \cdot P_x)_{\max} \tag{2.20}$$

$$Q_{30} = \sum (b \cdot P_e \cdot \tan\varphi)_i + (c \cdot P_x)_{\max} \cdot \tan\varphi_{\max} \tag{2.21}$$

式中 $\sum (b \cdot P_e)_i$——各组有功的平均负荷之和；

$\sum (b \cdot P_e \cdot \tan\varphi)_i$——各组无功的平均负荷之和；

$(c \cdot P_x)_{\max}$——各组中最大的一个有功附加负荷；

$\tan\varphi_{\max}$——与$(c \cdot P_x)_{\max}$相应的功率因数角正切值。

总的视在计算负荷S_{30}和计算电流I_{30}，仍分别按式(2.18)和式(2.19)计算。

为了简化和统一，按二项式系数法来计算多组用电设备总计算负荷时，不论各组设备台数的多少，各组的计算系数b、c、$\cos\varphi$和x(最大容量设备台数的取值)，均按附表2.1所列数值。

四、单相用电设备计算负荷的确定

在工厂里多数为三相用电设备(如工厂的动力负荷中，三相异步电动机的总容量大约占85%左右)，但也有一些单相用电设备，如电焊机、电炉和照明设备等。单相设备有接于相电压和线电压之分，但无论如何都应尽可能地均衡分配，使三相负荷尽量平衡。由于负荷计算主要是用来选择导线和设备，所以当三相负荷不平衡时，就应以最大负荷相有功负荷的3倍来作为等效的三相有功负荷进行计算。具体进行单相用电设备的负荷计算时，可按下述方法处理：

1. 如果单相设备的总容量不超过三相设备总容量的15%，则不论单相设备如何连接，均可作为三相平衡负荷对待。

2. 单相设备接于相电压时，在尽量使三相负荷均衡分配后，取最大负荷相所接的单相设备容量乘以3，便求得其等效三相设备容量。

3. 单相设备接于线电压时，其等效三相设备容量P_e：

当为单台时 $$P_e = \sqrt{3}P_{e\cdot\varphi} \tag{2.22}$$

当为2~3台时 $$P_e = 3P_{e\cdot\varphi\cdot\max} \tag{2.23}$$

式中 $P_{e\cdot\varphi}$——单相设备的设备容量(kW)；

$P_{e\cdot\varphi\cdot\max}$——负荷最大的单相设备的设备容量(kW)。

等效三相设备容量是从产生相同电流的观点来考虑的。当为单台时，单台单相设备(接于线电压U_N)产生的电流为$P_{e\cdot\varphi}/U_N$，等效三相设备产生的电流为$P_e/\sqrt{3}U_N = \sqrt{3}P_{e\cdot\varphi}/\sqrt{3}U_N = P_{e\cdot\varphi}/U_N$，由此看出二者产生的电流是相等的。当为2~3台时，则考虑的是最大一相的电流，并以此求等效三相设备容量。

4. 单相设备分别接于线电压和相电压时，首先应将接于线电压的单相设备容量换算为接于相电压的设备容量，然后分相计算各相的设备容量和计算负荷。而总的等效三相有功计算负荷就是最大有功负荷相的有功计算负荷的3倍。总的等效三相无功计算负荷就是最大有功负荷相的无功计算负荷的3倍。

2.3 工厂计算负荷的确定

确定一个工厂所需要的电力负荷，可根据不同的情况和要求采用不同的方法。如在制订计划，初步设计特别是方案估算时可用较粗略的方法。如在供电设计中进行设备选择则应进行较详细的负荷计算。现分别介绍如下。

一、按逐级计算法确定工厂计算负荷

根据工厂的供电系统图，从用电设备开始，逐级朝电源方向上推，最后求出全厂总的计算负荷。现以图 2.4 所示工厂供电系统为例来说明如何用需要系数法求得全厂的计算负荷，也就是如何求出图中所示工厂高压配电所进线上(图中 6 点)的计算负荷。

1. 求车间变电所低压母线上的计算负荷(图中 4 点处)

有两种方法，根据具体情况确定。

(1)先求干线上的计算负荷(图中 3 点处)，此计算负荷可用来选择车间配电干线及干线上电器设备。然后将低压母线上所连的各干线计算负荷相加，并乘以同时系数，即得到车间变电所低压母线上的计算负荷(图中 4 点处)。

求干线上的计算负荷是先将干线上的用电设备按前述办法进行分组，求出各用电设备组的计算负荷，然后再相加并乘以同时系数，即得到干线上图中 2 点处的计算负荷。车间低压干线上的功率损耗通常忽略不计，所以图中 3 点处的计算负荷与图中 2 点处相等。

(2)以车间为范围对用电设备分组，如对图中低压母线上三条干线所连接的全部用电设备统一进行分组，求出各用电设备组的计算负荷，然后相加并乘以同时系数，即得到车间变电所低压母线上的计算负荷(图中 4 点处)。

求得的低压母线上的计算负荷，可以此来选择车间变电所的变压器容量。

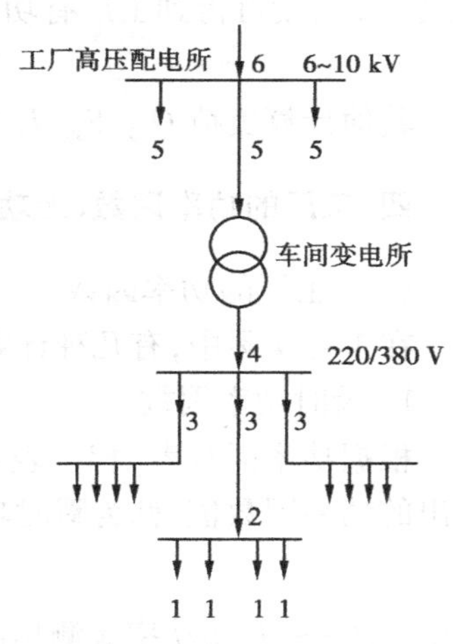

图 2.4 确定工厂总计算负荷的供电系统示意图

2. 车间变电所低压母线上的计算负荷加上变压器的功率损耗和厂区高压配电线的功率损耗即可求得高压配电所引出线上的计算负荷(图中 5 点处)。可以此来选择高压配电线及其上电器设备。

厂区高压线路不长，功率损耗不大，在负荷计算时往往略去不计。变压器有功功率损耗 ΔP_T 和无功功率损耗 ΔQ_T 可用以下简化公式近似计算。

对 SJL1 等型变压器 $\Delta P_T = 0.02S_{30}$(kW)

$\Delta Q_T = 0.08S_{30}$(kVar)

对 SL7 等型低损耗变压器 $\Delta P_T = 0.015S_{30}$(kW)

$\Delta Q_T = 0.06S_{30}$(kVar)

式中 S_{30} 为变压器低压侧的视在计算负荷。

3. 工厂高压配电所高压母线上所有高压引出线上的计算负荷相加，并乘以同时系数(有、无功同时系数可取 0.8 ~0.97，计算负荷小时取偏大值)，即为工厂高压配电所进线上的计算负荷(图中 6 点处)，也就是全厂总的计算负荷。

二、按全厂需要系数确定工厂计算负荷

将全厂用电设备的总容量 $\sum P_e$(不计备用设备容量)乘上全厂需要系数 K_d(可查阅附表 2.2),就得到全厂的有功计算负荷 P_{30},计算公式如式(2.10)。然后根据工厂的功率因数(可查阅附表 2.2),按式(2.11)~式(2.13)求出全厂的无功、视在计算负荷和计算电流 Q_{30}、S_{30}、I_{30}。

三、按年产量或年产值估算工厂计算负荷

如知道工厂年产量,则将年产量乘上单位产品耗电量即可得到工厂全年需电量 W(单位为 kW·h)。如知道工厂年产值,则将年产值乘上单位产值耗电量也可得到工厂全年需电量 W(单位为 kW·h)。将年需电量 W 除以工厂的年最大负荷利用小时数 T_{max}(单位为 h,可查阅附表 2.2),就可得到工厂有功计算负荷 P_{30}

$$P_{30} = W/T_{max} \tag{2.24}$$

其他计算负荷 Q_{30}、S_{30}、I_{30} 的计算与上述需要系数法相同。

四、工厂的功率因数、无功补偿容量及补偿后工厂计算负荷的确定

(一)工厂的功率因数

在工程实际中,有几种计算功率因数的方法,它们各有不同的用途。

1. 瞬时功率因数

根据功率因数表(相位表)直接读出;或根据同一时刻的功率表、电压表和电流表的读数求出的功率因数值,称为瞬时功率因数

$$\cos\varphi = P/\sqrt{3}UI \tag{2.25}$$

式中 P——有功功率表测出的三相读数(kW);

U——电压表测出的线电压读数(kV);

I——电流表测出的线电流读数(A)。

瞬时功率因数只用来了解工厂生产过程中功率因数的变化情况,以便采取适当的无功补偿措施。

2. 平均功率因数

用某一段时间内所消耗的有功电能 W_P(单位 kW·h,由有功电度表读出)和无功电能 W_Q(单位 kVar·h,由无功电度表读出)为参数,计算而得的功率因数。又称为均权功率因数。其计算公式如下

$$\cos\varphi = \frac{W_P}{\sqrt{W_P^2 + W_Q^2}} = \frac{1}{\sqrt{1 + \left(\frac{W_Q}{W_P}\right)^2}} \tag{2.26}$$

我国供电部门每月向工业用户收取电费,就规定电费要按月平均功率因数的高、低来调整。

3. 最大负荷时的功率因数

对于正在设计时的工业企业,我们用计算负荷(即年最大负荷)来计算功率因数,称为最

大负荷时的功率因数

$$\cos \varphi = P_{30}/S_{30} \tag{2.27}$$

无功负荷的变化较有功负荷的变化平缓，所以大负荷时的功率因数较小负荷时高，用计算负荷求得的功率因数必然要比用平均负荷求得的功率因数高，据此求出的补偿容量偏少。但由于计算负荷本身偏大，所以设计中按计算负荷求得的 $\cos \varphi$ 确定补偿容量是允许的。供电设计时确定无功补偿容量，就是按最大负荷时的功率因数来计算的。

（二）无功补偿容量的确定

我国有关电力设计规程规定：高压供电的工厂，最大负荷时的功率因数不得低于 0.9；其他工厂，不得低于 0.85。如果达不到此要求，则必须采取人工补偿措施。

从图 2.5 可以看出，当有功负荷 P_{30} 不变时，如希望将功率因数从 $\cos \varphi$ 提高为 $\cos \varphi'$，则工厂需少消耗无功功率 Q_C，也就是必须人工装设无功补偿容量 Q_C。由此得补偿容量 Q_C（单位为 kVar）计算式

$$Q_C = Q_{30} - Q'_{30} = P_{30}(\tan \varphi - \tan \varphi') \tag{2.28}$$

或

$$Q_C = P_{30} \cdot \Delta q_C \tag{2.29}$$

式中　$\tan \varphi$、$\tan \varphi'$——补偿前、后功率因数角的正切值；

$\Delta q_C = \tan \varphi - \tan \varphi'$——称为无功补偿率或比补偿容量（kVar/kW），表示要使 1 kW 的有功负荷由 $\cos \varphi$ 提高到 $\cos \varphi'$ 所需要的无功补偿容量 kVar 值。可利用补偿前后的功率因数值从附表 2.3 直接查出。

当前装设较多的人工补偿设备是并联电容器，常用的 BW 系列并联电容器的主要技术数据，可参看附表 2.4。

在确定了总的补偿容量 Q_C 后，就可根据所选电容器的单个容量 q_C 来确定电容器的个数

$$n = Q_C/q_C \tag{2.30}$$

由上式计算所得的电容器个数 n，对于单相电容器来说，应取 3 的倍数，以便三相均衡分配。

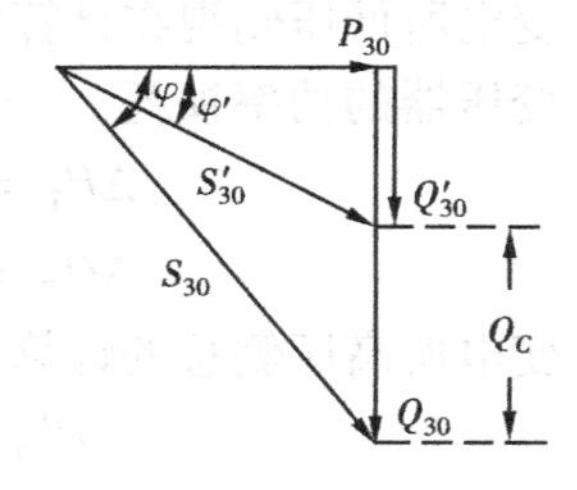

图 2.5　功率因数与无功功率、视在功率关系

（三）装设无功补偿设备后，工厂计算负荷的确定

工厂或车间装设了无功补偿设备后，在确定补偿设备装设地点前（朝电源方向）的总计算负荷时，应扣除已补偿的无功容量，即总的无功计算负荷 $Q'_{30} = Q_{30} - Q_C$。因此补偿后总的视在计算负荷 $S'_{30} = \sqrt{P_{30}^2 + (Q_{30} - Q_C)^2} < S_{30}$（补偿前视在计算负荷）。显然，如果降压变电所低压侧装设了无功补偿设备，则由于总的视在计算负荷的减小，有可能使主变压器容量选小 1 ~2级。这不仅可降低初投资，而且可减少工厂的电费开支。

例 2.2　某厂拟修建一 10 kV 车间变电所，已计算出该车间变电所低压侧有功计算负荷为 507 kW，无功计算负荷为 456 kVar，要求车间变电所高压侧功率因数不低于 0.9。如果在低压侧装设补偿电容器，问补偿容量需多少？补偿前、后车间总的视在计算负荷各为多少？

解　（1）计算补偿前的数据

变电所低压侧视在计算负荷　$S_{30(2)} = \sqrt{507^2 + 456^2} = 681.9$ kVA

低压侧功率因数　$\cos \varphi_{(2)} = 507/681.9 = 0.74$

变压器的功率损耗(设选低损耗变压器)

$$\Delta P_T = 0.015S_{30(2)} = 0.015 \times 681.9 = 10.2\ \text{kW}$$

$$\Delta Q_T = 0.06S_{30(2)} = 0.06 \times 681.9 = 40.9\ \text{kVar}$$

变电所高压侧总的计算负荷为

$$P_{30(1)} = 507 + 10.2 = 517.2\ \text{kW}$$

$$Q_{30(1)} = 456 + 40.9 = 496.9\ \text{kVar}$$

$$S_{30(1)} = \sqrt{517.2^2 + 496.9^2} = 717.2\ \text{kVA}$$

变电所高压侧的功率因数为

$$\cos\varphi = 517.2/717.2 = 0.72$$

(2)确定低压无功补偿容量

现车间变电所高压侧功率因数为0.72,要求不低于0.9。在低压侧装设补偿电容器,考虑到变压器还有无功损耗,所以低压侧补偿后的功率因数应略高于0.9。试取低压侧补偿后的功率因数 $\cos\varphi'_{(2)} = 0.92$。据式(2.28)得需低压补偿电容器容量

$$Q_C = 507 \times (\tan\cos^{-1}0.74 - \tan\cos^{-1}0.92)$$

$$= 507 \times (0.909 - 0.425) = 245\ \text{kVar}$$

查附表2.4选单相并联电容器BW0.4-14-1,单个容量14 kVar,共选18个。确定补偿容量 $Q_C = 18 \times 14 = 252$ kVar。

(3)补偿后的数据

变电所低压侧视在计算负荷　$S'_{30(2)} = \sqrt{507^2 + (456 - 252)^2} = 546.5\ \text{kVA}$

变压器的功率损耗

$$\Delta P_T = 0.015S'_{30(2)} = 0.015 \times 546.5 = 8.2\ \text{kW}$$

$$\Delta Q_T = 0.06S'_{30(2)} = 0.06 \times 546.5 = 32.8\ \text{kVar}$$

变电所高压侧总的计算负荷

$$P'_{30(1)} = 507 + 8.2 = 515.2\ \text{kW}$$

$$Q'_{30(1)} = (456 - 252) + 32.8 = 236.8\ \text{kVar}$$

$$S'_{30(1)} = \sqrt{515.2^2 + 236.8^2} = 567\ \text{kVA}$$

变电所高压侧的功率因数

$$\cos\varphi' = P'_{30(1)}/S'_{30(1)} = 515.2/567 = 0.909$$

通过上述计算得:确定低压补偿容量为252 kVar,经补偿后车间变电所高压侧功率因数达0.909。补偿前、后车间总的视在计算负荷分别为717.2 kVA和567 kVA。

2.4 工厂的电气照明负荷

电气照明系统是工厂供电系统的一个组成部分。电气照明负荷也是工厂电力负荷的一部分。限于篇幅,这里主要从供电系统和负荷计算的角度进行介绍。

一、关于照明的基本知识

良好的照明是保证安全生产、提高劳动效率、保护视力健康、创造舒适环境的必要条件。但良好的照明必须建立良好的视看条件(合适的照度、较好的光色和最大限度地限制眩光);正确确定照明方式(一般照明、局部照明和混合照明);合理选择照明种类(工作照明、事故照明、疏散照明等);恰当选择和布置灯具以及做好照明供电线路设计等多方面的工作。

在电气照明设计中,应当根据照明的要求和使用场所的特点,合理选择电光源和工厂用的灯具类型。

选择电光源时,下述意见可供参考:(1)对开关频繁、需调光、不能有频闪效应及需防电磁波干扰的场所宜选白炽灯;如要求高照度时亦可采用卤钨灯。(2)悬挂高度在4 m以下的一般工作场所,宜选荧光灯。(3)悬挂高度在4 m以上的场所,宜用高压汞灯或高压钠灯;有高挂条件并且需大面积照明的场所,宜用金属卤化物灯或氙灯。(4)在同一场所可采用几种光源的混合照明,以改善光色。例如采用高压钠灯与日光色荧光灯混合,既可发挥高压钠灯效率高的优点,又可发挥日光色荧光灯显色性较好的长处。

选择工厂用的灯具类型时,下述意见可供参考:(1)空气较干燥和少尘的车间,可以选用开启型的各种灯具。至于是选用广照型、配照型、深照型还是其他型式灯具,则按车间建筑高度、生产设备的布置及照明要求而定。(2)空气潮湿和多尘的车间,可选用防水防尘的各种密闭型灯具。(3)有爆炸危险车间,应选用防爆灯或隔爆灯。(4)一般办公室、会议室可选用开启型或闭合型的各种灯具。(5)门厅、走廊等处,一般选用闭合型的各种吊灯或吸顶灯。(6)室外广场和露天工作场所,可采用露天用高压汞灯或高压钠灯,必要时可采用投光灯或氙灯。(7)工厂的户外道路,亦宜采用高压汞灯或高压钠灯。

二、照明设备容量及照明计算负荷的确定

当按《工业企业照明设计标准》的要求进行了照度计算,确定了灯具的数目、布置方案后,就可以统计照明设备所需要的设备容量了。计算照明设备的设备容量,应注意有镇流器的气体放电灯的设备容量是灯泡(管)额定功率与镇流器功率损耗之和。因此:

1. 白炽灯、卤钨灯设备容量就是灯泡上标出的额定功率。

2. 荧光灯考虑镇流器的功率损失(约为灯管功率的20%~30%),其设备容量应为灯管额定功率的1.2~1.3倍,灯管功率小的取偏大值。

3. 高压汞灯考虑镇流器的功率损失(约为灯泡功率的10%),其设备容量应为灯泡额定功率的1.1倍;自镇式高压汞灯的设备容量与灯泡额定功率相等。

4. 高压钠灯考虑镇流器的功率损失(约为灯泡功率的10%~20%),其设备容量应为灯泡额定功率的1.1~1.2倍。灯泡功率小的取偏大值。

5. 金属卤化物灯考虑镇流器的功率损失(约为灯泡功率的10%),其设备容量应为灯泡额定功率的1.1倍。

6. 划入照明负荷的插座,除住宅插座的设备容量每个按50 W计算外,其他每个可按100 W计算。

在供电技术设计中,照明负荷计算一般均采用需要系数法。

确定供电支路的照明计算负荷时,需要系数 K_d 可取为1,也即是支路照明计算负荷就等

于该支路的照明设备容量。支路的照明设备容量等于该支路所连接的所有照明设备的设备容量之和。根据车间照明设计，同样可计算出车间的照明设备容量。一般车间照明负荷的需要系数 $K_d=0.8\sim1$。当车间为大型车间，工艺流程为流水作业，且未设插座时 K_d 可以为1；当装设的一般插座较多时，K_d 可取0.8～0.9。

三、照明设备容量的估算

在供电初步设计中，照明的设备容量 $P_{e\cdot L}$ 可按不同建筑物的“单位建筑面积照明容量” $A(\mathrm{W/m^2})$ 进行估算。设建筑物面积为 $S(\mathrm{m^2})$，则照明设备容量估算式为

$$P_{e\cdot L}=A\cdot S/1\,000\ \mathrm{kW} \tag{2.31}$$

一般工厂车间及有关场所的单位建筑面积照明设备容量可查附表2.5。

2.5 短路故障的原因、危害和种类

前面几节讨论了工厂供配电系统正常运行时电力负荷的计算方法。但工厂供配电系统的设计与运行，不仅要考虑正常工作情况，还要考虑发生故障时的情况，特别是发生短路故障时的情况。

一、短路故障的原因

我们希望供电系统安全、可靠、不间断地进行供电，以确保生产和生活的需要。但供电系统难免会出现故障，最严重的故障就是所谓短路。短路中最常见的形式就是电网中不同相的导体间或相与地间直接相连接或经过小阻抗相连接 。

供电系统中发生短路的原因很多，主要有以下几个方面：

(1)电气设备的绝缘，因长期运行自然老化而损坏；或电气设备受机械损伤而使绝缘损坏；或设备本身不合格、绝缘强度不够而被正常电压所击穿等原因造成的短路。

(2)气象条件恶化，如因雷击造成的短路，或架空线由于大风或导线覆冰引起电杆倒塌造成的短路。

(3)设计、安装及维护不良所带来的设备缺陷发展成短路。

(4)工作人员因误操作而造成的短路。如运行人员带负荷拉刀闸；线路或设备检修后未拆除接地线就加上电压等。

(5)其他如鸟兽跨接在裸露的载流部分，挖沟时损伤电缆等意外情况造成的短路。

二、短路的危害

短路时由于电路阻抗减小很多，使得短路电流比正常电流要大几十倍甚至几百倍。这样大的短路电流将产生极大的危害：

(1)短路电流流经故障元件和短路电路中的其他元件，将使这些元件过热，绝缘受到损伤，甚至可能把电气设备烧毁。

(2)短路电流流经电气设备的载流导体，在其上将产生很大的电动力，可引起电气设备的机械变形、扭曲甚至损坏。

(3)短路电流通过线路时，在线路上产生很大的压降，使用户处电压突然下降，影响电气设备的正常运行。

(4)当供电系统发生不对称短路时(如单相短路、两相短路等)，不对称短路电流将产生较强的不平衡磁场，对送电线路附近的通讯线路、信号系统及电子设备等将产生干扰，影响其正常工作。

(5)短路事故造成的停电，将给国民经济带来损失。

由于短路将造成严重的危害，在供电系统的设计和运行中，我们必须设法消除可能引起短路的各种因素。此外，还要掌握计算短路电流的方法，以便正确地选择和校验各种电气设备、进行继电保护装置的整定计算以及选用限制短路电流的电器设备(如电抗器)等。

三、短路的种类

供电系统中短路的种类与其电源的中性点是否接地有关。工矿企业供电系统的三相电源是通过三相电力变压器获得的，当电力变压器的三相绕组接成星形时，就具有中性点，这就是供电系统的中性点，也就是我们这里说的电源的中性点。我国电网中性点的运行方式(接地方式)，按电网电压的不同而有以下几种情况：

(1)380/220 V 三相四线制电网，它的中性点是直接接地的。

(2)6~10 kV 三相三线制电网，它的中性点一般是不接地的。当系统的单相接地故障电流超过 30 A 时，应采用消弧线圈接地。

(3)35~60 kV 三相三线制电网，它的中性点一般是采用消弧线圈接地或不接地(当系统的单相接地故障电流在 10 A 以下)。

(4)110~154 kV 三相三线制电网，它的中性点一般是直接接地的。有需要也可采用中性点经消弧线圈接地。

(5)220~330 kV 三相三线制电网，应采用中性点直接接地方式。

上述电源中性点总起来说可分为接地和不接地两大类。由此，在三相供电系统中可能发生的短路基本类型有以下几种情况：

(1)三相短路：供电系统三相间发生的短路，用 $K^{(3)}$ 表示。如图 2.6(a)所示。

(2)二相短路：三相供电系统中任意两相间发生的短路，用 $K^{(2)}$ 表示。如图 2.6(b)所示。

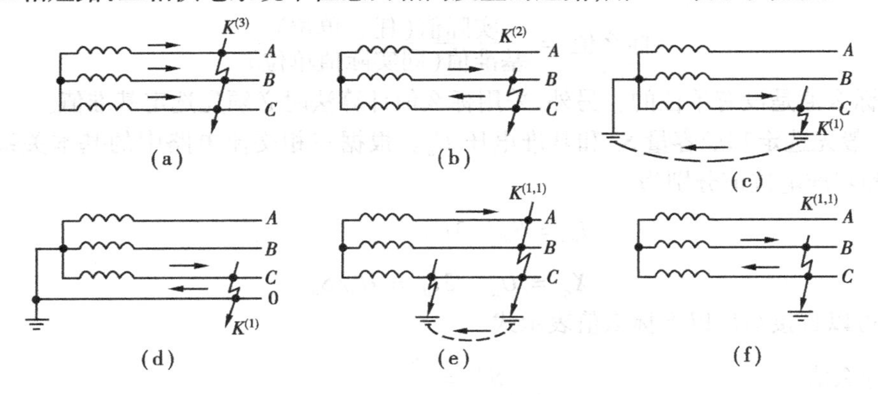

图 2.6　短路的基本类型

(3)单相短路：供电系统中任一相经大地(或中线)与电源中性点发生的短路，用 $K^{(1)}$ 表示。如图2.6(c)(d)所示。

(4)两相接地短路:在中性点不接地的系统中,两不同相同时发生单相接地所形成的相间短路,如图2.6(e)所示;也指两相短路又接地的情况,如图2.6(f)所示。均用$K^{(1,1)}$表示。

三相短路是对称短路,其他形式的短路都是不对称短路。在电力系统中发生单相接地短路的可能性最大,但它是否会形成短路电流,显然与电源中性点是否接地有关。在各种短路中,三相短路的短路电流值最大,造成的危害最严重。因此选择校验电气设备应以三相短路电流为主,所以首先要掌握三相短路电流的计算方法。并进一步推算出两相短路电流。

2.6 短路回路的阻抗标么值计算

正常运行时,电路中的电流取决于电源电压和电路中所有元件包括负荷在内的总阻抗,如图2.7所示。图中R_{WL}、X_{WL}代表线路中元件的阻抗,R_L、X_L代表负荷的阻抗。当发生三相短路时(图中K_1点)负荷阻抗(包括部分线路阻抗)被短路,所以电路中电流会突然增大,这一电流就称为短路电流。要求出短路电流的数值,毫无疑问必须求出从短路点(如图中K_1点)至电源端线路中所有的阻抗,即短路回路的阻抗。下面介绍求短路回路阻抗标么值的有关问题。

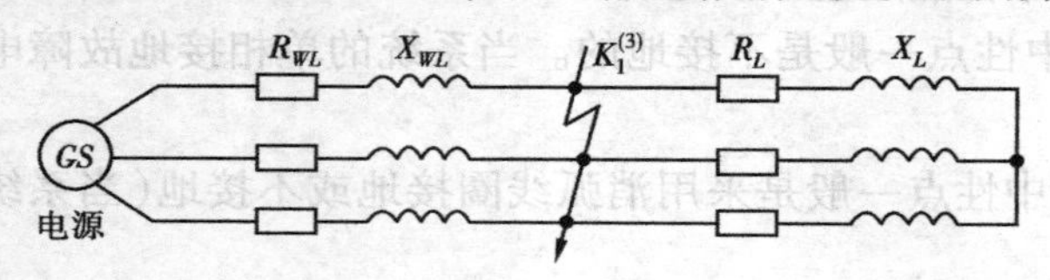

图2.7 电力系统发生三相短路示意图

一、关于单位的问题

在电路计算中,一般比较熟悉的是有名单位。如在工程计算中电压U的单位为kV;电流I的单位为kA;容量S的单位为MVA(或kW、kVA);阻抗R、X的单位为Ω等。在电力系统计算短路电流时,如计算低压系统的短路电流,常采用有名单位制;但计算高压系统短路电流,由于有多个电压等级,存在着电抗换算问题,为使计算简化常采用标么制。

标么制中各元件的物理量不用有名单位值,而用相对值来表示。相对值就是实际有名值与选定的基准值间的比值,即

$$标么值 = \frac{实际值(任意单位)}{基准值(同实际值单位)}$$

从上看出,标么值是没有单位的。另外,采用标么值计算法时必须先选定基准值。

我们一般先选定基准容量S_d和基准电压U_d。根据三相交流电路中的基本关系,推得基准电流I_d和基准电抗值分别为

$$I_d = S_d / \sqrt{3} U_d \tag{2.32}$$

$$X_d = U_d / \sqrt{3} I_d = U_d^2 / S_d \tag{2.33}$$

据此,可以直接写出以下标么值表示式

容量标么值
$$S^* = \frac{S}{S_d} \tag{2.34}$$

电压标么值
$$U^* = \frac{U}{U_d} \tag{2.35}$$

电流标么值 $$I^* = \frac{I}{I_d} = I \cdot \frac{\sqrt{3}U_d}{S_d} \tag{2.36}$$

电抗标么值 $$X^* = \frac{X}{X_d} = X \cdot \frac{S_d}{U_d^2} \tag{2.37}$$

在高压电网的短路计算中,通常总电抗远比总电阻大,所以一般只计电抗,不计电阻。这里只介绍了电抗标么值表示式。电阻标么值的表示式与其相似。

在进行短路计算时,为方便起见通常选择基准容量 $S_d = 100$ MVA。考虑到线路首端发生短路时其短路最为严重,因此取短路所在线路首端电压为基准电压值,所以基准电压值 U_d 比线路额定电压值 U_N 高 5%,基准电压值也相当于线路平均电压值。常用基准值对照表如表 2.2所示。

表 2.2 常用基准值对照表($S_d = 100$ MVA)

额定电压 U_N/kV	0.22	0.38	3	6	10	35	60	110	154	220
基准电压 U_d/kV	0.23	0.4	3.15	6.3	10.5	37	63	115	162	230
基准电流 I_d/kA	251	144.3	18.3	9.17	5.5	1.56	0.917	0.502	0.356	0.251

二、用标么值计算的优点

工业企业的供电系统一般总是由变压器和各种不同电压等级的线路等所组成,如图 2.8 所示。设在 K_1 点发生短路,要求出短路回路的总电抗值(忽略电阻),即求出从短路点 K_1 到电源 GS 的总电抗值。从图知道,如忽略电力系统内(电源内)电抗值,则短路回路总电抗值 X_Σ 包括三条线路电抗值 X_{L1}、X_{L2}、X_{L3},两台变压器电抗值 X_{T1}、X_{T2}和一台电抗器电抗值 X_X。当求短路回路总电抗值时,我们不能将回路内所有元件的电抗值简单相加。因为不同电压的电抗值是不能直接相加的。上述元件处于三种不同电压 U_{L1}、U_{L2}、U_{L3}之下,显然

$$X_\Sigma \neq X_{L1} + X_{T1} + X_{L2} + X_{T2} + X_X + X_{L3}$$

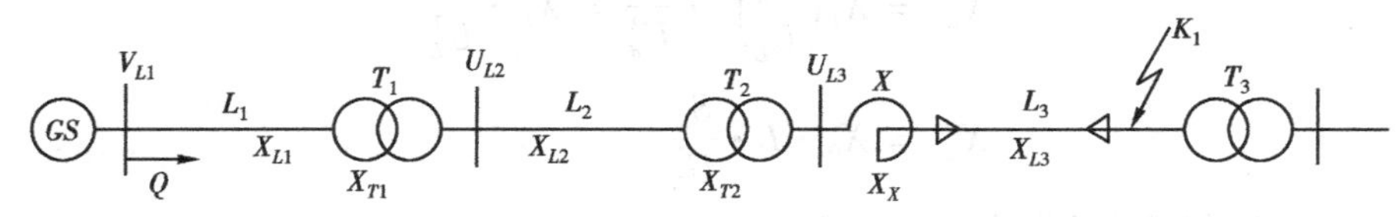

图 2.8 多级电压供电系统图

但在求变压器电抗时我们知道,可以通过归算的办法,即将变压器高压绕组的电抗归算到低压侧,或将低压绕组的电抗归算到高压侧,在相同电压之下便可以相加求出变压器电抗值。阻抗等效归算的条件是元件的功率损耗不变,因此得出电抗值的归算公式

$$\Delta Q = \frac{U_1^2}{X_1} = \frac{U_2^2}{X_2} \qquad X_2 = X_1\left(\frac{U_2}{U_1}\right)^2 \tag{2.38}$$

式中 X_1、U_1——元件在归算前的电抗、电压;

X_2、U_2——元件在归算后的等效电抗、电压。

因此,求图 2.8 中短路回路总电抗 X_Σ 值,可以采用把各元件电抗值均归算到同一基准电压 U_d 下的办法,据此我们得出回路总电抗 X_Σ(对应于某一基准电压 U_d)

$$X_\Sigma = X_{L1}\left(\frac{U_d}{U_{L1}}\right)^2 + X_{T1}\left(\frac{U_d}{U_{L2}}\right)^2 + X_{L2}\left(\frac{U_d}{U_{L2}}\right)^2 + X_{T2}\left(\frac{U_d}{U_{L2}}\right)^2 + X_X\left(\frac{U_d}{U_{L3}}\right)^2 + X_{L_3}\left(\frac{U_d}{U_{L_3}}\right)^2 \quad (2.39)$$

式中　U_{L1}、U_{L2}、U_{L3}——相应的线路平均电压(比该线路额定电压 U_N 高5%)。

从上式看出,由于供电系统由多种电压等级形成,采用归算的办法来求总电抗值是比较麻烦的。如果将电抗有名值相加转为电抗标幺值相加,由式(2.37)知只要将式(2.39)两边乘以 $\frac{S_d}{U_d^2}$,则得到

$$X_\Sigma \cdot \frac{S_d}{U_d^2} = X_{L1}\left(\frac{U_d}{U_{L1}}\right)^2 \cdot \frac{S_d}{U_d^2} + X_{T1}\left(\frac{U_d}{U_{L1}}\right)^2 \cdot \frac{S_d}{U_d^2} + X_{L2}\left(\frac{U_d}{U_{L2}}\right)^2 \cdot \frac{S_d}{U_d^2} + X_{T2}\left(\frac{U_d}{U_{L2}}\right)^2 \cdot \frac{S_d}{U_d^2} + X_X\left(\frac{U_d}{U_{L3}}\right)^2 \cdot \frac{S_d}{U_d^2} + X_{L3}\left(\frac{U_d}{U_{L3}}\right)^2 \cdot \frac{S_d}{U_d^2} \quad (2.40)$$

上式等号两边每一项都是以基准容量 S_d、基准电压 U_d 为基准值的电抗标幺值,可用下式表示

$$X_\Sigma^* = X_{L1}^* + X_{T1}^* + X_{L2}^* + X_{T2}^* + X_X^* + X_{L3}^* \quad (2.41)$$

由此得知:若采用标幺值来计算短路回路总电抗时,只要将回路中各元件的电抗标幺值直接相加,便可求得总的电抗标幺值。这将使计算简化,这是用标幺值的第一个优点。

三、供电系统中各元件电抗标幺值的计算

供电系统中的元件包括输电线路、变压器、电抗器以及电源等。为了求出从短路点至电源的总的电抗标幺值,必须求出各元件的电抗标幺值。我们从分析式(2.40)等号右边各计算项入手,找出计算各元件电抗标幺值的办法。

(1)输电线路

分析式(2.40)等号右边线路 L_1、L_2、L_3 的电抗标幺值计算式,可得出以 S_d、U_d 为基准值的线路电抗标幺值 X_L^* 的计算公式为

$$X_L^* = X_L\left(\frac{U_d}{U_L}\right)^2 \cdot \frac{S_d}{U_d^2} = X_L \cdot \frac{S_d}{U_L^2} \quad (2.42)$$

或

$$X_L^* = X_0 \cdot L \cdot \frac{S_d}{U_L^2} \quad (2.43)$$

式中　X_0——线路每千米电抗值(Ω/km);

L——线路长度(km);

X_L——线路电抗值(Ω),$X_L = X_0 \cdot L$;

S_d——基准容量(MVA),通常取 $S_d = 100$ MVA;

U_L——线路平均电压(kV),通常等于线路额定电压的1.05倍。

由上面 X_L^* 计算式可以看出,线路电抗标幺值与基准电压 U_d 无关,只与线路本身平均电压有关。

线路每公里的电抗值 X_0 可查附表4.1及附表4.4或有关手册。在无资料时表2.3可供参考。

表 2.3　线路电抗值

线路名称	每相平均电抗值 $X_0/(\Omega\cdot km^{-1})$
35～220 kV 架空线路	0.40
3～10 kV 架空线路	0.38
0.23/0.4 kV 架空线路	0.36
35 kV 三芯电缆	0.12
3～10 kV 三芯电缆	0.08
1 kV 三芯电缆	0.06

计算线路电阻标么值 R_L^*（以 S_d、U_d 为基准值）的公式与式(2.43)相似。

$$R_L^* = R_0 \cdot L \cdot \frac{S_d}{U_L^2} \tag{2.44}$$

式中　R_0——线路每千米电阻值(Ω/km)，可查附表 4.2 及有关手册；

L、S_d、U_L——各符号的意义与式(2.43)说明相同。

(2)变压器

分析式(2.40)等号右边变压器 T_1、T_2 的电抗标么值计算式，可得出以 S_d、U_d 为基准值的变压器电抗标么值 X_T^* 的计算公式为

$$X_T^* = X_T \cdot \frac{S_d}{U_L^2} \tag{2.45}$$

变压器的电抗值 X_T，可由变压器的短路电压（即阻抗电压）$U_k\%$ 忽略电阻后近似地求出，因为

$$U_K\% \approx \frac{\sqrt{3}I_{NT}\cdot X_T}{U_{NT}} \times 100 = \frac{S_{NT}}{U_{NT}^2}\cdot X_T \times 100$$

所以变压器电抗值　$$X_T = \frac{U_K\%}{100}\frac{U_{NT}^2}{S_{NT}} \tag{2.46}$$

式中　$U_K\%$——变压器的短路电压百分数（阻抗电压百分数）；

U_{NT}——变压器的额定电压(kV)；

S_{NT}——变压器的额定容量(MVA)。

将式(2.46)X_T 值代入式(2.45)中得

$$X_T^* = \left(\frac{U_K\%}{100}\frac{U_{NT}^2}{S_{NT}}\right)\cdot\frac{S_d}{U_L^2}$$

因为变压器的额定电压 U_{NT} 与变压器所在线路的平均电压 U_L 基本相等，所以计算变压器的电抗标么值（以 S_d、U_d 为基准值）的公式为

$$X_T^* = \frac{U_K\%}{100}\frac{S_d}{S_{NT}} \tag{2.47}$$

式中 S_d 为基准容量(MVA)，通常取 $S_d = 100$ MVA，$U_K\%$ 和 S_{NT} 符号意义与式(2.46)说明相同。

由上式看出：变压器电抗标么值与基准电压 U_d 及变压器自身额定电压均无关。

(3)电抗器

供电线路上接入电抗器是用来限制短路电流。求电抗器的电抗标么值的方法与求变压器电抗标么值的方法类似。从式(2.40)等号右边知,电抗器的电抗标么值计算式为

$$X_X^* = X_X \frac{S_d}{U_L^2} \tag{2.48}$$

电抗器铭牌上给出了电抗器的电抗百分数 $X_X\%$、额定电压 U_{NX}(kV)和额定电流I_{NX}(kA)。类似变压器一样有

$$X_X\% = \frac{\sqrt{3}I_{NX}X_X}{U_{NX}} \times 100$$

所以电抗器电抗值

$$X_X = \frac{X_X\%}{100} \cdot \frac{U_{NX}}{\sqrt{3}I_{NX}} \tag{2.49}$$

将式(2.49)X_X 值代入式(2.48)得计算电抗器电抗标么值(以 S_d、U_d 为基准值)的公式为

$$X_X^* = \frac{X_X\%}{100} \cdot \frac{U_{NX}}{\sqrt{3}I_{NX}} \cdot \frac{S_d}{U_L^2} \tag{2.50}$$

式中 $X_X\%$——电抗器铭牌上给出的电抗百分数;

U_{NX}、I_{NX}——电抗器的额定电压(kV)、额定电流(kA);

U_L——电抗器所在线路的平均电压(kV);

S_d——基准容量(MVA),通常取 $S_d = 100$ MVA。

(4)电源(电力系统)

工业企业的电源一般均来自电力系统,所以求电源内的阻抗,也就是求电力系统的阻抗。电力系统的电阻一般很小,可略去不计,所以只计算电力系统的电抗。

如果把电力系统的容量看作无穷大,其内阻抗则为零,此时系统电抗标么值

$$X_S^* = 0 \tag{2.51}$$

计算有限容量系统的电抗标么值,可由电力系统变电站高压馈电线出口断路器(如装于图2.8中 Q 点位置)的断流容量(遮断容量)S_{oc}(MVA)来估算。此断流容量可看作是电力系统的极限短路容量 S_K,应用第2章2.7节中式(2.62),可求得系统的电抗标么值

$$X_S^* = \frac{1}{S_K^*} = \frac{1}{S_{oc}^*} = \frac{S_d}{S_{oc}} \tag{2.52}$$

式中 S_{oc}——系统出口断路器的断流容量(MVA),可查有关手册或产品样本;

S_d——基准容量,通常取 $S_d = 100$ MVA。

四、短路回路总阻抗标么值的确定

从短路点到电源的总阻抗标么值 Z_Σ^*,应包括总电抗标么值 X_Σ^* 和总电阻标么值 R_Σ^* 两项在内。当 $R_\Sigma^* < \frac{1}{3}X_\Sigma^*$ 时,电阻值可忽略不计。所以一般只是在有较长电缆线或长架空线时,才需要考虑电阻的影响,此时总阻抗标么值为

$$Z_\Sigma^* = \sqrt{(R_\Sigma^*)^2 + (X_\Sigma^*)^2} \tag{2.53}$$

高压电网中一般只要计算总电抗标么值 X_Σ^*。按上所述,当已计算出每个元件的电抗标么

值后，根据供电系统图就可以画出由短路点到电源的等效电路图，求出总电抗标么值 X_{Σ}^{*}。从式(2.43)、(2.47)、(2.50)、(2.52)看出各元件电抗标么值的计算式中均没有基准电压 U_d 这一项，但实际上都是按基准电压进行了换算的。所以，求出的短路回路总电抗标么值，是相对于所选定的基准容量 S_d、基准电压 U_d 的标么值。

例 2.3 设供电系统图如图 2.9 所示。已知系统变电站高压馈线出口断路器的断流容量为 200 MVA，其余数据均标在图上，试分别求出从 K_1 点、K_2 点至电力系统的总电抗标么值。

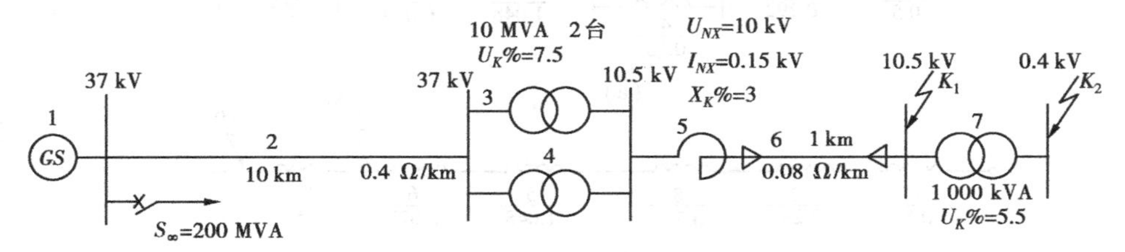

图 2.9 供电系统例图

解 一般求总电抗标么值的步骤如下：

(1)选基准值

取基准容量 $S_d = 100$ MVA，由于各元件电抗标么值计算式中无基准电压，当仅计算电抗标么值时可暂不选取(电抗标么值适用于任何基准电压)。

(2)计算短路回路中各元件的电抗标么值

电力系统 $$X_1^* = \frac{S_d}{S_{oc}} = \frac{100}{200} = 0.5$$

架空线路 $$X_2^* = X_0 \cdot L \cdot \frac{S_d}{U_L^2} = 0.4 \times 10 \times \frac{100}{37^2} = 0.292$$

变压器 $$X_3^* = X_4^* = \frac{U_K\%}{100}\frac{S_d}{S_{NT}} = \frac{7.5}{100} \times \frac{100}{10} = 0.75$$

$$X_7^* = \frac{5.5}{100} \times \frac{100}{1} = 5.5$$

电抗器 $$X_5^* = \frac{X_X\%}{100}\frac{U_{NX}}{\sqrt{3}I_{NX}}\frac{S_d}{U_L^2} =$$

$$\frac{3}{100} \times \frac{10}{\sqrt{3} \times 0.15} \times \frac{100}{10.5^2} = 1.048$$

电缆线路 $$X_6^* = X_0 \cdot L \cdot \frac{S_d}{U_L^2} = 0.08 \times 1 \times \frac{100}{10.5^2} = 0.073$$

(3)根据供电系统连接方式，绘出等效电路图如图 2.10(a)。并进行化简如图 2.10(b)。

在等效电路图中，分子数字代表回路中的元件编号，分母数字代表该元件的电抗标么值。在化简图中 X_3^* 与 X_4^* 并联后的电抗 X_8^* 为

$$X_8^* = \frac{0.75}{2} = 0.375$$

(4)求短路点至电力系统(电源)的总电抗标么值

K_1 点： $$X_{\Sigma(K_1)}^* = X_1^* + X_2^* + X_8^* + X_5^* + X_6^* =$$

$$0.5 + 0.292 + 0.375 + 1.048 + 0.073 = 2.288$$

K_2 点：$X^*_{\Sigma(K_2)} = X^*_1 + X^*_2 + X^*_8 + X^*_5 + X^*_6 + X^*_7 =$

$$0.5 + 0.292 + 0.375 + 1.048 + 0.073 + 5.5 = 7.788$$

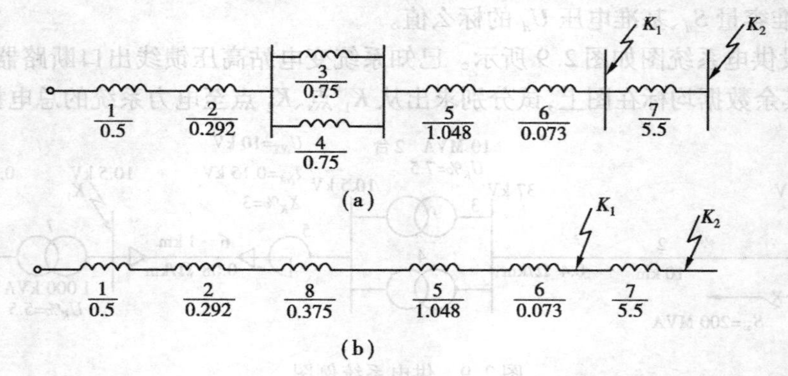

图 2.10　供电系统的等效电路图

(a)等效电路图　(b)化简图

2.7　无限大容量电力系统供电的三相短路电流计算

在未具体讨论三相短路电流计算方法前，先介绍几个重要的短路电流的概念，然后再介绍短路电流的计算方法。

一、几个重要的短路电流的概念

当发生三相短路时由于负荷阻抗被短路，电路中的电流即短路电流会突然增大。由于短路电路中存在着电感，电感电流不能突变，因此引起了一个过渡过程，即所谓“短路暂态过程”，最后短路电流达到一个新的稳定值。这个新的稳定值称为短路稳态电流，用 I_∞ 来表示。我们通常计算短路电流或通常所说的短路电流就是指这个电流，用 I_K 来表示，所以 $I_\infty = I_K$。

在无限大容量系统中，短路电流周期分量 I''有效值在短路全过程中始终是恒定不变的（短路电流达到稳定值时，短路电流非周期分量衰减为零），所以有以下关系

$$I'' = I_\infty = I_K$$

短路暂态过程中，短路电流是在变化的。当发生最严重的三相短路时，三相短路电流的最大瞬时值就称为短路冲击电流，用 i_{sh} 来表示。短路冲击电流瞬时值是用来校验电气设备力稳定的重要数据，其计算公式为

高压电网　　$$i_{sh} = 2.55 I_K \tag{2.54}$$

低压电网　　$$i_{sh} = 1.84 I_K \tag{2.55}$$

短路冲击电流有效值，也可称为三相短路电流最大有效值，用 I_{sh} 表示。它是三相短路电流第一周内全电流的有效值，由于短路暂态过程中，短路全电流在第一周并非正弦波，所以最大冲击电流瞬时值与有效值之间并不是$\sqrt{2}$倍的关系。短路冲击电流有效值同样是校验电气设备力稳定的重要数据，其计算公式为

高压电网 $$I_{sh} = 1.51 I_K \tag{2.56}$$

低压电网 $$I_{sh} = 1.09 I_K \tag{2.57}$$

比较式(2.54)、(2.55)和式(2.56)、(2.57)可以看出，高压电网中计算短路冲击电流 i_{sh} 值和 I_{sh} 值的公式与低压电网中计算 i_{sh} 值和 I_{sh} 值的公式是不同的。造成这种不同的原因是因为短路电流的衰减与短路电路的阻抗有关。高压电网的电阻与电抗之比值小于低压电网的电阻与电抗之比值，这就使高压电网中短路电流的衰减速度，比低压电网中短路电流的衰减速度要慢。所以计算高压电网短路冲击电流的系数比计算低压电网短路冲击电流的系数要大。有的书上用“短路电流冲击系数”来说明，其物理含义是相同的。

二、无限大容量电力系统供电的三相短路电流计算法

1. 无限大容量电力系统的概念

通常我们把内阻抗为零的电源称为无限大功率电源。由于电源内阻抗为零，所以不管供出的电流多大，电源内部均不会产生压降，电源电压总是维持恒定。

如果电力系统的容量相当大，对于中、小型工厂供电系统来说，其容量远比整个电力系统容量小，而阻抗又较电力系统阻抗大得多，当工厂供电系统内发生短路时，电力系统变电站母线上的电压几乎不变，所以可以认为电力系统为无限大容量的电源。实际计算时，当工厂总安装容量小于本系统总容量的1/50时，则可认为系统容量为无限大。这样计算出的短路电流，误差是允许的。

2. 无限大容量系统供电的三相短路电流计算

在多级电压的供电系统中，如果要计算某短路点的短路电流，必然要将不同电压下元件的电抗值换算成短路点所在线路平均电压值 U_L 下的电抗值。由于三相短路是对称短路，所以可以只计算一相，其等效电路图如图2.11所示。由此求得短路电流值

$$I_K = \frac{U_L/\sqrt{3}}{X_\Sigma} = \frac{U_L}{\sqrt{3}X_\Sigma} \tag{2.58}$$

式中 X_Σ——短路回路总电抗值(在 U_L 电压下)。

在工程上计算高压电网的短路电流一般采用标幺值。通常取基准容量 $S_d = 100$ MVA；基准电压 U_d 就取短路点所在线路首端的电压 U_L(也就是线路平均电压)，即 $U_d = U_L$。这样可求得基准电流 $I_d = S_d/\sqrt{3}U_d$(可查表2.2)，基准电抗 $X_d = U_d/\sqrt{3}I_d$。所以短路电流标幺值 I_K^* 为

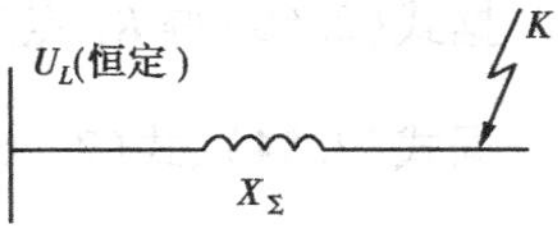

图2.11 三相短路时的一相等效电路图

$$I_K^* = \frac{I_K}{I_d} = \frac{U_L/\sqrt{3}X_\Sigma}{U_d/\sqrt{3}X_d} = \frac{U_L/U_d}{X_\Sigma/X_d} = \frac{1}{X_\Sigma^*} \tag{2.59}$$

上式说明，三相短路电流的标幺值就等于短路回路总电抗标幺值的倒数。这样把计算三相短路电流标幺值的问题转化为计算短路回路各元件电抗标幺值的问题。这是用标幺值计算的第二个优点。求各元件电抗标幺值的问题在上节已解决。

三相短路电流的有名值 I_K 为

$$I_K = I_K^* \cdot I_d = \frac{I_d}{X_\Sigma^*} \tag{2.60}$$

式中 $I_d = S_d/\sqrt{3}U_d$。三相短路电流 I_K（也就是三相短路稳态电流）的大小，取决于短路回路的阻抗。通过式(2.54)至式(2.57)，短路冲击电流的数值也立即可求出。

三相短路容量 S_K 可由下式来定义

$$S_K = \sqrt{3}U_L I_K \tag{2.61}$$

三相短路容量也可用标么值很方便求得，设其标么值为 S_K^*，则

$$S_K^* = \frac{S_K}{S_d} = \frac{\sqrt{3}U_L I_K}{\sqrt{3}U_d I_d} = \frac{I_K}{I_d} = I_K^* = \frac{1}{X_\Sigma^*} \tag{2.62}$$

由此看出：短路容量标么值和短路电流标么值相等。这是用标么值计算的第三个优点。三相短路容量是用来选择高压断路器断流容量的重要数据，可用下式求出

$$S_K = S_K^* \cdot S_d = I_K^* \cdot S_d = \frac{S_d}{X_\Sigma^*} \tag{2.63}$$

例 2.4 按图 2.9 供电系统，分别求 K_1、K_2 点发生三相短路时的短路电流、短路冲击电流及短路容量。

解 (1)选基准容量 $S_d = 100$ MVA

由于有两个不同电压等级的短路点：K_1 点(10.5 kV)，K_2 点(0.4 kV)。所以应选取两个基准电压、分别算出两个基准电流(或从表 2.2 查出)，以便计算各自短路点的短路电流。

取 $U_{d1} = 10.5$ kV　　　　则 $I_{d1} = \dfrac{100}{\sqrt{3} \times 10.5} = 5.5$ kA

取 $U_{d2} = 0.4$ kV　　　　则 $I_{d2} = \dfrac{100}{\sqrt{3} \times 0.4} = 144.34$ kA

(2)分别求出短路点至电源的总电抗标么值(例 2.3 中已求出)：

K_1 点至电源的总电抗标么值　　$X_{\Sigma(K_1)}^* = 2.288$

K_2 点至电源的总电抗标么值　　$X_{\Sigma(K_2)}^* = 7.788$

(3)求 K_1 点发生三相短路时的短路电流、短路冲击电流及短路容量

据式(2.60)得 K_1 点三相短路电流　$I_{K_1}^{(3)} = \dfrac{I_{d1}}{X_{\Sigma(K_1)}^*} = \dfrac{5.5}{2.288} = 2.4$ kA

据式(2.54)、式(2.56)得 K_1 点短路冲击电流最大值和有效值

$$i_{sh \cdot K_1}^{(3)} = 2.55 I_{K_1}^{(3)} = 2.55 \times 2.4 = 6.12 \text{ kA}$$

$$I_{sh \cdot K_1}^{(3)} = 1.51_{K_1}^{(3)} = 1.51 \times 2.4 = 3.62 \text{ kA}$$

据式(2.63)得 K_1 点三相短路容量　$S_{K_1}^{(3)} = \dfrac{S_d}{X_{\Sigma(K_1)}^*} = \dfrac{100}{2.288} = 43.7$ MVA

(4)求 K_2 点发生三相短路时的短路电流、短路冲击电流及短路容量

与 K_1 点方法相同，可求得 K_2 点有关三相短路数据

$$I_{K_2}^{(3)} = \frac{I_{d2}}{X_{\Sigma(K_2)}^*} = \frac{144.34}{7.788} = 18.53 \text{ kA}$$

$$i_{sh \cdot K_2}^{(3)} = 1.84 I_{K_2}^{(3)} = 1.84 \times 18.53 = 34.1 \text{ kA}$$

$$I_{sh \cdot K_2}^{(3)} = 1.09 I_{K_2}^{(3)} = 1.09 \times 18.53 = 20.2 \text{ kA}$$

$$S_{K_2}^{(3)} = \frac{S_d}{X_{\Sigma(K_2)}^*} = \frac{100}{7.788} = 12.84 \text{ MVA}$$

三、大型交流电动机对短路冲击电流值的影响

当短路计算点附近接有大于100 kW或总容量大于100 kW的交流电动机时，因为发生短路电动机端电压骤降，致使电动机因定子电动势反高于外加电压而向短路点输送反馈电流，如图2.12所示，造成短路电流增大。但由于反馈电流迅速减小，电动机的这一反馈电流一般只影响短路点的冲击电流。

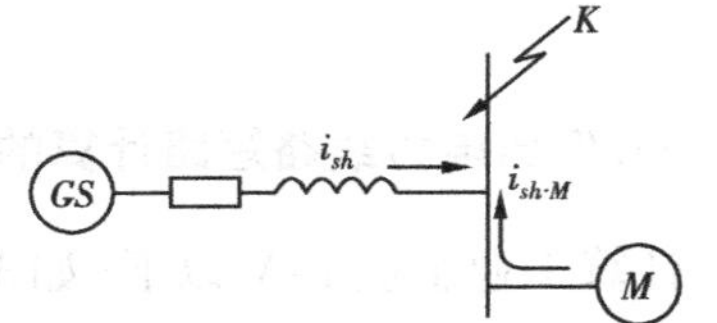

图2.12　电动机对短路冲击电流的影响

当电动机引出线处发生三相短路时，电动机反馈冲击电流值 $i_{sh\cdot M}$ 可用下式计算

$$i_{sh\cdot M} = C \cdot K_{sh\cdot M} \cdot I_{N\cdot M} \tag{2.64}$$

式中　C——反馈冲击倍数（与电动机的次暂态电势标么值和次暂态电抗标么值之比有关），可查表2.4；

$K_{sh\cdot M}$——电动机短路电流冲击系数，对3～6 kV电动机可取1.4～1.6；对380 V电动机可取1；

$I_{N\cdot M}$——电动机额定电流。

因此，计入电动机影响后短路点的冲击电流为

$$i_{sh\cdot\Sigma} = i_{sh} + i_{sh\cdot M} \tag{2.65}$$

表2.4　反馈冲击倍数

元件名称	异步电动机	同步电动机	同步补偿器	综合性负荷
反馈冲击倍数 C	6.5	7.8	10.6	3.2

2.8　两相短路电流的近似计算

在进行继电保护灵敏度校验时，需要知道供电系统发生两相短路时的短路电流值。图2.13绘出了三相电路中发生两相短路的情况，对一般工厂供电系统来说，可认为系统容量为无限大，其两相短路电流（忽略电阻时）可由下式求出

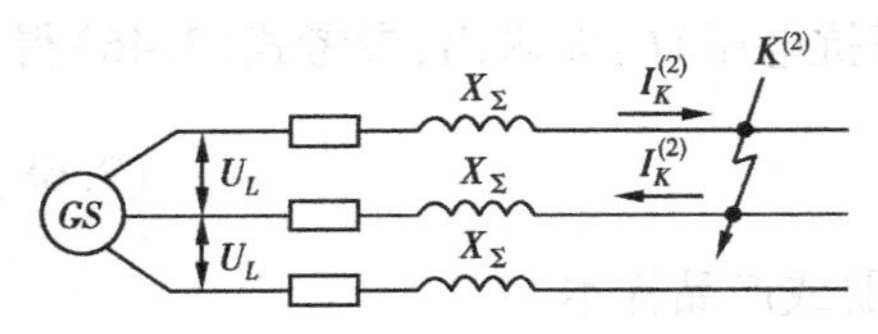

图2.13　两相短路电流的计算电路

$$I_K^{(2)} = \frac{U_L}{X_\Sigma + X_\Sigma} = \frac{U_L}{2X_\Sigma}$$

与式（2.58）三相短路电流比较，得

$$\frac{I_K^{(2)}}{I_K^{(3)}} = \frac{\dfrac{U_L}{2X_\Sigma}}{\dfrac{U_L}{\sqrt{3}X_\Sigma}} = \frac{\sqrt{3}}{2} = 0.87$$

所以 $$I_K^{(2)} = 0.87 I_K^{(3)} \tag{2.66}$$

一般工业企业变电所发生两相短路的短路电流数值,可用上式近似算出。

2.9 低压电力线路中短路电流的计算

一、低压电力线路短路计算的特点

计算工业企业1 kV以下(如380 V、660 V)低压线路上短路电流的数值,应注意以下特点:

(1)由于低压电网中配电变压器的容量远小于高压电力系统的容量,配电变压器阻抗和低压回路阻抗远大于电力系统的阻抗,所以计算配电变压器低压侧短路电流时,可将电力系统阻抗忽略。也就是说,可以将配电变压器一次侧作为无限大功率电源考虑。

(2)低压回路中各元件的电阻值较大,不可忽略,故一般要计算电阻值。当 $X < R/3$ 时,可忽略 X 值。

(3)由于低压电网的电压一般只有一级,而且在短路回路中,除降压(配电)变压器外,其他各元件的阻抗都是用mΩ(毫欧)表示,所以在计算低压线路上的短路电流时,采用有名值较为方便。

二、低压配电系统中各元件的阻抗

计算低压配电网短路电流时,应计及以下元件的电阻和电抗:

1. 变压器的阻抗(换算到二次侧)

变压器的电阻 R_T(mΩ),可由变压器的短路损耗 ΔP_K 近似地求出。

因 $$\Delta P_K \approx 3I_N^2 R_T = 3(S_{NT}/\sqrt{3}U_{NT2})^2 \cdot R_T = (S_N/U_{NT2})^2 \cdot R_T$$

所以 $$R_T = \Delta P_K \left(\frac{U_{NT2}}{S_{NT}}\right)^2 \tag{2.67}$$

式中 ΔP_K——变压器的短路损耗(kW),可查有关手册或产品样本;

S_{NT}——变压器额定容量(kVA);

U_{NT2}——变压器二次侧的额定电压(V)。

变压器的阻抗 Z_T(mΩ),可由变压器的短路电压(阻抗电压)$U_K\%$ 求出,参考式(2.46)得

$$Z_T = \frac{U_K\%}{100} \frac{U_{NT2}^2}{S_{NT}} \tag{2.68}$$

式中 $U_K\%$——变压器的短路电压百分数,可查有关手册或产品样本。

变压器的电抗 X_T(mΩ)为

$$X_T = \sqrt{Z_T^2 - R_T^2} \tag{2.69}$$

2. 线路的阻抗

长度在10 m以上的母线、电缆、架空线及室内明敷线等在短路计算时应将其电阻、电抗计入总阻抗中。

母线单位长度的电阻、电抗值 R_0、X_0,可查附表2.6。

架空铝绞线单位长度的电阻、电抗值 R_0、X_0，可查附表4.1(1)。

室内明敷线及穿钢管线单位长度的电阻、电抗值 R_0、X_0，可查附表4.4。

电缆线单位长度的电阻、电抗值 R_0、X_0，可查附表4.3。

电阻、电抗值计算公式

$$R = R_0 \cdot L \tag{2.70}$$

$$X = X_0 \cdot L \tag{2.71}$$

式中 R_0——相应线路单位长度电阻(mΩ/m)；

X_0——相应线路单位长度电抗(mΩ/m)；

L——相应线路长度(m)。

3. 其他电器元件的阻抗

(1)刀闸及自动空气开关触头的接触电阻，可查附表2.7。

(2)自动空气开关过电流线圈及多匝式互感器线圈电阻、电抗，可查附表2.8、附表2.9。

根据变压器低压侧实际装设的隔离开关、自动空气开关、刀开关、电流互感器等的情况，查出它们的接触电阻和线圈的电阻、电抗，计算出这些元件的总阻抗。当只需近似计算时，为了简化计算也可根据低压电路设计中上述元件的常用组合方案，算出开关、互感器等的“组合”电阻电抗近似值，如表2.5所示。计算低压电路中这些元件的阻抗时，只需根据低压导线截面直接查表2.5求出，不需一一统计计算。

表2.5 “组合”电阻、电抗近似值

导线截面/mm^2	2.5	4	6	10	16	25	35	50	70	95	120
“组合”电阻/mΩ	17.3	8.4	2.8	2.8	2.8	1.2	0.8	0.8	0.8	0.8	0.7
“组合”电抗/mΩ	133.4	61.9	17	17	17	3.4	1.7	1.7	1.7	1.7	0.7

三、低压配电系统短路电流计算

1. 三相阻抗相同的低压配电系统，三相短路电流 $I_K^{(3)}$ 可根据下式计算

$$I_K^{(3)} = \frac{U_L}{\sqrt{3(R_\Sigma^2 + X_\Sigma^2)}} = \frac{U_L}{\sqrt{3} \cdot Z_\Sigma} \tag{2.72}$$

式中 U_L——低压侧线路平均电压，取400 V；

R_Σ、X_Σ、Z_Σ——短路点至电源的总电阻、总电抗、总阻抗，单位为mΩ。

2. 低压配电系统短路冲击电流计算

低压电力线路，由于电阻较大，发生短路时短路电流中非周期分量衰减很快，所以短路冲击电流相应较小。三相短路冲击电流 $i_{sh}^{(3)}$ 可根据下式计算

$$i_{sh}^{(3)} = (1.41 \sim 1.84) I_K^{(3)} \tag{2.73}$$

式中 $I_K^{(3)}$——低压侧三相短路电流(kA)。

上式中系数(1.41~1.84)，当 X_Σ/R_Σ 比值越大，取值也越大。当接近变压器低压出口处，如变压器低压侧母线、低压配电盘发生短路时，系数取1.84。

3. 低压配电系统中，如果只在其中一相或两相装设电流互感器，如图2.14所示，造成各

相阻抗不相等。要校验自动空气开关的最大分断能力时，要用未装设电流互感器 B 相的短路电流，公式仍用式(2.72)，式中 R_{Σ}、X_{Σ} 为短路点至电源的总电阻、总电抗(未包括互感器阻抗)。

当要校验电流互感器的稳定度时，可按 AB 或 BC 相间的短路电流值计算

$$I_{K\cdot AB}^{(2)} = I_{K\cdot BC}^{(2)} = \frac{U_L}{\sqrt{(2R_{\Sigma} + R_{TA})^2 + (2X_{\Sigma} + X_{TA})^2}} \tag{2.74}$$

式中　R_{TA}、X_{TA}——电流互感器一次线圈的电阻和电抗(mΩ)。

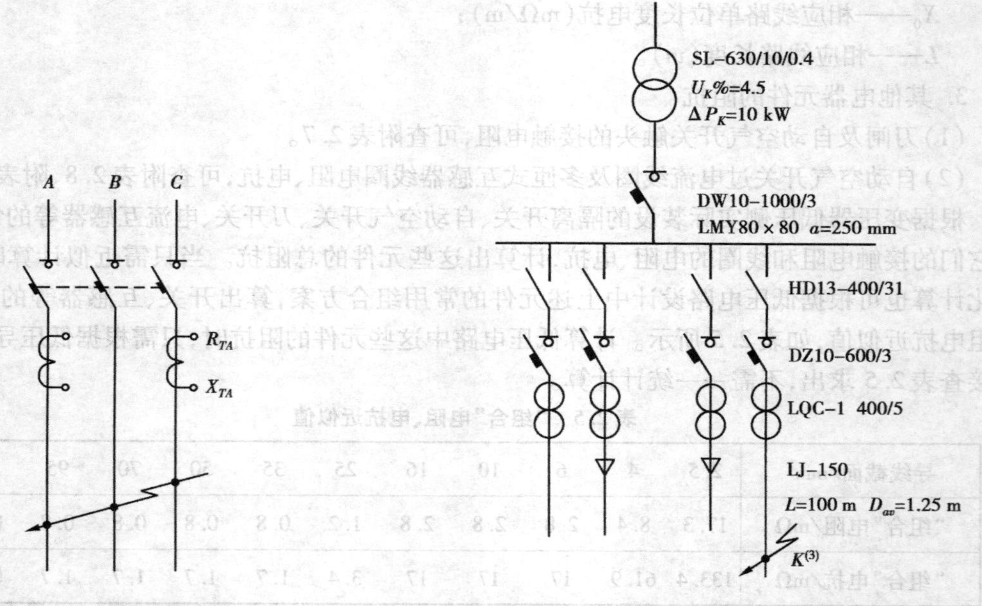

图 2.14　三相系统中只两相装设电流互感器

图 2.15　车间供电系统

例 2.5　某工厂车间变电所供电系统如图 2.15 所示，求 $K^{(3)}$ 点的短路电流。母线水平排列，中心线间距 $a=250$ mm，计算时设母线长为 10 m。其余数据见图 2.15。

解　采用有名值进行低压短路电流计算。对于工厂车间变电所来说，可以认为其电源(车间变压器高压侧)为无限大功率电源，所以系统阻抗等于零。下面先求出短路回路中各元件的阻抗，然后再计算出短路电流。

(1)变压器阻抗

依据式(2.67)、(2.68)、(2.69)得

$$R_T = \Delta P_K\left(\frac{U_{NT2}}{S_{NT}}\right)^2 = 10\left(\frac{400}{630}\right)^2 = 4.03\ \text{m}\Omega$$

$$Z_T = \frac{U_K\%}{100}\frac{U_{NT2}^2}{S_{NT}} = \frac{4.5}{100}\frac{(400)^2}{630} = 11.43\ \text{m}\Omega$$

$$X_T = \sqrt{Z_T^2 - R_T^2} = \sqrt{(11.43)^2 - (4.03)^2} = 10.7\ \text{m}\Omega$$

(2)母线阻抗

已知母线水平排列、中心线间距$a=250$ mm,所以母线相间几何均距

$$D_{av}=\sqrt[3]{a\cdot a\cdot 2a}=1.26a=1.26\times 250=300\ \text{mm}$$

查附表2.6得:LMY80×8 mm,$R_0=0.055$ mΩ/m,$X_0=0.17$ mΩ/m。

依据式(2.70)、(2.71)得母线阻抗($L=10$ m):

$$R_B=R_0L=0.055\times 10=0.55\ \text{m}\Omega$$

$$X_B=X_0L=0.17\times 10=1.7\ \text{m}\Omega$$

(3)刀开关、空气开关阻抗(包括触头接触电阻和过电流线圈阻抗)

查附表2.7、附表2.8得

刀开关HD13—400　　$R_{QK}=0.2$ mΩ

空气开关DZ10—600　　$R_{QF}=0.4+0.15=0.55$ mΩ,$X_{QF}=0.10$ mΩ

DW10—1000阻抗值忽略。

(4)电流互感器阻抗

查附表2.9得　$R_{TA}=0.11$ mΩ　$X_{TA}=0.17$ mΩ

(5)架空线路阻抗

查附表4.1(1)、4.1(2)、4.1(3)得:LJ-150,$D_{av}=1.25$ m,$R_0=0.23$ Ω/km,$X_0=0.34$ Ω/km。

依据式(2.70)、(2.71)得架空线路阻抗($L=100$ m$=0.1$ km)

$$R_{WL}=R_0L=0.23\times 0.1=0.023\ \Omega=23\ \text{m}\Omega$$

$$X_{WL}=X_0L=0.34\times 0.1=0.034\ \Omega=34\ \text{m}\Omega$$

求得短路回路总阻抗

$$R_\Sigma=R_T+R_B+R_{QK}+R_{QF}+R_{TA}+R_{WL}=$$

$$4.03+0.55+0.2+0.55+0.11+23=28.44\ \text{m}\Omega$$

$$X_\Sigma=X_T+X_B+X_{QF}+X_{TA}+X_{WL}=$$

$$10.7+1.7+0.1+0.17+34=46.67\ \text{m}\Omega$$

$$Z_\Sigma=\sqrt{R_\Sigma^2+X_\Sigma^2}=\sqrt{(28.44)^2+(46.67)^2}=54.65\ \text{m}\Omega$$

依据式(2.72)求得$K^{(3)}$点短路电流

$$I_K^{(3)}=\frac{U_L}{\sqrt{3}Z_\Sigma}=\frac{400}{\sqrt{3}\times 54.65}=4.226\ \text{kA}$$

同样可求出短路冲击电流

$$i_{sh}^{(3)}=1.84\,I_K^{(3)}=1.84\times 4.226=7.776\ \text{kA}$$

$$I_{sh}^{(3)}=1.09\,I_K^{(3)}=1.09\times 4.226=4.606\ \text{kA}$$

2.10 短路电流的力效应、热效应及力稳定、热稳定的校验方法

供电系统中发生短路时,短路电流通过电器设备和导体,产生很大的电动力并使温度迅速升高,威胁到电气设备和导体的安全、可靠运行,这是设计和选择中必须认真考虑的问题。

一、短路电流的力效应及力稳定度校验方法

正常工作电流通过电气设备和母线等载流导体，在导体与导体之间会产生电动力，因电流不大，所产生的电动力很小。但当短路电流特别是短路冲击电流通过时，将产生很大的电动力，这就是短路电流的力效应。短路电流所产生的电动力可能使电气设备和导体变形或损坏。因此要求电气设备要有足够的承受这一电动力的能力，即要有足够的力稳定度（或称动稳定度），这样才能可靠地工作。

检查电气设备和导体的力稳定度，根据对象的不同，分别采用不同的校验方法。

（1）一般电器设备力稳定度的校验

一般电器设备符合下式条件时，则认为力稳定度是满足要求的。即

$$i_{max} \geqslant i_{sh}^{(3)} \tag{2.75}$$

或

$$I_{max} \geqslant I_{sh}^{(3)} \tag{2.76}$$

式中 i_{max}——电器设备的极限通过电流（峰值），可从产品样本查得；

I_{max}——电器设备的极限通过电流（有效值），可从产品样本查得；

$i_{sh}^{(3)}$、$I_{sh}^{(3)}$——通过电器设备的三相短路冲击电流和三相短路冲击电流有效值。

某些设备（如电流互感器），制造厂家提供的是动稳定倍数 k_d，选择设备时满足力稳定度的条件是

$$\sqrt{2}I_{N1 \cdot TA} \cdot k_d \geqslant i_{sh}^{(3)} \tag{2.77}$$

式中 $I_{N1 \cdot TA}$——电流互感器一次侧的额定电流。

（2）母线、绝缘子力稳定度校验

工厂变电所中的硬母线安装于绝缘子上（可平放和立放），三相母线大多水平或垂直布置于同一平面内，图 2.16 为水平布置。当三相短路冲击电流通过三相母线时，将产生电动力，以中间相所受的电动力最大。这一电动力如超过允许值，将使母线弯曲甚至破坏。母线电动力传至绝缘子，也可能使绝缘子破坏，因此应对它们进行力稳定度校验。

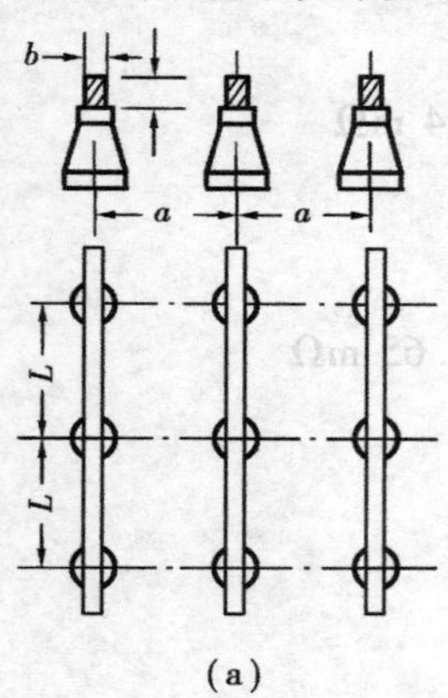

(a)

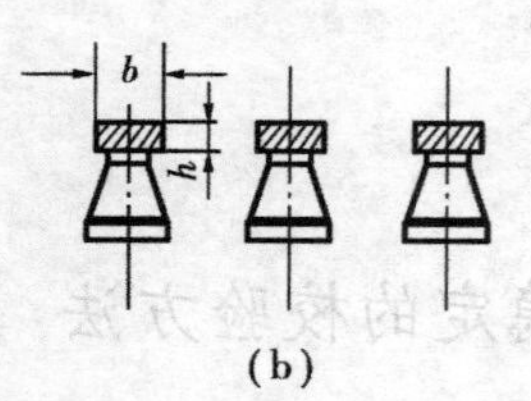

(b)

图 2.16 水平布置母线
(a)母线立放 (b)母线平放

图 2.16 所示单条母线通过三相短路冲击电流时，其中间相所受到的最大电动力 F_{max}（单位为牛顿 N）

$$F_{max} = \sqrt{3}K(i_{sh}^{(3)})^2 \frac{l}{a} \times 10^{-7} \tag{2.78}$$

式中 $i_{sh}^{(3)}$——三相短路冲击电流（A）；

l——母线的跨距，即相邻两绝缘子之间的距离（m）；

a——相邻两相母线中心线间距离（m）；

K——母线的形状系数。对于圆形母线和净空距离大于母线截面周长的矩形截面母线可认为等于 1，其他可查形状系数曲线。

当母线在最大电动力作用下所受到的机械应力 σ 小于或等于母线材料的允许应力 σ_{al} 时，母线才不会因电动力而破坏。所以母线力稳定校验的条件是

$$\sigma_{al} \geqslant \sigma \tag{2.79}$$

而

$$\sigma = M/W \tag{2.80}$$

式中　σ_{al}——母线材料的允许应力(N/m^2)。铜为400×10^5 N/m^2,铝为$500 \sim 700 \times 10^5 N/m^2$,钢为$1\ 000 \times 10^5$ N/m^2;

σ——母线通过$i_{sh}^{(3)}$时所受到的最大计算应力(N/m^2);

M——母线在最大电动力F_{max}作用时所受到的弯曲力矩(Nm)。将母线看成为一根均匀荷重的梁,所以当母线跨距在1~2个时$M = F_{max} \cdot l/8$;当母线跨距在二个以上时$M = F_{max} \cdot l/10$。F_{max},l的意义见式(2.78);

W——母线的截面系数(单位为m^3)。如图2.16矩形母线的$W = \frac{b^2 h}{6}$。

当母线所受到的最大计算应力σ太大,不能满足要求时,就需采取一定的措施。最经济有效的方法就是减小绝缘子之间的跨距(开关柜上母线支持绝缘子的跨距通常等于柜宽);此外还可变更母线放置方式以增大W;增大母线相间距离a;限制短路电流i_{sh}等办法。

母线上受到的电动力作用于绝缘子上,也可能使绝缘子受到破坏。绝缘子力稳定校验的条件是

$$F_{al} \geqslant F_c \tag{2.81}$$

式中　F_{al}——绝缘子的最大允许载荷,可查产品样本。如查得的是抗弯破坏载荷,应将其乘以0.6才作为F_{al};

F_c——短路时作用于绝缘子上的计算力。如母线为立放(图2.16(a))$F_c = 1.4F_{max}$;如母线为平放(图2.16(b))$F_c = F_{max}$。

例2.6　某厂10 kV配电装置选用GG-1A型固定式高压开关柜组成。主母线为LMY-40×4水平放置,母线支持绝缘子间距为25 cm,母线跨距等于柜宽(1.4 m),通过母线的三相短路电流为4.713 kA。试校验该母线的力稳定度。

解　先计算出母线上所受到的最大电动力,再校验在此力作用下母线是否会被破坏。

(1)短路时母线所受到的最大电动力

已知短路电流$I_K^{(3)} = 4.713$ kA,依据式(2.54)得

$$i_{sh}^{(3)} = 2.55 I_K^{(3)} = 2.55 \times 4\ 713 = 12\ 018 \text{ A}$$

又已知母线间距$a = 25$ cm $= 0.25$ m,母线跨距$l = 1.4$ m,取母线形状系数$K = 1$,依据式(2.78)得三相短路时母线受到的最大电动力为

$$F_{max} = \sqrt{3} K (i_{sh}^{(3)})^2 \frac{l}{a} \times 10^{-7} = 1.732 \times 12\ 018^2 \times \frac{1.4}{0.25} \times 10^{-7} = 141 \text{ N}$$

(2)校验母线的力稳定度

依据式(2.80),先求出母线所受到的弯曲力矩M和母线的截面系数W(母线平放$b = 40$ mm $= 0.04$ m,$h = 4$ mm $= 0.004$ m)

$$M = F_{max} \frac{l}{10} = 141 \times \frac{1.4}{10} = 19.74 \text{ Nm}$$

$$W = \frac{b^2 h}{6} = \frac{(0.04)^2 \times 0.004}{6} = 1.07 \times 10^{-6} \text{ m}^3$$

再求出母线在三相短路时所受到的最大计算应力σ

$$\sigma = \frac{M}{W} = \frac{19.74}{1.07 \times 10^{-6}} = 184.5 \times 10^5 \ \text{N/m}^2$$

铝母线的允许应力 $\sigma_{al} = 500 \sim 700 \times 10^5 \ \text{N/m}^2 > \sigma$,所以该母线的力稳定度满足要求。

二、短路电流的热效应及热稳定度的校验方法

供电系统中发生短路,短路电流将通过导体,虽然发生短路后保护装置能迅速动作,一般2~3 s内便能将短路故障切除,但由于短路电流骤增为很大,所产生的热量很大并几乎来不及散出去,因此导体温度将升得很高,这就是短路电流的热效应。如果导体在短路电流作用下产生的最高温度超过其短路时的最高允许温度(见附表2.10),则将使导体或设备的绝缘损坏。所以只有满足对短路电流热稳定的要求,才能保证导体和电器设备安全可靠地工作。

1. 短路时的发热计算

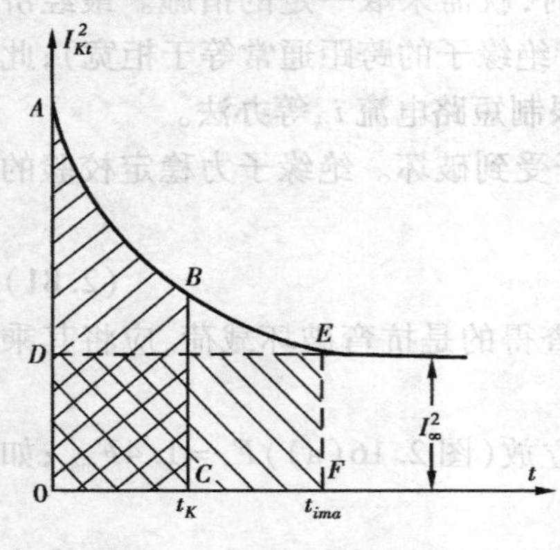

图2.17　短路发热假想时间示例

要计算出短路电流通过导体时产生的热量是很困难的,因为短路电流瞬时值变化规律复杂,而且短路时导体的温度升得很高,其电阻和比热也不是常数,因此一般采用等效计算的方法来解决。

短路期间实际短路全电流 I_{Kt}^2 随时间 t 变化的曲线如图2.17所示,设 t_K 是实际短路时间,则 t_K 时间内短路电流产生的热量将与面积 $OABC = \int_0^{t_K} I_{Kt}^2 \mathrm{d}t$ 成比例。假设导体中流过的电流等于短路稳态电流 $I_\infty(I_K)$,并假设经过 t_{ima} 时间后其所产生的热效应与实际短路电流所产生的热效应相同。即图2.17中面积 $OABC$ = 面积 $ODEF$,即有

$$\int_0^{t_K} I_{Kt}^2 \mathrm{d}t = I_\infty^2 t_{ima} \tag{2.82}$$

这里 t_{ima} 称为短路发热假想时间。由此可知短路时的热效应可用 $I_\infty^2 t_{ima}$,即 $I_K^2 t_{ima}$ 来表征。

对于工业企业来说,发生短路时电力系统容量可视为无限大,其短路发热假想时间 t_{ima} 可用下式求出

$$t_{ima} = t_K + 0.05 \ \text{s} \tag{2.83}$$

当短路时间 $t_K > 1$ s时,可忽略0.05 s,此时

$$t_{ima} = t_K \tag{2.84}$$

短路时间 t_K 的计算式如下

$$t_K = t_{op} + t_{oc} \tag{2.85}$$

式中　t_{op}——短路保护装置实际最长动作时间;

t_{oc}——断路器(开关)的断路时间(为固有分闸时间与灭弧时间之和)。对一般高压断路器(如油断路器)可取为0.2 s;对于高速断路器(如真空断路器)可取为0.1~0.15 s。

2. 短路热稳定度校验方法

校验电气设备和导体的热稳定度,根据对象不同,分别采用不同的方法。

(1)一般电器设备热稳定度的校验

一般电器设备,符合下式条件,则认为热稳定度满足要求。

$$I_t^2 \cdot t \geqslant (I_K^{(3)})^2 \cdot t_{ima} \tag{2.86}$$

式中 I_t——电器的热稳定试验电流(kA)；

t——与 I_t 相应的电器热稳定试验时间(s)。t、I_t 均可在电器产品样本上查得；

$I_K^{(3)}$、t_{ima}——通过电器设备的三相短路电流(kA)及短路发热假想时间(s)。

(2)母线、绝缘导线和电缆等热稳定度的校验

对母线、绝缘导线和电缆等导体，校验其通过短路电流时热稳定度是否满足要求，应计算出导体通过短路电流后所达到的最高温度与导体在短路时的最高允许温度比较，当前者小于或等于后者时则短路热稳定度满足要求。但导体温度的计算非常麻烦，在工程设计中，从与短路电流热效应相等及满足短路热稳定度的要求出发，先求出不同导体的热稳定系数 C，然后再求出满足短路热稳度要求的最小允许截面 A_{min}(mm^2)。计算式如下

$$A_{min} = \frac{I_K^{(3)}}{C}\sqrt{t_{ima}} \tag{2.87}$$

式中 $I_K^{(3)}$——通过导体的三相短路电流(A)；

t_{ima}——短路发热假想时间(s)；

C——导体的热稳定系数，可查附表2.10。

当导体的实际截面积大于或等于 A_{min} 时，则导体满足短路热稳定度要求。如不满足要求，则应加大导体截面。

例2.7 已知某10 kV铝芯聚氯乙烯绝缘电缆截面为35 mm^2，通过其三相短路电流为2.4 kA，线路首端装有高压少油断路器，线路继电保护动作时间为0.5 s，试校验此电缆的热稳定度。

解 依据式(2.85)求得短路时间 t_K(取油断路器动作时间 $t_{oc}=0.2$ s)为

$$t_K = t_{op} + t_{oc} = 0.5 + 0.2 = 0.7 \text{ s}$$

按式(2.84)得 $t_{ima} = t_K = 0.7$ s

查附表2.10知，铝芯聚氯乙烯绝缘电缆的热稳定系数 $C=65$。由题知 $I_K^{(3)} = 2.4$ kA = 2 400 A。

依据式(2.87)得满足热稳定度最小要求的截面 A_{min} 为

$$A_{min} = \frac{I_K^{(3)}}{C}\sqrt{t_{ima}} = \frac{2\,400}{65}\sqrt{0.7} = 30.9 \text{ mm}^2$$

电缆的实际截面为35 $mm^2 > A_{min}$，此电缆满足热稳定度要求。

思考题

2.1 列举出工厂中一些常用电气设备的用电特点，与附表2.1对照，分析表中需要系数与功率因数值是否合理？

2.2 怎样根据用电负荷的重要程度，对电力负荷进行分类？

2.3 电力负荷与电量有什么区别？什么是负荷曲线？

2.4 什么是平均负荷和负荷系数？什么是年最大负荷和年最大负荷利用小时数？通过负荷曲线如何求得上述参数？

2.5　什么是计算负荷？正确确定计算负荷有什么意义？负荷曲线在求计算负荷时有何作用？

2.6　什么是用电设备的设备容量？设备容量与该台设备的额定容量是什么关系？分别情况说明之。

2.7　单台用电设备计算负荷如何确定？

2.8　求多台用电设备计算负荷常用哪些方法？各适用于什么情况？

2.9　什么是最大负荷同时系数？求计算负荷时同时系数应如何选取？

2.10　如何分配单相(220 V、380 V)用电设备，使计算负荷最小？你知道如何将单相负荷简便地换算为三相负荷吗？

2.11　将全厂各车间的视在计算负荷和计算电流分别相加，即得出全厂总的视在计算负荷和总的计算电流，这种计算方法为什么是错的？正确的计算方法应当是怎样？

2.12　我国电网中性点接地方式有哪几种？可能发生的短路型式有哪几种？

2.13　无限大容量系统有何特点？

2.14　什么叫短路冲击电流 i_{sh} 和 I_{sh}？什么叫短路稳态电流 I_K？为什么高、低压电网中计算 i_{sh} 和 I_{sh} 的关系式不同？

2.15　计算短路电流时所取基准电压值与相应线路额定电压值有何关系？为什么这样选取？

2.16　计算高压系统短路电流时采用标么制有什么优点？

2.17　低压系统中短路电流计算有何特点？

2.18　什么叫短路电流的假想时间？如何求出？

2.19　什么叫短路电流的力效应？力稳定度如何进行校验？

2.20　什么叫短路电流的热效应？热稳定度如何进行校验？

习　题

2.1　某车间有行车 1 台，设备铭牌上给出其额定功率 $P_N = 9$ kW，$\varepsilon_N = 15\%$，问其设备容量为多少？

2.2　某车间有单相 380 V 交流电焊机 1 台，其额定容量 $S_N = 22$ kVA，$\varepsilon_N = 60\%$，$\cos\varphi_N = 0.5$，问其设备容量为多少？

2.3　某车间 380 V 电力线路供电给下列设备：长期工作电动机有 7.5 kW 1 台，5 kW 3 台，2.8 kW 7 台；反复短时工作的设备有 10 t 吊车 1 台，在暂载率为 40% 的条件下，其额定功率为 39.6 kW，$\cos\varphi = 0.5$。试确定它们的设备容量？并用需要系数法（设需要系数均取为 0.2）求该线路的计算负荷？

2.4　某车间设有小批量生产冷加工机床电动机 40 台，总容量 122 kW，其中较大容量的电动机有 10 kW 1 台、7 kW 3 台、4.5 kW 3 台、2.8 kW 12 台。试分别用需要系数法和二项式系数法确定其计算负荷？

2.5　某金工车间采用 220/380 V 三相四线制供电，车间内设有冷加工机床 48 台，共 192 kW；吊车 2 台，共 10 kW（$\varepsilon_n = 25\%$）；通风机 2 台，共 9 kW；车间照明共 8.2 kW。试求该车间的计算负荷？

2.6　某厂有功计算负荷为1 500 kW,无功计算负荷为1 300 kVA。问该厂最大负荷时功率因数为多少？若需将功率因数提高到0.9,问补偿容量需多少？若选用BW6.3-12-1 W型电容器,则需装设多少个？

2.7　设基准容量 $S_d=100$ MVA,基准电压 $U_d=10.5$ kV,试求下述之电抗标么值:(1)无限大容量电力系统;(2)变压器SL1-8000/110,$U_N=110$ kV,$U_K\%=10.5$;(3)110 kV架空线路长90 km,$X_0=0.4$ Ω/km;(4)10 kV电抗器的电抗百分数 $X_K\%=3$,$I_N=150$ A。

2.8　某厂设有SL7-3150(kVA)变压器一台,高/低压侧额定电压为35/6.3 kV,$U_K\%=7$。该变压器通过35 kV架空线路(长5 km,$X_0=0.4$ Ω/km)与无限大容量电力系统相连,试问在变压器高、低压侧分别发生三相短路时的 I_K、i_{sh}、I_{sh} 和 S_K 各等于多少？

2.9　某放射形供电网如图2.18所示,系统10.5 kV母线的短路容量 S_K 为300 MVA,架空线路 L_1 长为7 km、$X_0=0.4$ Ω/km,电缆线路 L_2 长为0.6 km,$X_0=0.08$ Ω/km,车间变压器 T 为SL7-800 kVA、10/0.4 kV、$U_K\%=4.5$,求 K_1、K_2 点发生三相短路时的短路电流、短路冲击电流峰值及有效值各等于多少？

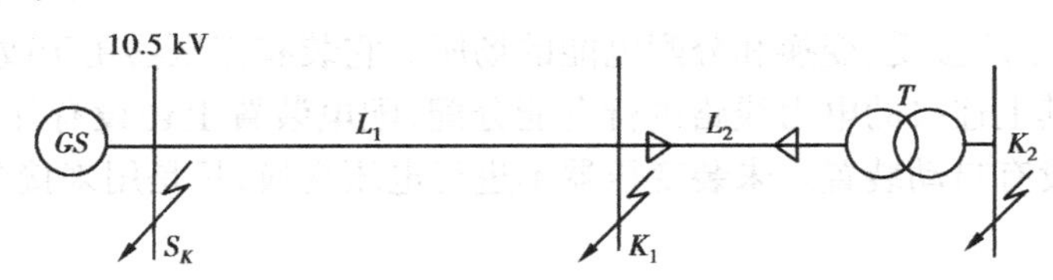

图2.18　习题2.9示意图

第3章　工厂变配电所

工厂变配电所是全厂供配电系统的枢纽，了解它的设置，掌握变配电所常用高、低压电器设备、主接线图与配电装置的基本知识，了解变配电所的布置与结构均十分必要，本章将介绍这些内容。

3.1　工厂变配电所的作用、类型和位置

一、工厂变配电所的作用

工厂变电所是工厂接受、变换和分配电能的场所。它装有变压器用于改变电网电压等级；设有配电装置，对其上连接的电力线路进行电能分配，配电装置上还设有保护及控制设备、测量仪表等，有的还设有自动装置。未装变压器不进行电压变换，只是用来接受和分配电能的则称为配电所。

二、工厂变配电所的类型

工厂变电所从它在工厂供配电系统中的地位来说，可分为总降压变电所和车间变电所。从整体结构型式而言，可分为屋内式、屋外式和组合式等3种型式。就变配电所和变压器所处位置而言可分为：

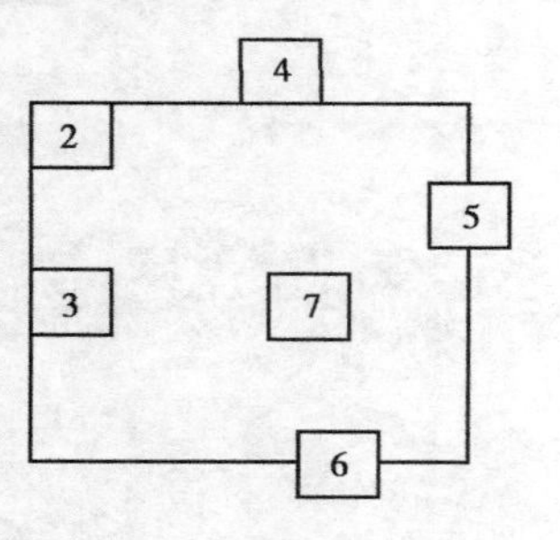

图3.1　变配电所类型

(1)独立变配电所　整个变配电所设在与车间建筑物有一定距离的单独建筑物内(如图3.1中的1)。一般用于供电给负荷小而分散的多个车间；有时由于周围环境的限制，如防火、防爆和防尘等，或为了建筑及管理上的需要，也考虑设置独立变电所。

(2)车间附设变配电所　根据变配电所与车间建筑物的关系又可分为：

1)内附式　设于建筑物内与建筑物共用外墙(如图3.1中的2,3)。离负荷中心较近。它能保持建筑物外观整齐，但要占用一定的生产车间面积。一般车间在周围环境受限制时可采用此种方案，变压器室的大门应朝车间外开。

2)外附式　附设于建筑物外与建筑物共用一面墙壁(如图3.1中的4,5)。它不占或少占生产车间面积，变压器装设在车间的墙外，较为安全，一般车间变电所常采用此种型式。

3)外附露天式　与外附式相似，但变压器装于室外。变压器周围不小于0.8 m处设高1.7 m固定围栏(或墙)(如图3.1中的6)。此种型式简单经济，只要周围环境条件正常，如附近无易燃易爆厂房，无腐蚀性气体，不是降雨量特多地区等可以采用。在小厂中较为常见。

(3)车间内变电所　位于车间中的单独房间内,与车间建筑物无公用外墙(如图3.1中的7)。负荷大的多跨厂房为使变电所位于车间内的负荷中心,常采用此种型式。由于变压器室的门朝车间内开,需采取相应的防火措施。

(4)地下变配电所　整个变配电所设置于建筑物的地下室内以节省用地。由于通风不良,防火要求较高,投资也高等原因,国内工厂目前较少采用。但大型建筑物中,为满足地下冷冻机房、水泵房等大用电设备的需要也采用。

(5)杆上式或高台式变电所　变压器一般置于室外杆塔上,或在专门的变压器台墩上,变压器容量一般在315 kVA及以下。工厂多用于生活区,也用于负荷分散的小城市居民区。

三、变配电所所址选择

选择变配电所所址,应根据下列要求综合考虑后确定:

(1)接近负荷中心;

(2)进、出线方便;

(3)设备运输方便;

(4)不应设在有剧烈振动或高温的场所;地势低洼和可能积水的场所;厕所、浴室或经常积水场所的正下方或相贴邻;

(5)不应设在有爆炸危险、火灾危险场所的正上方或正下方。如相毗邻时应符合《爆炸和火灾危险场所电力装置设计规范》的规定;

(6)不宜设在多尘或有腐蚀性气体的场所,如无法远离时则不应设在污源主导风向的下风侧;

(7)多层建筑内装有可燃性油的电气设备的变配电所,应布置在底层靠外墙部位,且不应设在人员密集场所的正上方、正下方或贴邻疏散出口两旁;

(8)根据需要,适当考虑发展余地。

3.2　工厂变配电所常用高压电器类型及选择

一、工厂变配电所常用高压电器的类型

高压电器是指额定电压在3 000 V及以上的电器。工厂高压配电系统中常用到的高压开关电器有高压断路器、高压隔离开关、高压熔断器和高压负荷开关。此外还有电流互感器、电压互感器、避雷器等。下面分别对其型号、用途及简单工作原理进行介绍。

(一)工厂常用高压断路器及操动机构

高压断路器是用来在电路正常工作和发生故障(例如短路)时接通和断开电路的开关电器。根据灭弧介质的不同,可分为:油断路器,包括多油断路器(型号特征为D,下同)和少油断路器(S);六氟化硫(SF_6)断路器(L);真空断路器(Z);电磁式空气断路器(C);压缩空气断路器(K)等。根据安装地点的不同,又可分为:户内式(N)和户外式(W)。

高压断路器的型号意义如下：

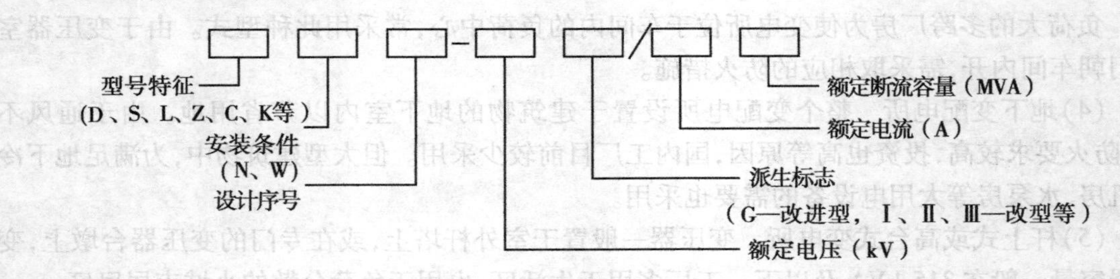

高压断路器、隔离开关、负荷开关等高压开关设备都配有或本身带有(如压缩空气断路器)操动机构。用它来实现开关的合闸、分闸及保持合闸位置。它是高压开关设备不可分割的一部分并作成完整的部件供高压开关选配。根据合闸动力的不同,操动机构可分为:手动操动机构(靠人力使开关合闸的机构),电磁操动机构(靠直流电磁铁产生吸力使开关合闸的机构),弹簧操动机构(利用小的交流电动机使合闸弹簧拉长储能,当有合闸命令时,已储能的合闸弹簧释放位能所产生的力使开关合闸),液压操动机构(如用高压油推动工作缸活塞运动使开关合闸的机构)等。

操动机构型号意义如下：

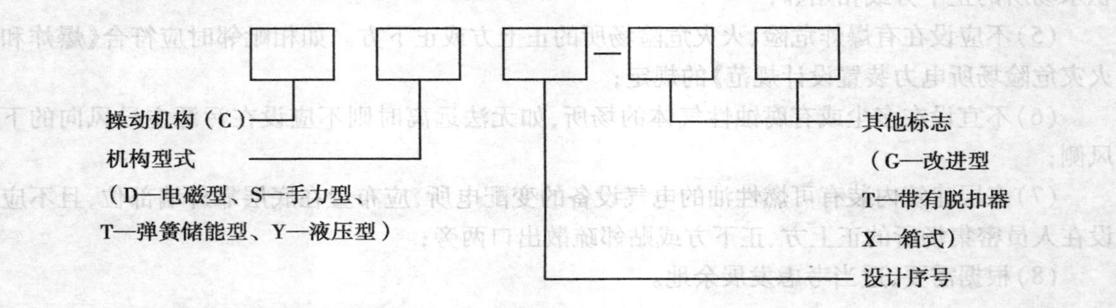

下面介绍几种工厂常用的高压断路器：

1. 油断路器

采用变压器油作灭弧介质的断路器称为油断路器。它是利用触头断开时产生的电弧使油迅速汽化并分解出氢气,同时产生很高的压力,在油中燃烧的电弧实际上相当于在高压力的氢气泡中燃烧,氢气有很高的导热性易使电弧冷却,再加上灭弧装置的吹弧作用更加强了油气对电弧的冷却,使电弧很快熄灭。油断路器又可分为多油式和少油式两种类型。

(1)多油断路器

多油断路器是带有接地钢箱的油断路器。它用油量很多,油不仅用作灭弧介质和开断后触头之间的绝缘而且作为导电部分对地(钢箱)的绝缘,所以运行中要特别注意油面指示和油质检查。它体积和重量都较大而且有产生火灾危险。除 35 kV 电网外,一般均较少采用。常见多油断路器型号如 DN1—10、DW1—35、DW2—35、DW8—35 等。

(2)少油断路器

少油断路器通常是带有瓷或环氧树脂玻璃布等制成的绝缘油箱的断路器。它用油量较少,油主要用作灭弧介质和开断后触头之间的绝缘。对地绝缘主要是瓷和其他绝缘材料,油只是起辅助作用。少油断路器体积小、重量轻,爆炸和火灾的危险性较少。这种断路器广泛应用在工厂 6～35 kV 户内配电装置中，但不适于频繁操作。

少油断路器有两种结构，10 kV 为悬壁式，35 kV 为落地式。我国目前推广应用的 10 kV 少油断路器为 SN10-10 型，其原理结构如图 3.2 所示。断路器由油箱 1、机构箱 2 和框架 3 等几个主要部分组成。油箱下部是机构箱（又称基座），通过两个支持瓷瓶 4 固定在框架上。图中断路器处于闭合位置，电流可以从上接线板 5，经静触头 6、动触头（导电杆）7、中间滚动触头 8 和下接线板 9 流通。当切断电路时，在开断弹簧 10 的作用下，主轴 11 反时针转动，它通过绝缘连杆 12 带动轴 13 反时针转动，于是拐臂 14 牵引动触头 7 向下运动，在动静触头之间产生的电弧由于在灭弧室 15 中受到吹弧而熄灭。被电弧汽化和分解而产生的油气在通过油气分离器 16 时受到冷却和油气分离，油滴落下而汽体由顶部排气孔排出。当动触头行程终了时，动触头撞到缓冲器 17 上，使剩余动能被吸收。常见少油断路器型号如 SN10-10、SN10-35、SW2-35、SW2-110、SW4-220 等。

油断路器可配用 CD-10 等型电磁操动机构，CS2 型手动操动机构或 CT7 等型弹簧操动机构。制造厂对操动机构可配套提供，有特殊需要时可提出要求。

2. 六氟化硫断路器

采用 SF_6 气体作灭弧和绝缘介质的断路器称为六氟化硫断路器。六氟化硫比空气及矿物油有许多优异的电气绝缘与灭弧性能。如 SF_6 不含碳（C），不像油在电弧高温作用下要分解出碳来，使油的灭弧和绝缘性能降低；SF_6 不含氧（O），不像空气断路器中的触头存在氧化问题，而且磨损和烧蚀作用也不显著；特别优越的是 SF_6 在电流过零时，电弧暂时熄灭后，具有很快恢复绝缘强度的能力，使电弧难于复燃并很快熄灭。

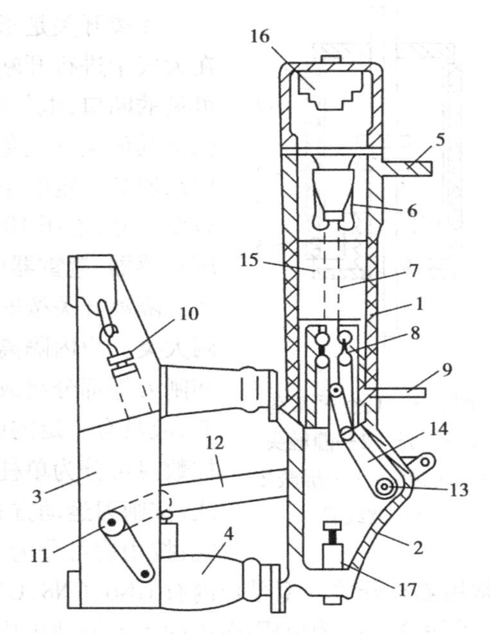

图 3.2 SN10-10 型少油断路器的原理结构

1—绝缘筒 2—机构箱 3—框架 4—瓷瓶 5—上接线板 6—静触头 7—动触头 8—中间滚动触头 9—下接线板 10—开断弹簧 11—主轴 12—连杆 13—轴 14—拐臂 15—灭弧室 16—油气分离器 17—缓冲器

SF_6 断路器按安装地点来分有户内、户外两种结构型式。按灭弧方式来分有纵向气吹和横向气吹两种，前者又包括单压力式、双压力式两类。我国现在生产的 LN1、LN2 型 SF_6 断路器均为只有一个气压系统的单压力式吹弧方式。SF_6 断路器与油断路器比较，具有断流能力大、灭弧速度快、电绝缘性能好、无燃烧爆炸危险、检修周期长、适于频繁操作等优点。其缺点是要求加工精度高和密封性要好，结构较复杂，价格昂贵。目前主要应用在需频繁操作及有易燃易爆危险的场所。在高压和超高压电力系统中有取代压缩空气和少油断路器的趋势。

SF_6 断路器多配用弹簧操动机构。

3. 真空断路器

动、静触头密闭在真空泡内，利用真空作为绝缘介质和灭弧介质的断路器称为真空断路器。真空灭弧室的结构示意如图3.3所示。它主要由外壳(常用玻璃等制成)、触头和屏蔽罩三大部分组成。图中波纹管既保证外壳完全密封,又可使操动机构能带动动触头运动。它的灭弧过程是:当触头刚分离时,由于高电场发射和热电发射使触头间形成电弧,电弧温度很高使触头表面产生金属蒸汽,随着触头的分开和电弧电流的减小,触头间的金属蒸汽密度也减小,当电弧电流过零时,电弧暂时熄灭,触头周围的金属离子凝结在四周屏蔽罩上不返回弧隙,触头间隙实际上又恢复了原有的高真空度,触头间隙不会再次被击穿,使电弧在电流第一次过零时就被熄灭。

真空断路器在结构上由支架、真空灭弧室和操动机构三部分组成。其特点是能频繁操作,维修工作量小,但价格昂贵。常见户内真空断路器型号有ZN3-10、ZN4-10、ZN-35型。

真空断路器多配用电磁操动机构。

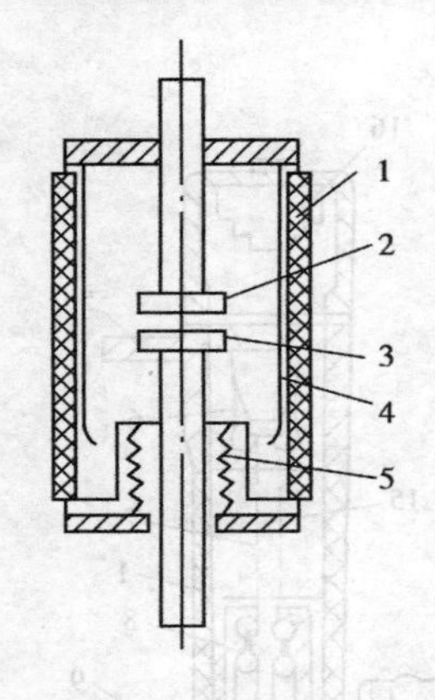

图3.3 真空灭弧室
1—外壳 2—静触头
3—动触头 4—屏蔽罩
5—波纹管

(二)隔离开关及操动机构

隔离开关是指没有灭弧装置,在无电流或接近无电流的情况下,在大气中进行开断和关合高压交流电路的开关电器,断开后有明显可见的断口,电气绝缘稳定可靠。它的功能主要是隔离高压电源,以保证其他电气设备(线路)的安全检修。它不允许带负荷操作,但可用来通断一定的小电流,如电压10 kV以下、容量320 kVA以下的空载变压器,电压10 kV、5 km和35 kV、10 km长的空载线路,以及电压互感器、避雷器电路等。

隔离开关按安装地点可分为户内式(GN型)、户外式(GW型)两大类。户内隔离开关的结构一般由底架、转轴、支持瓷瓶、静触头和闸刀等部分组成,如图3.4所示。户外式隔离开关因工作条件较差,应具有一定的破冰能力和较高的机械强度。隔离开关按绝缘支柱数目可分为单柱式、两柱式及三柱式;按极数可分为单极式及三极式;按闸刀运动方式可分为垂直旋转式、水平旋转式、摆动式和插入式;按用途可分为一般用、快速分闸用和变压器中性点接地用等。目前常用隔离开关的型号户内有GN6、GN8、GN19等,户外有GW4、GW5、GW9等。

隔离开关一般配用简单的手动操动机构。

(三)高压熔断器

熔断器是一种当通过的电流超过规定值而使其熔体熔断以切断电路的保护电器。它可以对线路及电气设备进行短路保护,有的也具有过负荷保护的功能。

高压熔断器按其安装地点可分为户内式(RN型)、户外式(RW型)两种;按熔体管动作可分为固定式和自动跌落式两种;按开断电流性质又可分为限流式和不限流式两种。现将工厂中常用到的两类高压熔断器介绍如下:

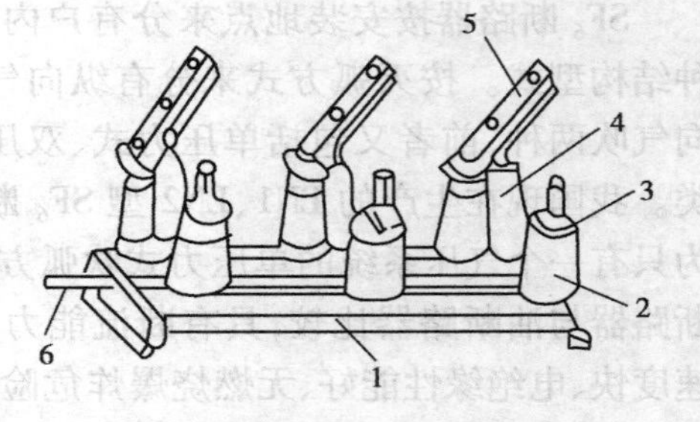

图3.4 户内式隔离开关
1—底架 2—支持瓷瓶
3—静触头 4—瓷棒
5—闸刀 6—轴

1. RN系列户内固定式高压限流熔断器

此类熔断器主要由底板、支持瓷瓶、触头座和瓷熔管所组成。瓷管中并联了几根熔丝并充填石英砂用管帽密封,当熔丝熔断后有红色的熔断指示器弹出。这种熔断器熔体熔断所产生的电弧是在填充石英砂的密闭瓷管内燃烧,灭弧能力很强,能在短路电流未达到冲击值之前(即短路后不到半个周期)将电弧熄灭,所以称为“限流”熔断器。使用它也降低了其所保护电气设备的动、热稳定性要求。此类熔断器在开断电路时无游离气体排出,故均用在户内配电装置中。常用型号如 RN1 系列用作高压电力线路和变压器的短路和过载保护,RN2、RN4、RN5 系列只作为电压互感器的短路保护。

2. RW 型户外高压跌落式熔断器

此类熔断器由绝缘瓷瓶、接触导电系统和熔管(外层为酚醛纸管或环氧玻璃布管,内套纤维质消弧管)等三部分组成。在正常工作时,利用熔丝将熔管上的活动关节拉紧,使熔断器保持在合闸状态。在熔丝熔断时活动关节释放,熔管跌落,造成明显可见的断开间隙。它既可作短路保护,也可在一定条件下,用高压绝缘钩棒(令克棒)来操作熔管的分合,以断开或接通小容量的空载变压器和空载线路,起到隔离开关的作用。

跌落式熔断器灭弧能力不强,属“非限流”式熔断器。在灭弧时会喷出大量游离气体并发出响声,故一般只在户外使用。常用型号如 RW3、RW4 系列,用于 6 ~ 10 kV 输电线路和变压器的短路保护。带有自动重合闸的跌落式熔断器(型号后带 Z 字),每相有常用和备用熔管各一根,由重合闸机构控制,当常用熔管跌落时,在 0.3 s 内备用熔管将自动重合。

熔断器的优点是结构简单、价格低廉、维护方便、能自动切断短路电流,缺点是性能不稳定、动作后需更换熔体或熔管、易于造成单相供电等。所以目前它只被用于额定电压在 35 kV 及以下、输电容量不大的电网和不很重要的用户中。

(四)高压负荷开关

负荷开关是带有简单灭弧装置,可用来关合和开断额定电流和一定过载电流的开关电器。

负荷开关在结构上与隔离开关很相似,在断开状态下也具有明显可见的断开点。因此它也具有隔离电源,保证安全检修的功能。但它与隔离开关有原则区别,隔离开关不能带负荷操作,而负荷开关有简单灭弧装置能带负荷操作即通断一定的负荷电流,但其灭弧能力有限,不能熄灭短路时产生的电弧,所以不能切断短路电流。负荷开关一般与高压熔断器串联使用,用熔断器来切断短路电流,负荷开关用来通断正常负荷电流。在容量较小,供电要求不太高的配电网络中可用它来代替昂贵的断路器,使配电装置成本降低,操作与维护简单。

负荷开关按装置地点可分为户内式(FN 型)和户外式(FW 型);按灭弧方式可分为固体产气式、压气式、油浸式等。常用负荷开关型号户内有 FN2-10(R)型、FN3-10(R)型(型号中有 R 表示带有熔断器),户外有 FW1-10 型、FW2-10(G)型等。

户内负荷开关一般配 CS 型手动操动机构,户外负荷开关配绳索或绝缘钩棒操动机构。

(五)互感器

互感器是配电系统中供测量和保护用的重要设备。它分为电流互感器和电压互感器两大类。电流互感器能将高、低压线路的大电流变成低压的标准小电流(额定值为 5 A、1 A 或 0.5 A);电压互感器能将高电压变成标准的低电压(额定值为 100 V、$100/\sqrt{3}$ V 或 50 V)。

互感器的主要作用是:(1)使测量仪表和继电器与电气主电路隔离,既可避免主电路的高电压直接引入仪表、继电器,又可防止仪表、继电器的故障影响主电路,提高了工作的安全性、可靠性;(2)使测量仪表和继电器标准化和小型化;(3)当电路上发生短路时,保护测量仪表的电流线圈不受大电流的损害。需要说明的是,在低压装置中使用互感器,主要不是考虑安全因素，而是为了使用统一、经济的标准化仪表和继电器，并使配电屏接线简单化。

互感器的工作原理都是电磁感应原理。具体来说，电压互感器的结构及工作原理与降压变压器相似。它一次线圈匝数很多，二次线圈匝数很少，工作时一次线圈并联在一次电路中，二次线圈与仪表、继电器的电压线圈（阻抗很大）并联，副边负载很小（接近于空载状态）。而电流互感器的一次线圈匝数很少，二次线圈匝数很多，工作时一次线圈与主电路串联，所以它的原边电流即为主电路电流而与副边负载无关，它的副边与仪表、继电器的电流线圈（阻抗很小）串联（接近于短路状态）。互感器结构及接线示意图如图3.5所示。

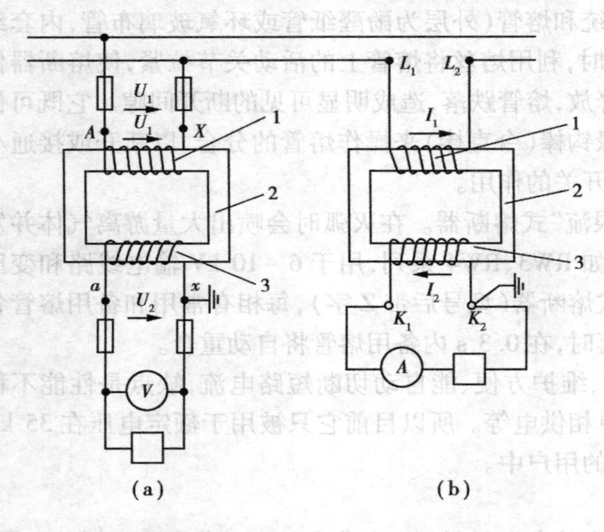

图3.5　互感器示意图

(a)电压互感器　(b)电流互感器

1—一次线圈　2—铁心　3—二次线圈

互感器在使用中应注意以下问题：(1)互感器二次线圈的一端及外壳必须接地，以避免因高低压线圈之间的绝缘偶然损坏，危及人身及设备安全；(2)电压互感器在运行中一、二次侧都不能短路，以免大的短路电流烧坏互感器，甚至影响主电路安全运行；电流互感器在运行中二次侧不能开路，以免大的激磁磁通及二次侧感生的高电压危及设备及人身安全；(3)安装和使用互感器时应注意它的极性，因为极性不对，二次侧所接仪表、继电器中流过的电流就不是预想的电流，有的仪表（如功率表、电度表）的读数又与电路中电压与电流间的相位有关。为此，在互感器原边和副边的端子上都标有记号，以表明它的极性。电流互感器的原边标记为L_1、L_2，副边标记为K_1、K_2；电压互感器的原边标记为A、X，副边标记为a、x。上述L_1与K_1，A与a为同名端即同极性端。

互感器既用于测量，当然就有准确等级的问题。互感器的准确度一般有0.1、0.2、0.5、1、3、5等几级。准确度的选择，按互感器的使用场合而定。一般0.2级作实验室精密测量用；0.5级作计算电费测量用；1级供发电厂、变配电所配电盘上的仪表用；3级供一般指示仪表及继电保护用。

常用电流互感器、电压互感器类型及接线方式如下：

1. 电流互感器

电流互感器的类型很多。按一次线圈的匝数可分为单匝式（包括母线式、芯柱式和套管式）和多匝式（包括线圈式、线环式和串级式）两种；按一次电压高低可分为高压和低压两大类；按所用绝缘材料可分为塑料外壳、瓷绝缘、浇注绝缘等型式。常用电流互感器500 V的有LMZ1、LMZJ1、LMZB1型，或LMK1、LMKJ1、LMKB1型；10 kV的有LA、LAJ型，LQJ、LQJC型，LFZ1、LFZJ1型，LDZ1、LDZJ1型，LMZ1、LMZD2型等。电流互感器型号的意义参见附表3.1(1)。

电流互感器的接线方式如图3.6所示。图(a)为测量一相电流，适用于负荷平衡的三相系统,图(b)、(c)用于测量负荷平衡或不平衡的三相系统中的三相电流。

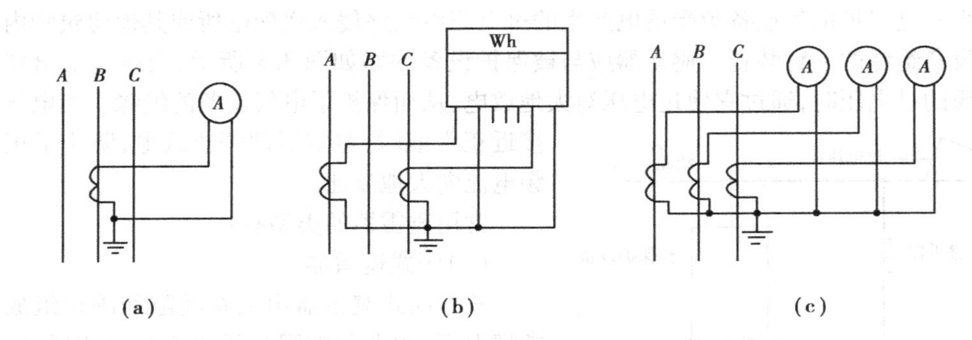

图 3.6 电流互感器接线方式

(a)一相连接 (b)两相不完全星形连接 (c)三相星形连接

2. 电压互感器

电压互感器按其绝缘和冷却方式可分为干式和油浸式两类。干式电压互感器已广泛采用环氧树脂浇注绝缘,用于户内高、低压电路中。油浸式电压互感器可制成各种电压等级,用于户内或户外。常用电压互感器低压 500 V 的有 JDG 型;6 ~ 10 kV 的有 JDZ、JDZJ、JDJ、JSJB、JSJW 型等。电压互感器型号的意义可参见附表 3.1(2)。

电压互感器的接线方式如图 3.7 所示。根据测量和继电保护对电压的需要进行选用。图(c)接线可用一个 JSJW 型的三相五铁芯柱三绕组电压互感器,也可用三个 JDZJ 型的单相三绕组浇注绝缘的电压互感器构成,接成 $Y_0/Y_0/\triangle$形,供小电流接地的电力系统中作电压、电能测量及单相接地保护(绝缘监察)之用。

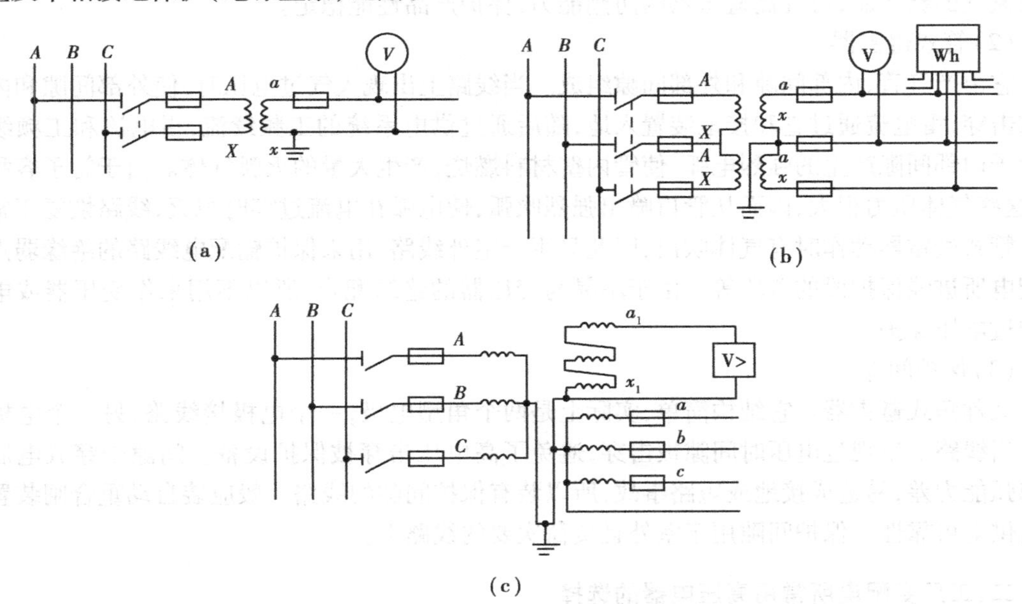

图 3.7 电压互感器接线方式

(a)一个单相电压互感器 (b)两个单相接成 V/V 形 (c)接成 $Y_0/Y_0/\triangle$形

(六)避雷器

避雷器是保护电气设备免受雷电产生的过电压沿线路侵入变配电所或其他建筑物内危及被保护设备绝缘的一种装置。避雷器应与被保护设备并联如图3.8所示,当线路上出现危及设备绝缘的过电压时,通过它使过电压对大地放电,从而保护了电气设备的绝缘。当电压降到接近正常值时,避雷器即停止放电,防止了正常工频电流向大地流通。

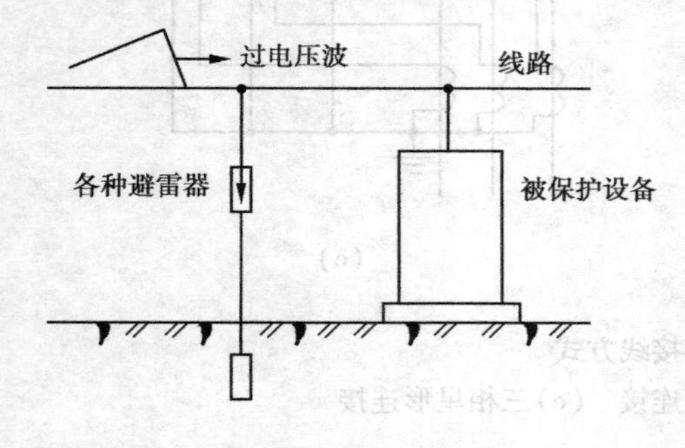

图3.8 避雷器的连接

常用避雷器的类型有:

(1)阀式避雷器

普通阀式避雷器由火花间隙和阀片组成。正常情况下,火花间隙阻止线路工频电流通过,在雷电过电压作用下,火花间隙被击穿。阀片由电工碳化硅制成,其电阻具有非线性特性,过电压时阀片电阻很小,雷电流顺畅地通过;线路上恢复工频电压时,阀片电阻很大,限制了工频续流的幅值,使火花间隙绝缘迅速恢复,最后将工频续流切断。如FS型为普通阀式避雷器,它多用于变配电所。磁吹阀式避雷器是一种附有磁吹装置来加速火花间隙中电弧熄灭的阀式避雷器,如FCD型常用于保护重要的或绝缘较为薄弱的设备,例如高压电动机等。另外还有一种是无火花间隙,只有金属氧化物阀片的新型无间隙阀式避雷器,称为金属氧化物避雷器或压敏避雷器。它具有理想的阀特性,在工频电压下电阻极大,能有效地抑制工频续流,它结构简单、体积小、寿命长、无间隙、无续流,如FYS型已广泛用作低压设备的防雷保护。随着成本的降低,高压系统也开始推广应用。在避雷器内部充入了干燥氮气的新产品,可提高避雷器的防潮能力,保护产品性能稳定。

(2)管式避雷器

它由产气管、内部间隙和外部间隙组成。当线路上出现大气过电压时,使外部间隙和内部间隙击穿,雷电流通过它和接地装置入地,随后通过供电系统的工频续流,雷电流和工频续流在管子内部间隙产生的强烈电弧,使管内壁材料燃烧,产生大量的灭弧气体。由于管子容积很小,这些气体压力很大,因而从管口喷出强烈吹弧,使电弧在电流过零时熄灭,线路恢复正常运行。管式避雷器动作时有气体吹出,因此只用于室外线路,用来保护输配电线路的绝缘弱点和变配电所进线保护段的首段等。由于不易与变压器的绝缘配合,所以不用来作变压器或电动机的过电压保护。

(3)保护间隙

又称角式避雷器。它结构简单,实际上是两个角型电极,一个电极接线路,另一个电极接地。当线路上出现过电压时间隙被击穿,避免了高电压击穿被保护设备。间隙击穿放电后由于熄弧能力差,易造成接地或短路事故,所以装有保护间隙的线路一般应装自动重合闸装置以提高供电可靠性。保护间隙用于室外且负荷次要的线路上。

二、工厂变配电所常用高压电器的选择

工厂变配电所中各种高压电器的工作条件不同,它们选择的方法也不一样。但选择时总应考虑电气设备的环境条件,如安装的位置在户内还是户外,海拔高度,环境温度及有无防尘、防腐、防火、防爆要求等。在电气参数方面一般应按正常工作条件下的额定电压、额定电流等

来选择,根据情况还应按短路故障条件下的工作来校验,如校验电器设备的力稳定(动稳定)、热稳定及断流容量。几种常用高压电器设备的选择校验项目见表3.1。

表3.1 几种高压电器选择校验项目

高压电器名称	电压	电流	断流能力	短路电流校验	
				力稳定度	热稳定度
断路器	✓	✓	✓	✓	✓
负荷开关	✓	✓	✓	✓	✓
隔离开关	✓	✓		✓	✓
熔断器	✓	✓	✓		
电压互感器	✓				
电流互感器	✓	✓		✓	✓

对表3.1中应满足的条件说明如下:

(1)按工作电压及工作电流选择

高压电器的额定电压应不小于所装置地点的工作电压。但熔断器、电压互感器、避雷器的额定电压应与所装置地点的工作电压相符。

高压电器的额定电流应不小于通过它的最大长期工作电流即计算电流。

(2)按断流能力选择

高压电器的额定开断电流(或断流容量)应不小于它可能分断的最大电流(或最大容量)。如对高压断路器,其额定开断电流应不小于断路器灭弧触头开始分离时电路内的短路电流有效值。对高压负荷开关,其最大开断电流应不小于它可能开断的最大过负荷电流。对户外跌开式熔断器,选择时应注意使被保护线路末端的三相短路电流计算值大于其断流容量下限值的开断电流,否则所产生的气体可能不足以灭弧。

(3)短路力稳定度和热稳定度校验

按2.10所介绍方法进行。

附表3.2(2)列出了部分高压电器的技术数据,可供参考。

3.3 工厂变配电所常用低压电器类型及选择

一、工厂变配电所常用低压电器的类型

工厂低压配电系统中常用低压电器有刀开关、低压熔断器、自动空气开关及接触器、热继电器等控制与保护电器。这里主要对前面三种进行介绍。

(一)低压熔断器

工厂车间内广泛使用了低压熔断器。当电路发生短路时,熔断器内的熔体(保险丝)迅速熔断,将故障电路切除。有的熔断器也能实现过负荷保护。

低压熔断器的类型很多，常用的有：

(1)RC1A 型低压插入式熔断器

它一般用于交流 380 V 及以下的线路末端，供配电系统作为电线、电缆及电气设备(如电动机等)的短路保护。

这种熔断器主要由瓷盖、瓷底、触头、弹簧夹和熔体 5 部分组成，接触形式系面接触，除 15 A产品外，在灭弧室中都垫有编织石棉帮助熄弧。RC1A 熔断器额定电流有 10、15、60、100 A4种。

(2)RM10 型低压无填料密闭管式熔断器

它主要用于额定电压至交流 380 V 或直流 440 V 及其以下各电压等级的电力线路、成套配电设备中作为短路保护和防止连续过负荷之用。

这种熔断器主要由纤维熔管、变截面的锌熔片和触头底座等组成。锌熔片冲制成宽窄不一的变截面，目的是使短路电流通过时，窄部电阻较大首先熔化，使熔管内形成几段串联短弧，而各段熔片跌落又可迅速拉长电弧，使电弧较易熄灭。在过负荷电流通过时，由于加热时间较长，窄部散热较好，往往不在窄部熔断而在宽窄之间的斜部熔断。由熔片熔断的部位，可大致判断故障电流的性质。熔片熔断时，纤维管内壁有少部分纤维物质因电弧烧灼而分解，产生高压气体有助于灭弧，但灭弧能力仍较差，不能在短路电流达到冲击值之前使电弧完全熄灭，所以这类熔断器属“非限流”式熔断器。

(3)RT0 型低压有填料封闭管式熔断器

它适用于要求高分断能力的场合。额定电压交流 380 V、直流 440 V、额定电流至 1 000 A，使用于具有高短路电流的电力网络或配电装置中，作电线、电缆及电气设备(如电动机及变压器)的短路保护及电线、电缆的过载保护。

这种熔断器主要由瓷熔管、栅状铜熔体和触头底座等部分组成，管内填有石英砂。它保护性能好、断流能力大，熔体熔断后有红色的熔断指示器弹出便于运行人员检视，但它的熔体多为不可拆式，在熔体熔断后整个熔断体报废。

(4)RZ1 型低压自复式熔断器

上面介绍的熔断器，当发生短路或严重过负荷熔体熔断后，必须更换熔体才能恢复供电，延长了停电时间，自复式熔断器弥补了这一缺点，它是一种自复限流元件。

我国设计生产的 RZ1 型自复式熔断器采用金属钠作熔体，在常温下固态钠的电阻率很小，正常负荷电流顺利地通过；但在短路时钠迅速气化，电阻率变得很大，从而可限制短路电流。在金属钠气化限流的过程中，装在熔断器一端的活塞将压缩氩气而迅速后退，减低由于钠气化产生的压力。在限流动作结束后，钠蒸汽冷却恢复为固态钠，活塞在被压端的氩气作用下，又迅速将金属钠推回原位，恢复了正常工作状态，给电路以高速自复性。这就是自复式熔断器的工作原理。

自复式熔断器通常与自动空气开关配合使用，被限制了的故障电流可以用串联在电路中的自动空气开关切断。

上述各种低压熔断器的示意图如图 3.9 所示。

(二)刀开关

刀开关是最普通的一种低压电器。常用类型有：开启式刀型开关、开启式负荷开关、刀熔开关、封闭式负荷开关和组合开关。刀开关型号很多但有些已淘汰，选用时需注意。

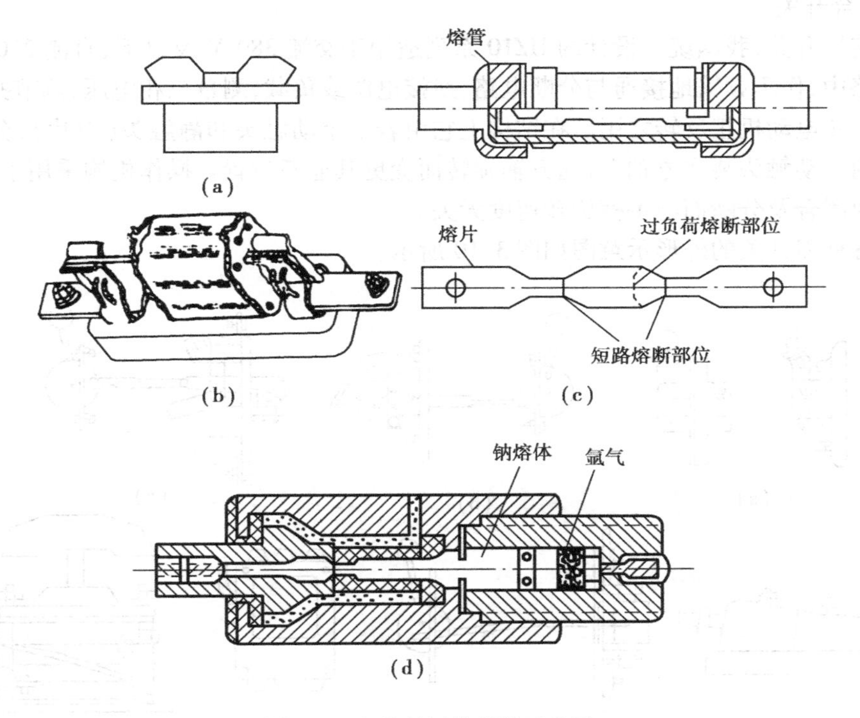

图 3.9　各种低压熔断器示意图

(a)RC1A 型　(b)RT0 型　(c)RM10 型　(d)RZ1 型

(1)开启式刀开关

包括 HD(单投刀开关)、HS(双投刀开关)两个系列。适合在额定电压交流 380 V、直流 440 V,额定电流 100 A 至 1 500 A 的配电设备中,一般作为隔离电源之用。但带有各种杠杆操作机构及灭弧室的刀开关,可按其分断能力不频繁地切断负荷电路。开启式刀开关型号含义参见附表 3.1(3)。

(2)开启式负荷开关

常称为瓷底胶盖开关。可在额定电压交流 220 V、380 V,额定电流 15 A 至 60 A 的照明与电热电路中作为不频繁接通与分断电路以及短路保护之用,在一定条件下也可起过负荷保护作用。常用型号有 HK1、HK2(改进型)型。

(3)刀熔开关

是一种由低压刀开关与熔断器组合而成的熔断器式刀开关。常见的 HR3 系列刀熔开关,就是将 HD 或 HS 型刀开关的闸刀换以 RT0 型熔断器具有刀形触头的熔管组成。因此它具有刀开关和熔断器的双重功能。刀熔开关经济实用,越来越广泛地在低压配电屏上安装使用。

(4)封闭式负荷开关

将刀开关和熔断器组装在由钢板或铸铁制成的外壳中。刀开关采用侧面或正面手柄操作,能快速接通和分断。为了安全有的还装有机械联锁,保证箱盖打开时开关不能闭合及开关闭合时箱盖不能打开。这种开关适合在额定电压交流 220 V、380 V,有的也可直流 440 V,额定电流 60 ~ 400 A,作为手动不频繁地接通与分断电路之用,在一定条件下也可起过负荷保护作用。常用型号有 HH2,HH3,HH4,HH10,HH11 型等。

(5)组合开关

又称转换开关,我国统一设计的HZ10系列适用于交流380 V及以下、直流220 V及以下的电气线路中,作不频繁地接通与分断电路,换接电源或负载,测量三相电压,调节并联、串联,控制小型异步电动机正反转之用。在结构上它由若干个动触头和静触头(刀片),分别装于数层绝缘件内。动触头装在方轴上,随方轴旋转而变更其通断位置。操作机构采用了扭簧储能,使开关快速闭合及分断而与手柄旋转速度无关。

以上各种刀开关的外形示意图如图3.10所示。

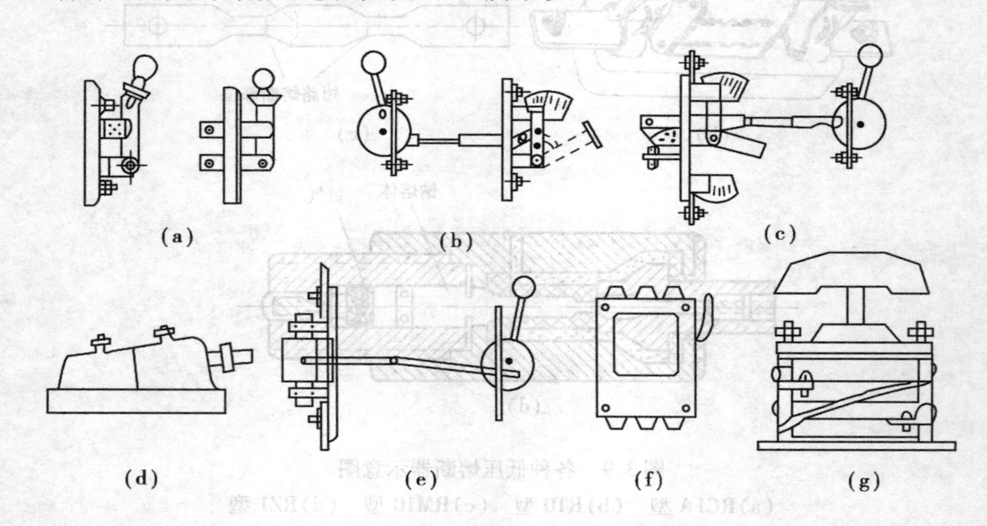

图3.10　各种刀开关示意图

(a)HD11　(b)HD13　(c)HS13　(d)HK2　(e)HR3　(f)HH4　(g)HZ10

(三)自动空气开关

1. 自动空气开关的作用与工作原理

自动空气开关又称空气开关,自动空气断路器或低压自动开关等。它是低压配电系统中重要的开关设备和保护元件。它适用于交流至380 V、直流至440 V的低压配电网络,在正常运行情况下不频繁地接通和切断电路;在电路发生短路、过负荷和失压时又自动切断电路。它可根据需要配备手动或远距离控制的电动操作机构。

自动空气开关有很多种类型,它们的工作原理可用图3.11说明。

当线路上出现短路故障时,过电流脱扣器5动作使开关跳闸。当线路上出现过载时,过载电流流经加热电阻丝8、使双金属片7受热弯曲也使开关跳闸。当线路电压严重下降或电压消失时,欠压脱扣器9因吸力减小而动作同样使开关跳闸。如果按下按钮10或11,使欠压脱扣器失压或使分励脱扣器6通电,则可使开关远距离跳闸。当然也可利用继电保护装置动作来实现自动跳闸。图中电动操作元件4根据具体开关选用。

2. 自动空气开关的主要性能指标

表示空气开关性能的主要指标有以下3项:

(1)通断能力(分断能力)　是开关在指定的使用、工作条件和规定的电压下,能接通和分断的最大电流值(交流为有效值)。如DW10型空气开关的交、直流最大分断电流为40 kA;DZ10型空气开关的分断电流直流最大可达25 kA,交流最大可达40 kA。

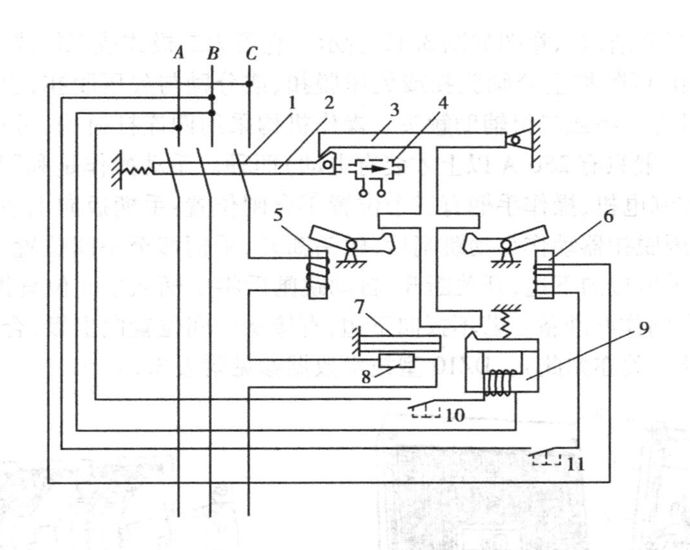

图 3.11　自动空气开关原理图

1—主触头　2—跳钩　3—锁扣　4—电动操作元件　5—过电流脱扣器　6—分励脱扣器　7—双金属片　8—加热电阻丝　9—欠压脱扣器　10、11—按钮

(2)保护特性　分为过电流保护、过载保护和欠电压保护 3 种。

过电流保护由过流脱扣器来实现。它具有所谓“三段保护特性”脱扣器,即具有长延时、短延时及瞬时脱扣器的过电流保护。瞬时脱扣器一般用作短路保护;短延时脱扣器可作短路保护,也可作过载保护;长延时脱扣器只作过载保护。根据设计需要可以组合成二段保护(瞬时脱扣加短延时脱扣,或瞬时脱扣加长延时脱扣),也可只有一段保护(瞬时脱扣或短延时脱扣)。

复式脱扣器包括电磁脱扣器和热脱扣器两种。电磁脱扣器具有瞬时特性,可作短路保护。热脱扣器具有长延时特性,可作过载保护。所以复式脱扣器具有二段保护特性。

欠电压保护有瞬时脱扣和延时脱扣两种。视自动空气开关类型而定。

(3)机械寿命与电寿命　几千次至几万次不等,但有些大型的空气开关寿命很短。

3. 自动空气开关常用类型

自动空气开关按结构型式可分为塑料外壳式和框架式两大类;按用途可分为配电用、保护电动机用、照明用、漏电保护和特殊用途等几种;按分断时间又可分为一般型和快速型。

(1)塑料外壳式自动空气开关

塑料外壳式空气开关又称装置式空气开关。开关主要由绝缘底座、触头、灭弧室、脱扣器及操作机构等部分组成并全部装在一个塑料外壳内。壳盖上露出操作手柄或操作按钮。操作机构能使开关快速闭合及分断而与操作速度无关。我国生产的多属 DZ 系列,型号含义参见附表 3.1(4)。

DZ 系列自动开关适合额定电压交流至 380 V、直流至 440 V 的电路在正常条件下作不频繁的通断操作,并作配电、保护电动机或保护照明线路之用。配电用或照明线路用的自动开关用来保护线路的过载和短路。保护电动机用的自动开关用来保护电动机的过载、欠电压和短路。现用型号有 DZ10、DZ12、DZ13、DZ15、DZ5、DZ6 和引进生产的 AM1 和 H 系列等,这里只介绍 DZ10 型,其他可参看有关手册。

DZ10 型自动开关结构示意图如图 3. 12 所示。它可为二极式或三极式。装有电磁脱扣或热脱扣或复式脱扣,可附加上分励脱扣或欠压脱扣、或分励与欠压脱扣,也可无任何脱扣器。可无辅助触头或具有一组或二组辅助触头。操作机构采用四连杆机构,可自由脱扣。操作方式有手动和电动(一般只有 250 A 以上才装有电动)两种。手动操作是利用操作手柄,电动操作是利用专门的控制电机,操作手柄有三个位置①合闸位置:手柄扳向上边,触头闭合。②自由脱扣位置:开关因脱扣器动作自动跳闸后,触头断开,手柄移至中间位置。③分闸和再扣位置:手动操作时将手柄扳向下边,开关断开;自动跳闸后将手柄从中间位置扳向下边,完成“再扣”动作,为下次合闸作好准备。若不扳向下边,直接从中间位置向上扳,合闸是合不上的(下面讲的框架式自动开关亦如此)。DZ10 型技术数据参见附表 3. 3(3)。

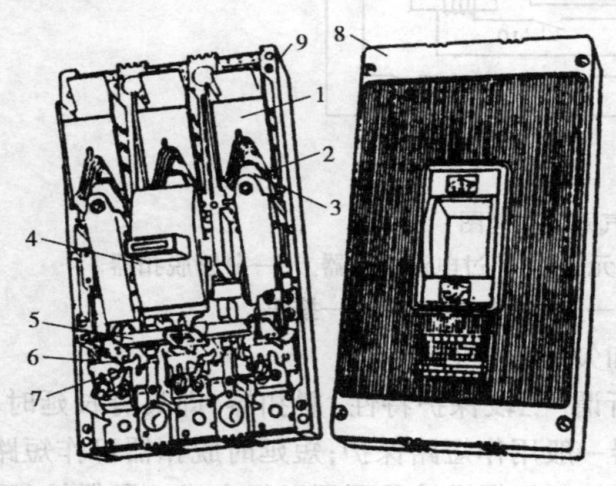

图 3. 12　DZ10—250 型自动开关示意图
1—灭弧罩　2—静触头　3—动触头
4—手柄及操作机构　5—脱扣轴　6—热脱扣器
7—电磁脱扣器　8—胶木盖　9—绝缘基座

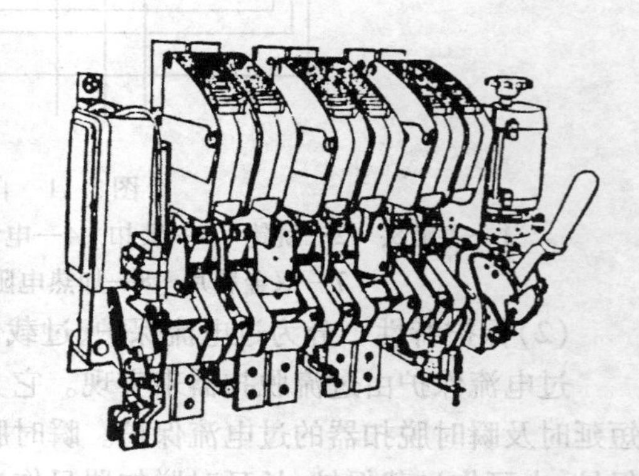

图 3. 13　DW10—2500 型自动开关外形图

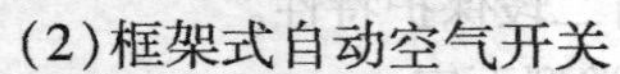

(2)框架式自动空气开关

框架式自动开关是敞开地装设在塑料的或金属的框架上,由于它的保护方案和操作方式较多,装设地点也很灵活,因此也称为万能式自动空气开关。我国生产的多属 DW 系列,型号含义参见附表 3. 1(5)。

DW 系列自动开关适合在额定电压交流 380 V(DW15 型可达 1 140 V),直流 230 V(DW94 型)、440 V(DW10 型),电流至 4 000 A 的电路中,作为过载、短路和失压保护,以及在正常条件下供这种线路不频繁的接通和分断用。现用型号有 DW5、DW10、DW15、DW94、DW95、DW98 和引进生产的 ME、AH 系列等。这里只介绍 DW10 型,其他可参看有关手册。

DW10 型自动开关的结构示意图如图 3. 13 所示。按照额定电流的大小其底架有铝合金、铁或胶木座,触头也由主触头、副触头和弧触头分别组合构成。采用陶土灭弧室内装钢片灭弧栅来灭弧,灭弧能力较强。DW10 型自动开关可为二极式或三极式。它的过流脱扣器、失压脱扣器、分励脱扣器目前一般都是瞬时动作的。辅助开关一般为三常开、三常闭,需要时可为五常开、五常闭。它的合闸操作方式较多,除直接手柄操作外,还有杠杆操作,电磁铁操作和电动机操作等方式。DW10 型技术数据参见附表 3. 3(3)。

应当说明,除 DW10 型外,上面所列其他 DW 型自动开关的保护特性更为完善(如为三段保护特性),更适于保护选择性配合的要求。读者需要时可参看有关手册。

二、工厂变配电所常用低压电器的选择

低压电器的选择和高压电器的选择一样,除应满足电气设备使用环境条件要求外,也应按正常工作条件选择,根据情况按短路故障条件进行校验。一般要求如下:

1. 按使用环境条件选择

按环境特征(如干燥、潮湿、特别潮湿、灰尘、化学腐蚀、高温、火灾危险、爆炸危险、室外)选择设备类型(如开启式、保护式、防尘式、密封式、隔爆型等)。

2. 按正常工作条件选择

(1)电器设备的额定电压应不低于所在电网的额定电压。电器设备的额定频率应符合所在电网的额定频率。

(2)电器设备的额定电流应不小于所在回路的计算电流。如熔断器其熔体电流的选择应同时满足正常运行时线路上的计算电流和起动时产生的尖峰电流两个条件。

对需带负荷接通或断开的电器设备,应校验其接通、开断能力。如刀开关断开的负荷电流不应大于制造厂容许的开断电流。

(3)保护电器应按保护特性选择。如熔断器为了保证上下级熔断器熔断时间的选择性,一般要求上一级熔体电流应比下一级熔体电流大 2 ~ 4 级。又如自动空气开关其瞬时(短延时)动作过电流脱扣器的整定电流应大于线路上的尖峰电流;其长延时动作过电流脱扣器的整定电流应大于线路的计算电流,同时应校验过负荷时是否可靠动作。

(4)某些电器还应按有关的专门要求选择。如互感器还应符合准确等级的要求等。

3. 按短路工作条件校验

(1)可能通过短路电流的电器设备,应满足短路条件下的力稳定和热稳定要求。

(2)需断开短路电流的电器设备,应满足短路条件下的分断能力(对熔断器、低压自动开关的脱扣器尚需按短路电流校验其灵敏度)。

3.4 变配电所中变压器的选择

工厂总降压变电所或车间变电所中所用的降压变压器,是工厂供电系统中的关键设备,其正确的选择与安全可靠的运行关系到整个工厂供配电系统的安全可靠性,应予重视。

一、工厂变电所中常用电力变压器的类型

当前我国工厂变电所中推广选用低损耗电力变压器,选择变压器型号时应考虑以下几点:

1. 一般场所推广采用铝绕组低损耗电力变压器如 SL7 型(替代原 SJL1 等型),或损耗更低但价格较贵的铜绕组电力变压器如 S7、S9 等型号。

2. 在电网电压波动较大不能满足用户对电压质量要求时,根据需要和可能,可选用有载调压变压器如 SLZ7、SLZ、SZ 等型号。

3. 周围环境恶劣,有防尘、防腐蚀要求时,宜选用全密闭变压器如 BSL1 型。对某些防火要求高的场所,宜选用干式变压器如 SLL、SG、SGZ 等型号。

4. 变压器的容量优先选用 R10 容量系列(即容量按 $\sqrt[10]{10}\approx1.26$ 的倍数增加)的产品,这是国家标准和国际通用的标准容量系列。容量有 100、125、160、200、250、315、400、500、630、800、1 000 kVA 等。原 R8 容量系列(按 $\sqrt[8]{10}$ 的倍数增加)已属淘汰产品。

5. 电力变压器的连接组别。目前我国工业与民用建筑中,对容量在 1 000 kVA 及以下、电压为 10/0.4～0.23 kV 的配电变压器几乎全部采用 Y/Y_0-12 接线组别,这是沿用前苏联的方式。但目前国际上多数国家采用了 Δ/Y_0-11 接线组别,这是因为它与 Y/Y_0-12 接线的变压器比较有如下优点:

(1)空载与负载损耗低;(2)三次及以上的高次谐波励磁电流可在原边绕组环流,有利于抑制电网中高次谐波电流;(3)零序阻抗小,单相接地短路电流大,有利于单相接地短路故障的切除;(4) Y/Y_0-12 接线的变压器要求中性线电流不超过低压绕组额定电流的 25%,严重地限制了接用单相负荷的容量。而 Δ/Y_0-11 接线的变压器不受此限制。

因此,电力变压器连接组一般可采用 Y/Y_0-12 的接线方式,但具有下列条件之一者,宜选用 Δ/Y_0-11 接线方式的电力变压器:(1)三相不平衡负荷超过变压器每相额定功率 15% 以上者。(2)谐波含量超过 4% 以上者。(3)需要提高单相短路电流值,确保低压单相接地保护装置动作灵敏度者。

SL7 系列三相低损耗电力变压器技术数据参见附表 3.4。

二、工厂变电所中变压器台数和容量的选择

(一)工厂变电所中变压器台数的选择

选择变电所中变压器台数时应考虑以下原则:

(1)应满足用电负荷对供电可靠性的要求。对供有大量一、二级负荷的变电所,宜设置两台变压器,以便当一台故障或检修时,另一台能对一、二级负荷继续供电。

(2)对季节性负荷变化较大或集中负荷较大的变电所,考虑采用经济运行方式时,宜设置两台变压器。

(3)除上述情况外,一般车间变电所宜设置一台变压器。对有较大冲击性负荷严重影响电能质量时,可设专用变压器对其供电。

(二)工厂变电所中变压器容量的选择

(1)当变电所中只装有一台变压器时,变压器容量应满足所有用电设备总计算负荷的需要并留有 15%～25% 的裕度。

(2)当变电所中装有两台及以上变压器时,变压器容量应考虑当其中一台变压器断开时,其余变压器的容量应保证一、二级负荷的用电。

(3)变压器的单台容量一般不宜大于 1 000 kVA。如确因需要且低压开关设备的分断能力也能满足要求,亦可选用较大容量的变压器。

(4)选择变压器容量时应考虑:环境温度对变压器容量的影响;对短期负荷供电的变压器应充分利用其过载能力;电动机起动或其他负荷冲击条件对变压器容量选择的影响等。

最后应当指出,变电所变压器台数和容量的最后确定,应结合变电所主接线方案的选择,对几个方案进行比较后再定。

3.5 工厂变配电所的电气主接线

工厂变配电所的电气主接线指的是由变配电所中各种开关电器、电力变压器、母线、电力电缆、并联电容器等按一定次序连接而成的,用来接受电能和分配电能的电路。也称为电气一次接线。它与工厂变配电所运行的可靠性、灵活性和经济性密切相关,对电气设备选择、配电装置布置等均有较大影响,是运行人员进行各种倒闸操作和事故处理的重要依据。

将电气主接线用规定的电气图形符号(参看附录1)所绘出来的图形称为电气主接线图。电气主接线图通常用单线图表示,但当三相电路中设备不对称时,这部分则用三线图表示。

一、对电气主接线的基本要求

工厂变配电所的主接线应满足以下4项基本要求:

(1)可靠性　保证供电可靠是变配电所的首要任务。主接线首先应满足所供电的负荷特别是一级负荷及全部或大部分二级负荷对供电可靠性的要求。

(2)安全性　保证在进行各种操作切换时工作人员的安全和设备安全,以及在安全条件下进行维护检修工作。

(3)灵活性　表现在能适应各种运行方式(如事故运行方式,检修运行方式等),方便地投入和切除;检修时切换操作方便;有一定的适应扩建的能力,扩建时改动少。

(4)经济性　在满足上述要求前提下,主接线力求简单、节省电气设备、节约电能,使投资少、运行费用低。为配电装置布置创造条件,尽量减少占地面积。

二、主接线的基本接线方式

对于电源进线电压为35 kV及以上的大中型工厂,一般设有工厂总降压变电所,先将电压降为6~10 kV,然后再经车间变电所降为一般低压设备所需电压(如220/380 V),所以工厂变配电所的主接线包括了不同电压侧的接线,但就基本接线方式而言,常用的有如下几种:

1. 线路-变压器组接线

一条线路带一台变压器的成组接线方式称为线路-变压器组接线方式。它可分为4种情况,如图3.14所示。

图(a)变压器高压(一次)侧只装隔离开关,高压侧无保护,一般不进行操作。接线简单,高压侧由电源端控制,运行灵活性差。常用于小容量三级负荷。对与工厂高压配电室直接相邻的车间变电所高压侧,也可采用这种接线。此时隔离开关主要作检修时的可见断开点。

图(b)在变压器一次侧装设了一组跌开式熔断器(室外),使受电端有熔断器保护,可及时切除短路故障,其他控制与图(a)相同。也只适用于三级负荷。

图(c)在变压器一次侧装设了负荷开关和熔断器,负荷开关可以接通或断开负荷电流,比上述两种方式更可靠和灵活。可适用于二级负荷或≤400 kVA高压电容器及≤500 kVA变压器。

图(d)在变压器一次侧装设了隔离开关和断路器,用断路器可快速通断负荷和切除故障。运行可靠性及灵活性都得到提高。可用于二级负荷及少量一级负荷(此时一级负荷的备用电

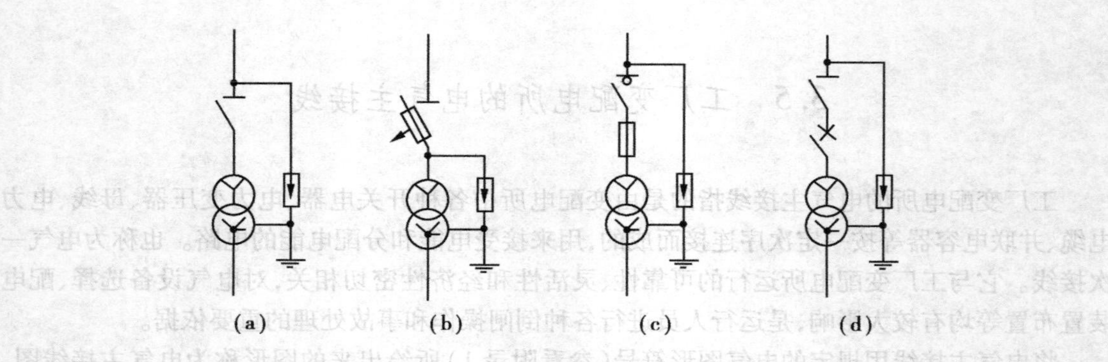

图 3.14 线路变压器组接线方式

源往往取自其他地方的低压电源)。

应当说明,不论变电所是室内型还是室外型,上述图中变压器的一次侧电源进线,凡是高压架空线或进线有一段引入电缆的,均需装设避雷器以防雷电波沿架空线侵入变电所击毁变压器及其他设备。

上面介绍的是无母线的接线,下面介绍有母线的接线。母线又称汇流排,它起着集中电能和分配电能的作用。母线若发生故障,与母线相连的线路将全部中断供电。所以在设计、安装、运行中,对母线工作的可靠性应给以足够的重视。下面介绍常用的单母线、单母线分段、双母线接线等。

2. 单母线接线

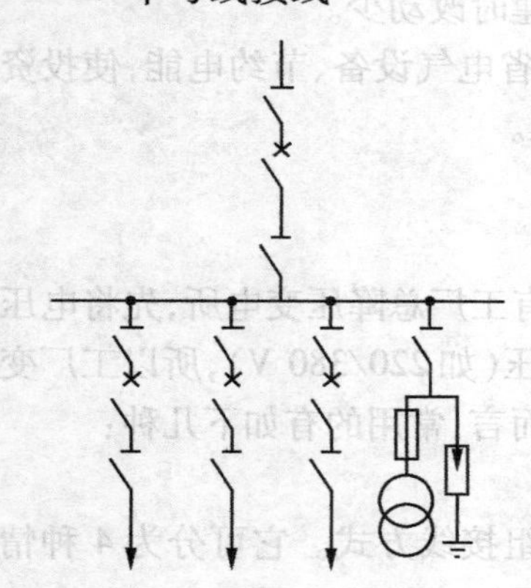
图 3.15 单母线接线

如图 3.15 所示,这种接线方式所有进出线均连在一条母线上。每回进出线上均装有断路器,用于切断负荷电流或故障电流。隔离开关有两种,靠母线侧的母线隔离开关,为检修断路器时隔离母线侧电源之用;靠线路侧的线路隔离开关,在下述情况应装设:(1)有电压反馈可能的馈线回路(为防止检修断路器时从该侧来电);(2)架空线回路(检修时防止雷电过电压侵入)。

这种接线方式的优点是接线简单清晰、设备少、操作方便、建造费用低。缺点是不够灵活可靠,任一元件(母线及母线隔离开关等)故障或检修,必须断开所有回路的电源,造成全部用户停电。适用于单一电源、配出回路数不多(一般高压 6 ~ 10 kV 不多于 4 回),容量较小对供电连续性要求不高的中小型工厂。

3. 单母线分段接线

为了克服单母线存在的可靠性、灵活性差的缺点,设计了单母线分段的接线方式,如图 3.16 所示。通常每段母线接 1 ~ 2 路电源线,引出线分别接到各段上,并使各段引出线的负荷尽量与电源功率相平衡,以减少各段之间的功率交换。

单母线有用隔离开关分段的(一台或二台),也有用断路器分段的。它们在运行上是有差别的。如用隔离开关分段的,设运行时分段隔离开关闭合,采取并列运行方式,但当一段母线故障时,全部回路仍需短时停电,在用隔离开关将故障的母线段分开后,才能恢复非故障母线段的供电。而用断路器分段的,设运行时分段断路器是闭合的,也是并列运行方式,但当一段母线发生故障,分段断路器自动将故障母线段切除,保证非故障母线段不间断供电。单母线分段接线在运行时其分段隔离开关(或断路器)也可断开,采取分列运行方式。此时一段母线故障或一路电源线故障的运行情况,还有母线及母线隔离开关检修时的运行情况,读者可自行分析。

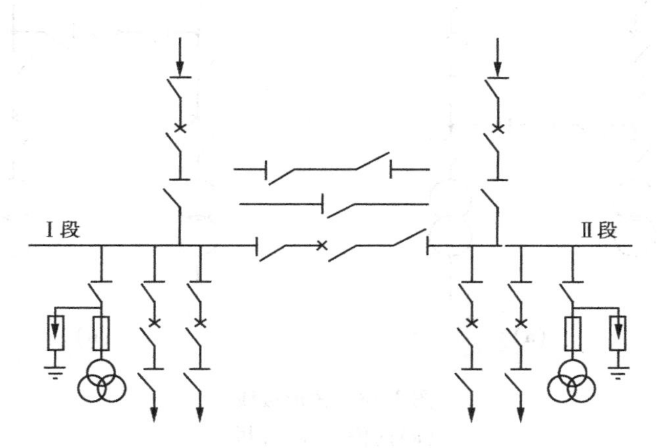

图 3.16　单母线分段接线

单母线用断路器分段后,对重要用户可以从不同段各引出一回线向其供电,可保证有两个电源供电。这种接线方式可靠性高,运行灵活。可以适应多电源、大负荷,广泛应用于出线回路≥4 路的一、二级负荷。

4. 双母线接线

如图 3.17 所示。它有两组母线,一组称为工作母线,一组称为备用母线;两组母线用母线联络断路器相连接;任一电源线或引出线都有一台断路器和两组母线隔离开关分别与两组母线相联。双母线的两组母线可一组工作、一组备用;也可两组同时工作,通过母线联络断路器并联运行,电源线和引出线按可靠性要求和电力平衡原则分别接到两组母线上。

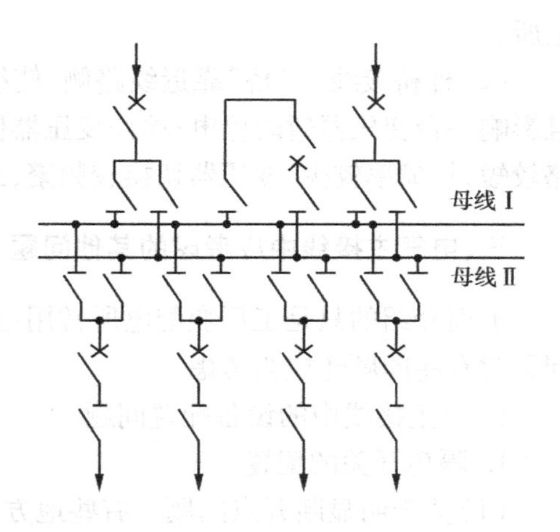

图 3.17　双母线接线

双母线接线的优点是(1)供电可靠。通过两组母线隔离开关的倒换操作,可以轮流检修一组母线而不致使供电中断;一组母线故障后,能迅速恢复供电;检修任一回路的母线隔离开关,只停该回路。(2)运行灵活。任一电源线和负荷线均可任意接到某一组母线上。(3)扩建方便。其缺点是(1)设备多。增加一组母线和每一回路均要增加一组母线隔离开关。(2)回路改换所接母线时,用母线隔离开关来作为倒换的操作电器,易造成误操作。它适用于容量大,供电可靠性要求很高,出线回路数多,运行灵活性有一定要求的工厂总降压变电所的 35 ~ 110 kV 母线系统。

5. 桥形接线

当具有二回电源进线,又只装有两台变压器的工厂总降压变电所,可采用桥形接线,如图

3.18 所示。桥形接线实际上是将两回“线路-变压器组”单元接线的高压侧,用一条跨接的“桥”相连。根据跨接桥横连的位置在高压断路器内还是外,又分为内桥与外桥两种接线,均示于图 3.18 中。

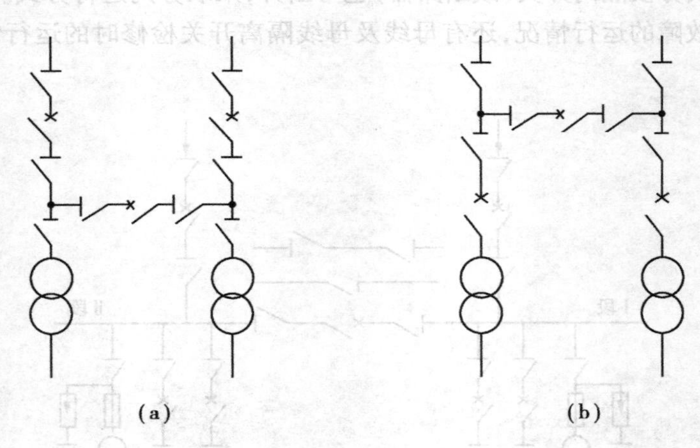

图 3.18　桥形接线
(a)内桥　(b)外桥

桥形接线的优点是高压断路器少(4 条回路只需 3 台断路器)。缺点和适用范围分内、外桥形接线分别讨论:

(1)内桥接线　“桥”靠近变压器侧,使变压器的切除和投入操作较复杂,需动作两台断路器,且影响一回线路暂时停电;检修一条线路或一台线路断路器时,两台变压器仍可获得供电。适用于供电线路较长、故障率较高,变电所没有穿越功率,变压器不经常切换的工厂总降压变电所。

(2)外桥接线　“桥”靠近线路侧,使线路的切除和投入操作较复杂,需动作两台断路器,且影响一台变压器暂时停电;检修变压器侧断路器时,变压器需较长时间停运。适用于供电线路较短,故障率较少,变压器切换较频繁,或变电所有穿越功率的工厂总降压变电所。

三、电气主接线中应考虑的其他问题

上面介绍的只是工厂变配电所常用主接线的基本型式,在进行主接线设计或分析主接线问题时有些问题还应当考虑。

(一)主接线中的设备配置问题

1. 隔离开关的配置

(1)关于明显断开点问题　有些地方,电力部门规定在 10(6) kV 电源线引入高压配电室时,需设置明显断开点以保证检修安全。如在引入进线开关柜前的墙上加装隔离开关。

(2)装在母线上的避雷器和电压互感器宜合用一组隔离开关。

2. 电压互感器的配置

电压互感器的数量和配置与主接线型式有关,应注意满足测量、保护和自动装置等的要求,且运行方式改变时保护装置也不得失压。一般每组母线的三相上均应装设电压互感器;当需要监视和检测线路侧电压时,线路侧的一相上应装设电压互感器;当 10 kV 及以下出线回路数较多时,根据规程要求母线上应装设供绝缘监察用的电压互感器。

3. 电流互感器的配置

凡装有断路器的回路均应装设电流互感器,其数量应满足测量仪表、保护和自动装置的要求。对直接接地系统一般按三相配置;对非直接接地系统依具体要求按两相或三相配置。

4. 避雷器的配置

在线路-变压器组的接线方式中避雷器的装设问题,前已介绍。其他配电装置中每组高压母线一般均应装设避雷器(但进出线都装设避雷器时除外),并尽量靠近变压器。当变压器到避雷器的电气距离超过允许值时,应在变压器附近增设一组避雷器。变压器中性点有时也应装设避雷器。

(二)计量点及计量柜的接线

对 10 kV 及以下系统的电能计量,我国各地电力部门的规定并不统一。对于计量点的设置,一般规定专用线设在供电侧;非专用线设在用户进线处。计量方法有高供高计(高压供电高压侧计量)和高供低计(高压供电低压侧计量)两种。

高供低计一般用在供电容量较小的情况。高供低计时要求动力和照明计费要分开,方法有两种,一种是变压器低压侧出线处装总计量并在低压照明屏上装分计量。另一种是只装总计量,然后按动力和照明的实装容量比例分开计算。高供高计的接线方案也有好几种。视其为架空进线还是电缆进线,接于进线开关前还是后而定。也有成套计量柜供选择。应当指出,涉及计费的计量都要由当地电力部门自设专用表计(在计量点的配电屏上留出专用位置或设在专门的计量屏上)。

(三)控制、操作及保护方式与主接线的关系

在决定高压系统主接线的同时应当明确控制、操作及保护方式的原则,以便选用相应的一次设备和接线方式,并考虑相应的平面布置。

(1)控制方式　10 kV 及以下断路器有就地控制与集中控制两种。就地控制时最好将必要的信号(如事故跳闸)引到值班人员处;集中控制时应设相应的集中控制设备及控制室。

(2)操作方式　操作方式分交流操作和直流操作两种。交流操作推荐采用弹簧储能操作机构(可手动也可电动)。交流操作电源可来自外接低压电源或所用变压器。当出线数量很少时,也可利用电压互感器作交流操作电源(但应当向制造厂明确要求电压互感器的容量须与储能电机的容量相配合),此时要注意电压互感器应接于进线开关前电源线路上。

手力操动机构只能用在 10 kV 母线短路容量不超过 100 MVA(即开断电流不大于 6.3 kA)的情况下。

直流操作需设置直流电源,一般多采用干式镉镍电池屏或硅整流电容储能装置。直流设备宜放在控制室内或单独小室内。在主接线方案上应注意直流屏本身的交流电源的可靠性及切换方式应与负荷性质相适应。

(3)保护方式　一般 3 ~ 10 kV 系统的保护装置都设在开关柜上而不需设置单独的继电保护屏。交流操作的 3 ~ 10 kV 系统,对应的保护是交流保护,常采用定时限或反时限两相过流及速断保护。直流操作的 3 ~ 10 kV 系统,对应的保护是直流保护,常采用定时限的过流及速断保护。

(四)供电系统接线方案与平面布置的关系

供电系统的理想接线方案有时在平面布置上会遇到困难,此时或修改接线方案或修改土建平面尺寸。所以说在决定接线方案时必须同时考虑电气设备的平面布置。

工厂变配电所电气主接线示例可参看图1.3。

3.6 配 电 装 置

配电装置是根据主接线的要求,由开关设备、保护电器、测量电器、母线和必要的辅助设备所组成的用来接受、分配和控制电能的装置。

一、配电装置的分类与特点

按电气设备装置的地点配电装置可分为屋内配电装置和屋外配电装置两种。为了节约用地,一般35 kV及以下配电装置宜采用屋内式。另外配电装置还可分为装配式和成套式两种。电气设备在现场组装的配电装置称为装配式配电装置。在制造厂预先把电器组装成柜然后运至现场安装的称为成套配电装置。工厂变配电所多采用成套配电装置。

成套配电装置是制造厂成套供应的设备。同一个回路的开关电器、测量仪表、保护电器和辅助设备都装配在一个或两个全封闭或半封闭的金属柜中。制造厂生产有各种不同一次线路方案的开关柜供用户选用。

成套配电装置具有以下特点:(1)电气设备布置在金属柜中,相间和对地距离可以缩小,结构紧凑,占地面积小;(2)现场安装工作量小,可加快建设速度,也便于扩建和搬迁;(3)运行可靠性高,维护方便;(4)耗用钢材较多,造价较高。

一般中小型工厂变配电所中常用到的成套配电装置有高压成套配电装置(也称高压开关柜)和低压成套配电装置。低压成套配电装置只做成屋内式。高压开关柜则有屋内式和屋外式两种。另外还有一些成套装置,如高、低压无功功率补偿成套装置,高压综合起动柜,低压动力配电箱,照明配电箱等在工厂中也常使用。

二、高压开关柜(高压成套配电装置)

高压开关柜是根据不同用途的接线方案,将所需的一、二次设备在柜中组装而成的一种高压成套配电装置。柜中根据需要安装了断路器及其操动机构,隔离开关及其操动机构,电压互感器,电流互感器,母线,仪表,继电保护装置,电缆等。高压开关柜在工厂变配电所6~10 kV户内配电装置中应用很广泛,35 kV高压开关柜目前国内仅生产户内式的。

(一)高压开关柜的类型

高压开关柜按柜内装置元件的安装方式,分为固定式和手车式(移开式)两种。按柜体结构型式,分为开启式和封闭式两类,封闭式包括防护封闭、防尘封闭、防滴封闭和防尘防滴封闭型式等。根据一次线路安装的主要电器元件和用途又可分为很多种柜,如油断路器柜、负荷开关柜、熔断器柜、电压互感器柜、隔离开关柜、避雷器柜等。

为了提高高压开关柜的安全可靠性和实现高压安全操作程序化,近年来对固定式和手车式高压开关柜在电气和机械联锁上都采取了所谓“五防”措施。“五防”是指(1)防止误合、误分断路器;(2)防止带负荷分、合隔离开关;(3)防止带电挂接地线;(4)防止带接地线合闸;(5)防止误入带电间隔。对不带闭锁装置的开关柜用户不再订货。

固定式高压柜的特点是柜内所有电器元件都固定在不能移动的台架上。它构造较简单也较经济，一般中小型工厂大多采用。我国现在使用的固定式高压开关柜有 GG—1A、GG—1A(F)(加五防措施)、GG—10、GG—15 等型，将逐步为 KGN—10 型铠装型固定式金属封闭式开关柜所替代。高压开关柜型号意义见附表 3.1(6)。固定式高压开关柜外形示意图如图 3.19 所示。

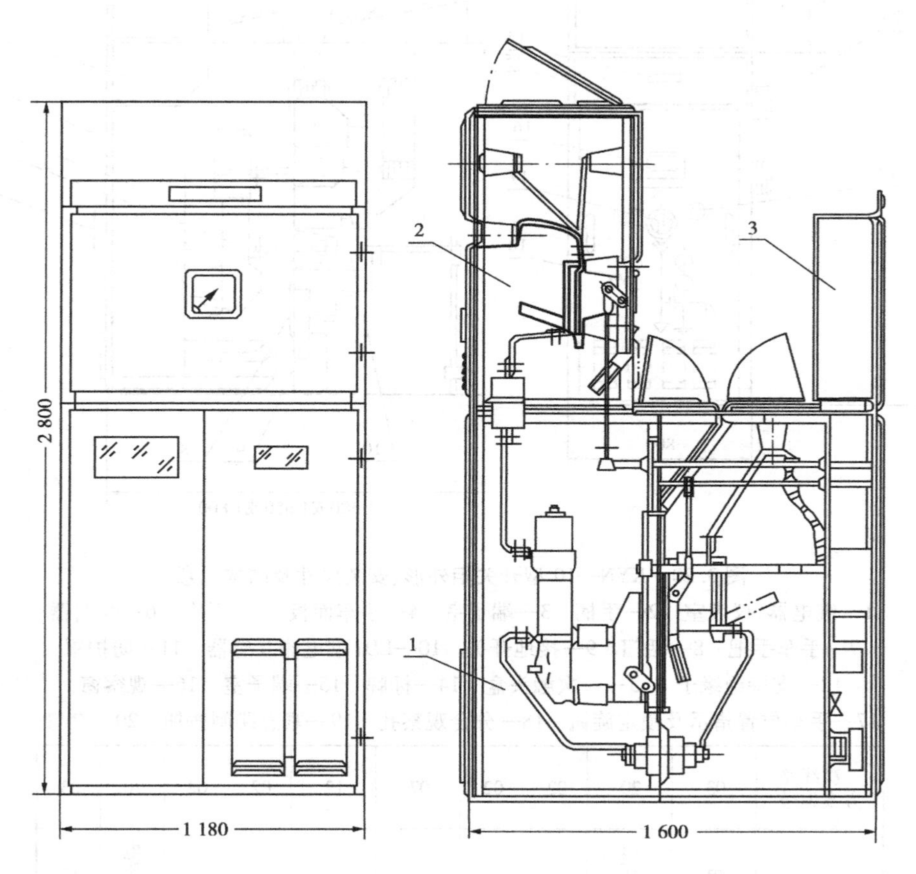

图 3.19　KGN-10 型开关柜(05D～08D)外形尺寸及结构示意

1—本体装配　2—母线室装配　3—继电器室装配

手车式(或移开式)高压开关柜的特点是一部分电器元件固定在可移动的手车上，另一部分电器元件装置在固定的台架上，所以它是由固定的柜体和可移动的手车两部分组成。手车依据其上所装主要电器设备可分为断路器车、电压互感器车、电容器车、熔断器车等，可组成相应的高压柜。手车上安装的电器元件可以随同手车一起移出柜外。为了防止误动作，柜内与手车上装有多种机械与电气联锁装置。如高压断路器柜，只有将手车推到规定位置后断路器才能合闸；断路器合闸时手车不可能移动，断路器断开后手车才能拉出柜外。开关柜设计保证同类型手车可以互换使用，检修时推入同类备用手车能很快恢复供电。与固定式开关柜比较显然具有检修方便安全、恢复供电快等优点。由于价格较贵，目前中小型工厂应用较少。我国现在使用的手车式高压开关柜有 GFC—10、GC—10 和 GBC—35、GFC—35 等型，将逐步为金属铠装移开式开关柜 KYN—10 型、金属封闭移开式开关柜 JYN—10 和 JYN—35 型所替代。型号意义参见附表 3.1(6)。手车式高压开关柜外形示意图如图 3.20 所示。

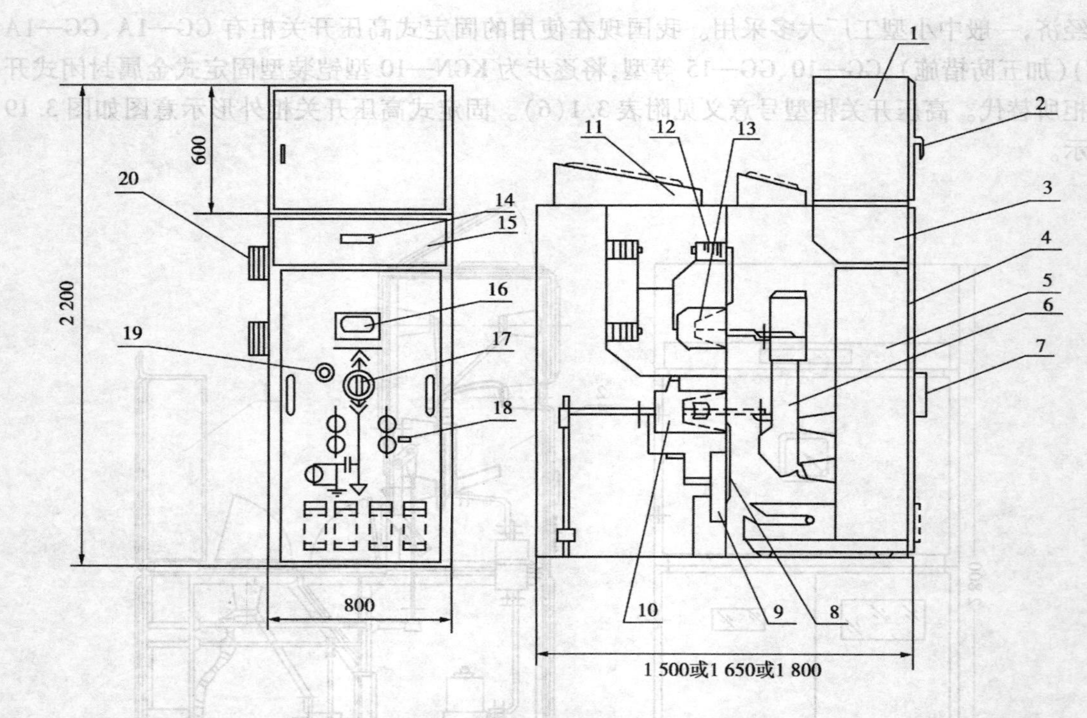

图 3.20　KYN—10 型开关柜外形、安装尺寸及结构示意

1—继电器、仪表室　2—手柄　3—端子室　4—手车面板　5—手车　6—断路器
7—手车手把　8—活门　9—接地开关　10—LDJ 型电流互感器　11—防护罩
12—支持绝缘子　13—一次触头盒　14—标牌　15—端子室　16—观察窗
17—手车位置指示及锁定旋钮　18—分合观察孔　19—紧急跳闸按钮　20—套管

一次线路方案编号	03	20	02	02	07	12	02	02	20	03
用途	电源(电缆)进线	电压互感器、避雷器柜	带接地刀的馈	电(电缆)出线	右联络柜	隔离及联络	带接地刀的馈	电(电缆)出线	电压互感器、避雷器柜	电源(电缆)进线

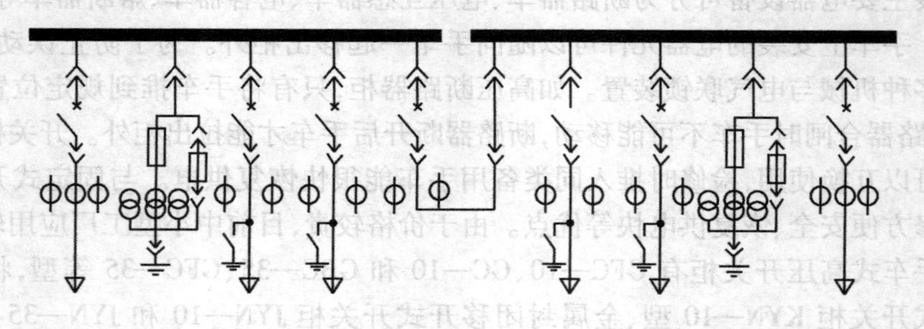

图 3.21　高压开关柜组合示例(双电源单母线分段接线)

（二）高压开关柜一次线路方案的组合

制造厂生产有各种用途的高压开关柜，如各种型式的电缆进（出）线、架空进（出）线、电压互感器与避雷器、左（右）联络等高压柜，并规定了一次线路方案编号。用户可按所设计主接线及二次接线的要求进行选择、组合，构成所需的高压配电装置。高压开关柜的一次线路方案，读者可查有关手册或产品样本。

图 3.21 为采用 JYN2-10 型高压开关柜的一次线路方案组合示例。

三、低压成套配电装置

低压成套配电装置一般称为低压配电屏，它也是根据不同用途的线路方案，将有关一、二次设备组装而成的一种低压成套配电装置。供低压配电系统中作动力、照明配电以及与低压供电电源连接之用。

（一）低压配电屏的类型

目前我国生产的户内低压配电屏有双面操作固定式、单面操作固定式和抽屉式 3 种。双面操作式为离墙安装，屏前屏后均可维修，占地面积较大，在盘数较多或二次接线较复杂需经常维修时可选用此种型式。单面操作式为靠墙安装，屏前维修，占地面积小，在配电室面积小的地方宜选用。抽屉式的特点是馈电回路多、体积小、检修方便、恢复供电迅速（可换入备用抽屉），但价格贵。一般中小型工厂多采用固定式。

低压配电屏生产的型号较多，型号意义参见附表 3.1（7）。我国原生产的各种 BSL 型和 BDL 型固定式低压配电屏已全部淘汰，由 PGL_2^1 型等低压配电屏代替。

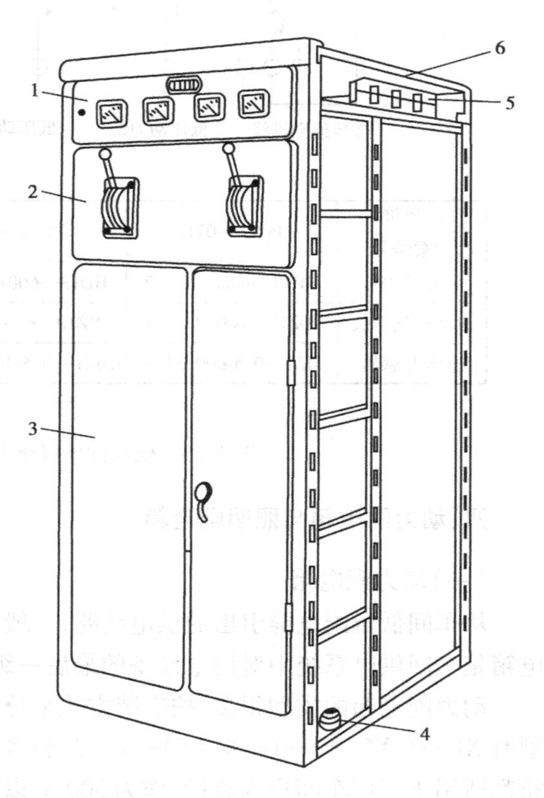

图 3.22　PGL_2^1 型低压配电屏外形示意图
1—仪表板　2—操作板　3—检修门
4—中性母线绝缘子　5—母线绝缘框
6—母线防护罩

PGL 型为室内安装的开启式双面维护的低压配电屏。PGL 型比老式的 BSL 型结构设计更为合理，电路配置安全，防护性能好。如 BSL 屏的母线是裸露安装在屏上方；而 PGL 屏的母线是安装在屏后骨架上方的绝缘框上，母线上还装有防护罩，这就可以防止在母线上方坠落金属物而造成母线短路恶性事故的发生。PGL 屏具有更完善的保护接地系统，提高了防触电的安全性。其线路方案也更为合理，除了有主电路方案外，对应每一主电路方案还有一个或几个辅助电路方案，便于用户选用。图 3.22 为 PGL_2^1 型低压配电屏外形示意图。

GGL 型、GHL 型都是新的低压配电屏，它们结构设计合理，运行维护安全可靠且各有特点，完全可替代老式的低压配电屏。

抽屉式低压配电屏是由薄钢板结构的抽屉及柜体组成。近几年抽屉式低压屏的产品结构、元件选型、联锁机构、母线和接地保护以及制造工艺等都有所改进。各厂生产的 BFC 型抽屉式低压屏的型号规格,一次线路方案,外形及安装尺寸详见各厂产品样本。

(二)低压配电屏一次线路方案的组合

低压配电屏根据配电屏类型及所装配元件组合的不同,有多种不同的线路方案及相应的编号。用户可根据所设计低压一次接线的要求,选用所需的低压配电屏组成低压配电装置。低压配电屏一次线路方案读者可查有关手册或产品样本。

图 3.23 为采用 PGL1 型低压配电屏的一次线路方案组合示例。

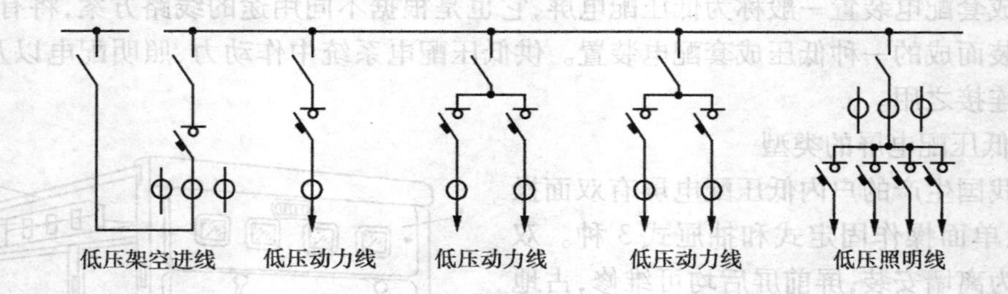

低压屏方案编号	PGL1—07E		PGL1—25		PGL1—26		PGL1—40	
刀开关	HD13—600/31	2	HD13—600/31	1	HD13—600/31	1	HD13—400/31	1
自动空气开关	DZ10—600/3	1	DZ10—600/3	1	DZ10—250/3	2	DZ10—100/3	4
电流互感器	LMZ1—0.5-600/3	3	LMZ1—0.5-400/3	1	LMZ1—0.5-200/3	2	LMZ1—0.5-100/3	3

图 3.23　低压配电屏组合示例(单电源单母线接线)

四、动力配电箱与照明配电箱

(一)动力配电箱

从车间低压配电屏引出的供电线路,一般须经低压动力配电箱后才接至用电负荷,动力配电箱是车间供电系统中对用电设备的最后一级控制和保护设备。

动力配电箱的类型很多,按安装方式来分有落地式和挂墙式两种。常用动力配电箱的类型有 XL—3、XL(F)—14、XL(F)—15 型等(X—“箱”、L—动“力”、F—防“护”式)。这些配电箱都适用于工厂车间户内装设,作为 500 V 以下的三相交流系统中动力配电之用。防护式的可用于尘埃较多的地方。各种配电箱所装元件、参数可查有关手册。新型号的动力配电箱有 GCK 型低压抽出式控制中心,GCK1 型电动机控制中心等。

(二)照明配电箱

一般工业与民用建筑在交流 500 V 以下的照明线路(包括一些小动力控制回路),大都采用照明配电箱作线路的过载、短路保护以及线路的正常转换之用。箱中现大都采用新型电器元件,如有的箱中装设了漏电开关作为线路的漏电保护。

常用照明配电箱有 XXM□系列、XRM□系列(第 1 个 X—“箱”、第 2 个 X—悬挂式、R—嵌墙式、M—照明、□—设计序号),不同型号的照明箱有不同的线路方案及电器元件,可查有关手册。新的照明配电箱有 DCX(R)系列组合配电箱,PXT 系列配电箱,XX(R)P 系列配电箱等。

3.7 工厂变配电所的布置与结构

工厂变电所的结构有屋内式、屋外式和组合式等型式。一般情况下工厂变配电所大多采用屋内式。它通常由变压器室、高低压配电室、电容器室和值班室等组成。下面介绍户内式工厂变配电所布置与结构的有关知识。

一、对工厂变配电所总体布置的要求

工厂变配电所总体上应布置得紧凑,建筑物内各室的相对位置应安排得合理,具体应满足以下要求:

1. 便于进、出线及便于电路连接　如高压是架空进线,则高压配电室宜位于进线侧。低压配电室宜与变压器(室)相邻,以减少变压器低压出线(一般是矩形裸母线)的长度。高压电容器室尽量与高压配电室相邻。低压电容器组(柜)可放在低压配电室。

2. 便于运行操作、巡视、检修、试验和搬运　如高低压配电室的面积应保证满足各种通道最小宽度的要求。值班室尽量靠近高低压配电室特别是高压配电室,且有门直通或经过走廊相通,以便于运行人员工作和管理。

3. 保证运行安全　如有人值班的变配电所应设单独的控制室与值班室。当值班室与低压配电室合并时,低压屏的正面或侧面离墙不得小于 3 m。变配电所各室的大门都应朝外开,以利紧急情况时人员外出和处理事故等。

4. 变压器室和电容器室尽量避免布置在朝西方向(免西晒),控制室和值班室尽可能朝南。

5. 适当考虑自身的扩建和不妨碍工厂车间的扩建。

独立式、附设式等变配电所布置方案举例如图 3.24 所示。

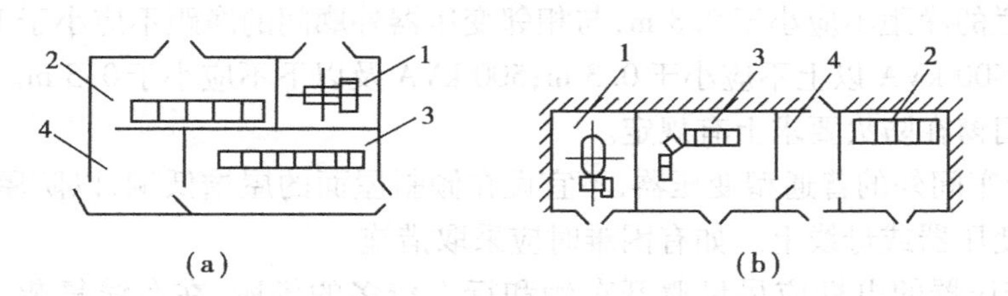

图 3.24　变电所布置方案

(a)独立变电所　(b)内附变电所

1—变压器室　2—高压配电室　3—低压配电室　4—值班室

二、变配电所中的布置与结构

掌握变配电所的布置与结构可参看全国通用电气装置标准图集及有关规程的规定,这里介绍一些基本知识。

(一)变压器室及室外变压器的布置与结构

1. 变压器室的布置与结构

变压器室的布置与结构应满足以下要求:

(1)为了保证变压器安全运行及防止失火时事故蔓延,每台油量为 100 kg 及以上的变压器,应安装在单独的变压器室内,并有贮油或挡油设施。变压器室的建筑应属一级耐火等级,门窗材料都是不可燃的。

(2)为了变压器运行维护的安全方便,变压器外廓与变压器室墙壁和门的最小净距应满足表 3.2 的要求。

表 3.2　油浸变压器外廓与变压室墙壁和门的最小净距

油浸变压器容量/kVA	1 000 及以下	1 250 及以上	干式变压器
至后壁和侧壁/m	0.6	0.8	0.6
至大门/m	0.8	1.0	0.6

变压器室的大小,考虑今后增容,一般可按能安装大一级容量的变压器来考虑。

(3)变压器室按通风要求,分为地坪不抬高(从百叶大门门下进风)和抬高(从地坪下部及大门下部进风)两种,称为低式布置和高式布置。低式适用于变压器单台容量在 500 kVA 及以下、进风温度不超过 +35°C 的情况。为加强通风高式还可在变压器室顶棚上部加设气楼出风。进出风窗应有防止雨、雪和小动物进入的措施。通风窗面积由夏季通风温度计算确定。

(4)变压器按推进变压器室的方式分宽面和窄面推进两种。宽面推进的变压器,低压侧宜向外;窄面推进的变压器,油枕宜向外,便于油表油位的观察。

(5)变压器室内可安装与变压器有关的负荷开关、隔离开关、熔断器和避雷器。在考虑变压器室的布置及高低压进出线位置时,应尽量使其操动机构安装于近门处。

2. 室外变压器的布置

变压器装于室外,从运行维护的安全、可靠和方便出发,应当满足以下要求:

(1)户外落地安装的变压器应设不低于 1.7 m 高的固定围栏(或墙),变压器的外廓距建筑物外墙和围栏的净距不应小于 0.8 m,与相邻变压器外廓间的净距不应小于 1.5 m。变压器底部距地高度:500 kVA 以上不应小于 0.3 m;500 kVA 及以下不应小于 0.5 m。邻近变压器的建筑物外墙和门窗在防火要求上有规定。

(2)附设于车间外的普通型变压器,不宜设在倾斜屋面的屋檐低侧,以防屋面上的冰、雪、水和外物落在变压器或母线上。如有困难时应采取措施。

(3)装设变压器的电杆应尽量避开车辆和行人较多的场所,在布线复杂、转角、分支、进户、交叉路口等处的电杆,不宜装设变压器台。单柱式杆上变电所装设单台变压器容量不超过 30 kVA;双柱式杆上变电所可用于容量 200 kVA 及以下变压器。

(二)高、低压配电室的布置与结构

高、低压配电室内装有高、低压配电装置,考虑高、低压配电装置布置与结构时应注意满足以下要求:

1. 保证工作的可靠性

配电装置的可靠性除与电气设备的选择和使用有关外,还与带电部分的布置有关,如除了应保证在一切情况下均能保持最小安全净距(带电部分至接地部分之间或不同相带电部分之间在空间所容许的最小距离)之外,还应考虑到各种可能的意外情况而给一定的裕度。

2. 维护、检修要安全方便

配电装置的布置应便于设备的操作、检查、搬运、检修和试验。因此配电室内设有的各种通道,如操作通道、维护通道、通往防爆间隔的通道等应满足其最小宽度的要求。为了防止运行人员在维护和检修中在意外情况下接触带电部分,配电装置应设有固定的或可拆卸的围栏,这些都有具体的规定。

3. 开关柜、配电屏的布置要合理

高压开关柜有单列布置和双列布置,靠墙安装和离墙安装等方式。台数少时采用单列布置,台数多时(至少6台以上)采用双列布置。一般架空出线采用离墙安装,电缆出线采用靠墙安装。确定具体位置时应注意避免各高压出线(特别是架空出线)互相交叉;当有一段(或二段)母线时,至同样生产机械或同一车间变电所的各台高压开关柜最好布置在一起(或相对应位置);需经常操作、维护、监视的开关柜最好布置在值班人员方便监护的地方。

低压配电屏也有单列、双列布置;靠墙、离墙安装等方式,同样应合理安排。如根据运行经验,一般靠墙安装维修不方便,在可能条件下应尽量离墙安装(受建筑面积限制或只有1~2台情况除外)。

4. 高压柜数量较少时,允许将高、低压配电装置布置在同一室内。当均为单列布置时,两者之间的距离不应小于1 m。

5. 对高、低压配电室的建筑也有相应的要求。如高低压配电室的高度、面积应根据有关规定通过计算求出。高低压配电室长度大于7 m时应设两个出口并尽量设在室的两端。门应向外开,相邻配电室之间的门应为双向开启门。配电室应考虑自然通风和自然采光,采光窗一般为不能开启式但都应有防止雨、雪和小动物进入的措施。高、低压配电室的耐火等级应分别不低于二级和三级。

(三)电容器室的布置

工厂常采用成套的高、低压静电电容器柜。为了保障运行人员的人身安全,高压电容器宜装设在单独房间内,当容量较小时可装设在高压配电室内,但与高压配电装置的距离应不小于1.5 m。低压电容器一般装在低压配电室内或车间内,当电容器容量较大时宜装设在单独房间内。

电容器室应有良好的自然通风,如自然通风不能保证室内温度要求时,应增设机械通风装置,进出风窗应设铁丝网以防小动物进入室内。电容器室与高低压配电室相毗连时,中间应有防火隔墙隔开。高、低压电容器室的耐火等级应分别不低于二级和三级。成套高压电容器柜维护通道单、双列布置时分别不低于1.5 m和2.0 m。

(四)值班室

值班室宜朝南,总面积不宜小于12 m^2,结构型式要结合变配电所总体布置和值班制度全盘考虑,以利于运行维护为原则。

三、组合式变电所

组合式变电所又称成套变电所,它的各种单元都是由制造厂成套装好的,因此现场安装方便,也便于扩建和迁移。它占地面积少可节省建筑费用。便于深入负荷中心,缩短低压馈电半径,从而减少电能和电压损耗,改善电压质量并节约有色金属。它全部采用无油或少油断路器,运行更为安全可靠。这种变电所在国外应用相当广泛,由于价格昂贵我国应用较少,但它是工厂变配电所今后发展的一个方向。

组合式成套变电装置分为户外式和户内式两类。户外组合式成套变电装置适用于工矿企业、公共建筑、港口、车站和集中住宅区供电。户内组合式成套变电装置适用于高层建筑、民用楼房建筑群、地下建筑设施及一些公用娱乐场所供电。我国目前生产的户外组合式成套变电装置有 XZW—1 型,XPW 型。户内组合式成套配电装置有 BZNG-1 型,XWB-1 型,XZN-1 型等。

思 考 题

3.1 工厂变配电所一般从哪些角度来进行分类?这样分类有什么作用?

3.2 选择工厂变配电所所址时,应当考虑哪些因素?

3.3 高压断路器有哪些用途?常用哪几种类型?试简单进行比较。

3.4 高压隔离开关为什么不能带负荷操作?

3.5 高压熔断器常用哪几种类型?各有什么用途?

3.6 高压负荷开关有哪些用途?在装设高压负荷开关的电路中,采取什么措施作短路保护?

3.7 电压互感器和电流互感器有何作用?它们在使用中应注意些什么问题?

3.8 电压互感器和电流互感器的线圈接线为什么要特别注意极性问题?试举例说明之。

3.9 互感器准确度等级与互感器容量有什么关系?试举例说明之。

3.10 避雷器有哪几种?简单说明其工作原理。

3.11 工厂低压配电系统中常用刀开关、低压熔断器有哪些类型?各用在什么工作场所?

3.12 自动空气开关有哪些用途?其主要性能指标有哪几项?

3.13 自动空气开关的常用类型及型号有哪些?自动空气开关在进行合闸操作前,什么情况下需进行“再扣”操作?

3.14 6~10 kV 配电变压器常用 Y/Y_0-12 和 $\triangle/Y$-11 两种接线组别(连接组号),应当如何选用?

3.15 怎样确定工厂变电所中变压器台数和容量?

3.16 什么是工厂变配电所的电气主接线(一次接线)和电气主接线图?对电气主接线有哪些基本要求?

3.17 工厂变配电所电气主接线有哪些基本接线方式?试分析其优缺点并说明其使用范围。

3.18 什么叫配电装置?成套配电装置有些什么特点?

3.19 高压成套配电装置(高压开关柜)可分为哪两大类型?常用哪些型号及型号意义是什么?

3.20 常用低压配电屏的主要类型有哪些?其型号及意义是什么?

3.21 工厂变配电所在总体布置上应满足哪些要求?

习　题

3.1　高压断路器有哪些主要技术数据？试举例说明之。

3.2　电气主接线如图3.15所示，在馈电回路上为什么停电时在断开线路断路器后，先拉负荷侧隔离开关；送电时先合电源侧隔离开关？

3.3　电流互感器变比应当如何正确选择？如一台50 kW电动机，其额定电流约为10I A，为什么它所用电流互感器选用300/5 A的？

3.4　三台单相三绕组电压互感器的开口三角处电压，如果辅助绕组极性没有错误，开口三角端的电压接近于零。如果一台辅助绕组极性接反，则开口三角端电压为什么等于70 V左右？

3.5　分析图1.3工厂供电系统图中，各隔离开关、电压互感器、电流互感器、避雷器的用途？

3.6　列表说明各种高压电器按工作条件选择和按短路条件校验的项目及其计算公式。

3.7　某10 kV变电所设有SL7-500(kVA)、10/0.4 kV变压器两台，电源进线一路采用电缆进线方式，高压侧计量电能，试设计10 kV侧电气主接线，选择高压开关柜并绘出一次线路方案组合图。

第4章　工厂电力网路

工厂电力网路讨论的是工厂电力线路的问题,包括电力系统向工厂的供电线路和工厂内部高、低压电力线路的接线方式、线路选择、运行和维护等有关问题。

4.1　工厂电力网路的基本接线方式

对工厂电力网路的基本要求是:供电安全可靠,操作方便,运行灵活、经济和有利发展。选择接线方式时除应考虑上述基本要求外,还应考虑电源的数目和位置,车间用电量的大小和布局等各方面因素。高、低压电力线路的基本接线方式有三种类型:放射式、树干式及环式。下面分别介绍。

一、高压配电线路的接线方式

根据工厂变配电所的位置、容量、主接线图、高压供电电压等级和高压负荷(车间、高压用电设备)的重要性、位置、容量等情况,确定高压配电线路的接线方式。工厂高压电力线路基本接线方式有:

1. 放射式

高压放射式接线是指由工厂变配电所高压母线上引出的一回线路只直接向一个车间变电所或高压用电设备供电,沿线不支接其他负荷,如图4.1(a)所示。这种方式接线清晰,操作维

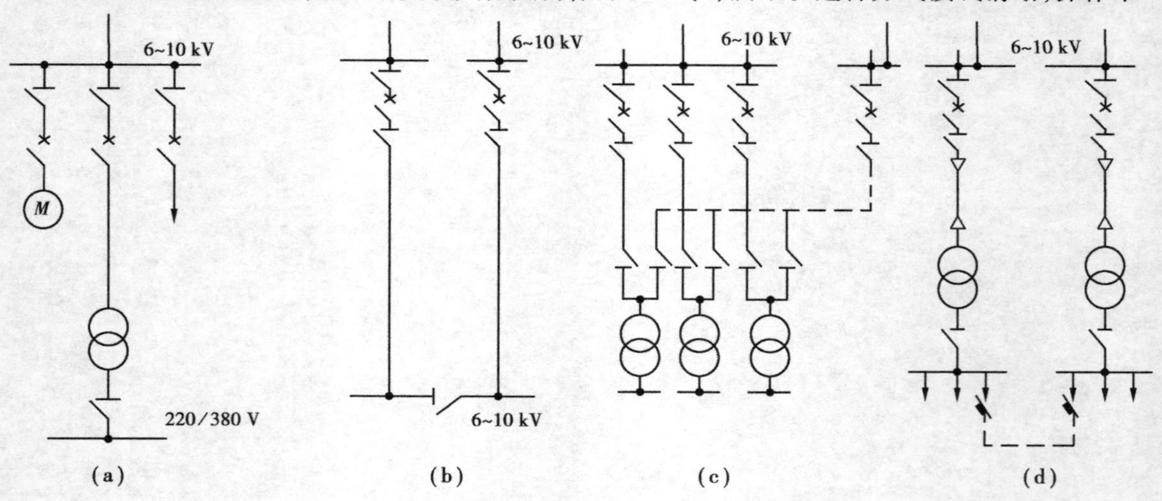

图4.1　高压放射式接线

(a)单回路放射式　(b)双回路放射式　(c)具有公共线路的放射式　(d)具有低压联络线的放射式

护方便,保护简单,便于实现自动化。但高压开关柜用得多,投资较多,线路故障或检修由该线

路供电的负荷就要停电。为提高可靠性，根据具体情况可增加备用线路，图4.1(b)所示为采用双回路放射式，图4.1(c)所示为采用公共备用线路，图4.1(d)所示为采用低压联络线路。

2. 树干式

高压树干式接线是指由工厂变配电所高压母线上引出的每路高压配电干线上，沿线支接了几个车间变电所或负荷点的接线方式，如图4.2(a)所示。这种接线从变配电所引出线路少，高压开关柜相应用得少；配电干线少一般也可节约有色金属。但供电可靠性差，干线故障或检修将引起干线上的全部用户停电。所以一般干线上连接的变压器不得超过5台，总容量不应大于3 000 kVA。为提高供电可靠性，同样可采用增加备用线路的方法。如图4.2(b)为采用两端电源供电的单回路树干式，还可采用双树干式和带单独公共备用线路的树干式等。

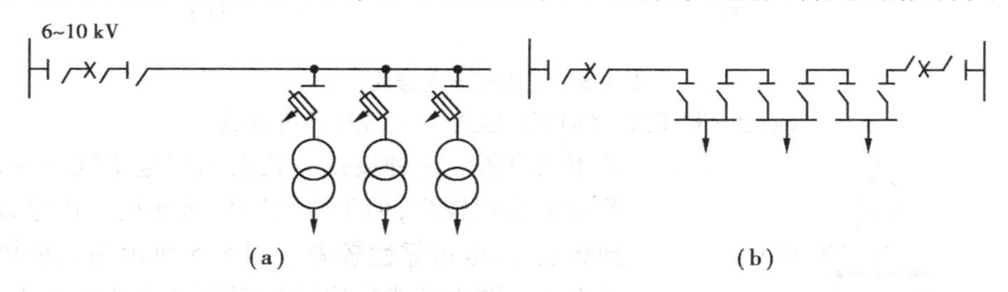

图4.2　高压树干式接线
(a)无备用的单树干式　(b)两端电源的单树干式

3. 环式

对工厂供电系统而言，高压环式接线只不过是树干式接线的改进，如图4.3所示，两路树干式线路连接起来就构成了环式接线。这种接线运行灵活，供电可靠性高。由于闭环运行时继电保护整定较复杂，所以正常运行时一般均采用开环运行方式。

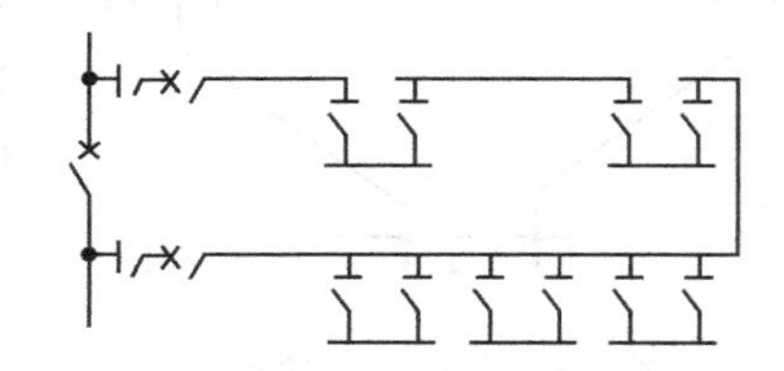

图4.3　高压环式接线

以上简单分析了3种基本接线方式的优缺点。实际上工厂高压配电系统的接线方式往往是几种接线方式的组合，究竟采用什么接线方式，应根据具体情况，经技术经济综合比较后才能确定。

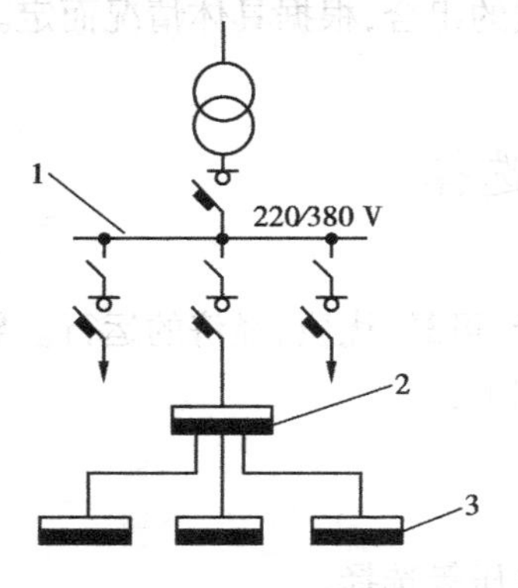

图4.4　低压放射式接线
1—低压配电屏　2—主配电箱
3—分配电箱

二、低压配电线路的接线方式

工厂低压配电线路的基本接线方式也可分为放射式、树干式和环式三种。

1. 放射式

低压放射式接线如图4.4所示，由变配电所低压配电屏供电给主配电箱，再至分配电箱。这种接线方式供电可靠性较高，所用开关设备及配电线也较多。多用于用电设备容量大，或负荷性质重要，或车间内负荷排列不整齐，或车间为有爆炸危险的厂房，必须由与车间隔离的房间引出线路等情况。

2. 树干式

低压树干式接线适宜供电给用电容量较小而分布较均匀

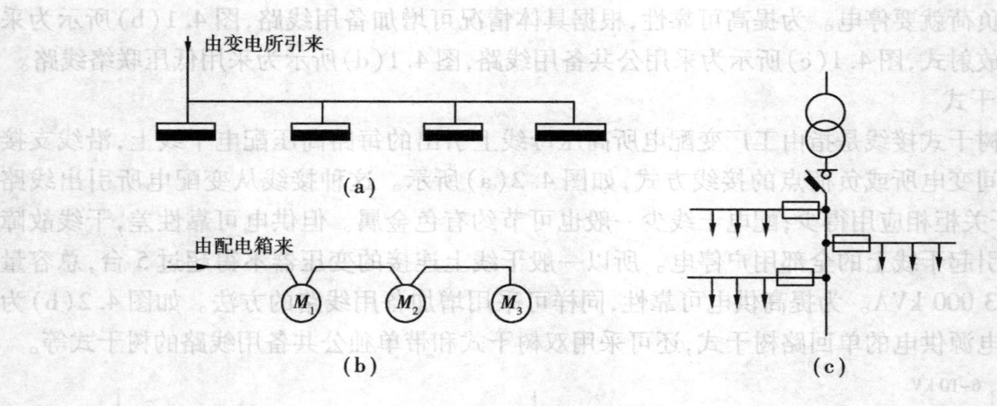

图 4.5　低压树干式接线

(a)低压树干式　(b)低压链式　(c)变压器-干线式

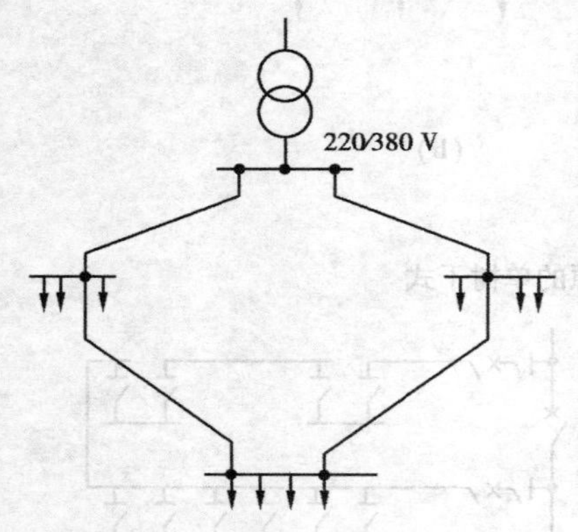

图 4.6　低压环式接线

的用电设备。这种接线方式引出配电干线较少,采用开关设备自然较少,但干线故障使所连接的用电设备均受到影响,供电可靠性较差。图 4.5 所示为几种树干式接线方式。图中链式接线适用于用电设备距离近,容量小(总容量不超过 10 kW),台数 3 ~5 台的情况。变压器-干线式接线其二次侧引出线经过空气开关(或隔离开关)直接引至车间内,可省去变电所低压侧配电装置,简化了变电所结构,减少了投资。

3. 环式

工厂内各车间变电所的低压侧,可以通过低压联络线连接起来,构成环式(环形)接线,如图 4.6 所示。这种接线方式供电可靠性较高,任一段线路故障或检修,一般只是短时停电或不停电,经切换操作后就可恢复供电。环式接线保护装置整定配合比较复杂,所以低压环形线路通常也多采用开环运行。

实际工厂低压配电系统的接线,也往往是上述几种接线方式的组合,根据具体情况而定。

4.2　供电线路导线和电缆的选择

导线、电缆选择得是否恰当关系到工厂供配电系统能否安全、可靠、优质、经济的运行。导线、电缆选择的内容包括两个方面:一选型号,二选截面。分述如下:

一、导线、电缆型号的选择

导线、电缆的型号应根据它们使用的环境、敷设方式、工作电压等选择。

1. 工厂常用架空线路裸导线型号及选择

工厂户外架空线路一般采用裸导线,其常用型号及适用范围如下:

(1)铝铰线(LJ)　导电较好,重量轻,对风雨作用的抵抗力较强;对化学腐蚀作用的抵抗力较差。多用在 10 kV 以下线路上，其杆距不超过 100 ~ 125 m。

(2)钢芯铝绞线(LGJ)　此种导线的外围用铝线，芯子采用钢线，钢线解决了铝绞线机械强度差的缺点。由于交流电的趋肤效应，电流实际只从铝线通过，因此钢芯铝绞线中的截面积是指铝线部分的面积。在机械强度要求较高的场所和 35 kV 及以上的架空线路上多被采用。

(3)铜绞线(TJ)　导电好，机械强度好，对风雨及化学腐蚀作用的抵抗力强。是否选用，根据实际需要而定。

2. 工厂常用电力电缆型号及选择

工厂供电系统中常用电力电缆型号及适用范围如下：

(1)油浸纸绝缘铝包或铅包电力电缆(如铝包铝芯 ZLL 型，铅包铜芯 ZL 型)　它具有耐压强度高、耐热能力好、使用年限长等优点，使用最普遍。根据其外护层结构(有无铠装等)的不同，承受机械外力、拉力的能力和安装环境也不同，具体可参阅其说明书。这种电缆在工作时，其内部浸渍的油会流动，因此不宜用在有较大高差的场所。如 6 ~ 10 kV 电缆水平高差不应大于 15 m，以免低端电缆头胀裂漏油。

(2)塑料绝缘电力电缆　它具有重量轻、抗酸碱、耐腐蚀，并可敷设在有较大高差，或垂直、倾斜的环境中，有逐步取代油浸纸绝缘电缆的趋向。目前生产的有两种：一种是聚氯乙烯绝缘、聚氯乙烯护套的全塑电力电缆(VLV 和 VV 型)，已生产至 10 kV 电压等级。另一种是交联聚乙烯绝缘、聚氯乙烯护套电力电缆(YJLV 和 YJV 型)，已生产至 35 kV 电压等级。

3. 常用绝缘导线型号及选择

工厂车间内采用的配电线路及从电杆上引进户内的线路多为绝缘导线。当然配电干线也可采用裸导线和电缆。绝缘导线的线芯材料有铝芯和铜芯两种，一般优先采用铝芯线。绝缘导线外皮的绝缘材料有塑料绝缘和橡皮绝缘两种。塑料绝缘线的绝缘性能良好，价格较低，又可节约大量橡胶和棉纱，在室内敷设可取代橡皮绝缘线。由于塑料在低温时要变硬变脆，高温时易软化，因此塑料绝缘线不宜在户外使用。

常用塑料绝缘线型号有：BLV(BV)塑料绝缘铝(铜)芯线(未注明线芯材料的为铜芯，下同)，BLVV(BVV)塑料绝缘塑料护套铝(铜)芯线，BVR 塑料绝缘铜芯软线。常用橡皮绝缘线型号有：BLX(BX)棉纱编织橡皮绝缘铝(铜)芯线(可穿管)，BBLX(BBX)玻璃丝编织橡皮绝缘铝(铜)芯线，BLXF 氯丁橡皮绝缘铝芯线(宜穿管及户外敷设)，BLXG(BXG)棉纱编织、浸渍、橡皮绝缘铝(铜)芯线(有坚固保护层，适用面宽)，BXR 棉纱编织橡皮绝缘软铜线等。上述导线中，软线宜作仪表、开关等活动部件需柔软连接之用。其他导线除注明外，一般均可用于户内干燥、潮湿场所作固定敷设之用。

二、导线、电缆截面的选择

导线、电缆截面的选择必须满足安全、可靠的条件。也就是说，从满足正常发热条件看，要求通过导线或电缆的电流不应当大于它的允许载流量；从满足机械强度条件看，要求架空导线的截面不应小于它的最小允许截面。此外还应保证电压质量，即线路电压损失不应大于正常运行时允许的电压损耗；以及满足经济要求等。对于电力电缆有时还必须校验短路时的热稳定，看其在短路电流作用下是否会烧毁，对于架空线路根据运行经验很少因短路电流的作用而引起损坏，一般不进行校验。

上面介绍了导线、电缆截面选择时应当满足的要求，但在选择工厂电力线路截面时，可按下述意见进行:对于 35 kV 及 110 kV 高压供电线路,其截面主要按照经济电流密度来选择,但应按允许载流量来校验。对 10 kV 及以下电压等级的供电线路,其截面主要按照允许电压损耗来选择,也应按允许载流量和机械强度要求进行校验。

导线、电缆截面选择的具体方法如下:

(一)按经济电流密度选择导线、电缆截面

根据经济条件选择导线(或电缆,下同)截面,应从两个方面来考虑。截面选得越大,电能损耗就越小,但线路投资及维修管理费用就越高;反之,截面选得小,线路投资及维修管理费用虽然低,但电能损耗则大。综合考虑这两方面的因素,定出总的经济效益为最好的截面称为经济截面。对应于经济截面的电流密度称为经济电流密度 J_{ec}。我国现行的经济电流密度如表 4.1 所示。

表 4.1 我国规定的经济电流密度 J_{ec}/(A·mm^{-2})

导线材料	年最大负荷利用小时数		
	3 000 h 以下	3 000 ~5 000 h	5 000 h 以上
铝线、钢芯铝线	1.65	1.15	0.90
铜线	3.00	2.25	1.75
铝芯电缆	1.92	1.73	1.54
铜芯电缆	2.50	2.25	2.00

根据负荷计算求出的供电线路的计算电流或供电线路在正常运行方式下的最大负荷电流 I_{max}(A)和年最大负荷利用小时数及所选导线材料,就可按经济电流密度 J_{ec} 计算出导线的经济截面 A_{ec}(mm^2)。其关系式如下

$$A_{ec} = I_{max}/J_{ec}$$

从手册中选取一种与 A_{ec} 最接近(可稍小)的标准截面的导线即可。

(二)按允许载流量选择导线、电缆截面

电流通过导线时将会发热,导致温度升高。裸导线温度过高,接头处氧化加剧,接触电阻增加,使此处温度进一步升高,氧化更加剧,甚至发展到烧断。绝缘导线和电缆的温度过高时,可使绝缘损坏,甚至引起火灾。为保证安全可靠,导线和电缆的正常发热温度不能超过其允许值。或者说通过导线的计算电流或正常运行方式下的最大负荷电流 I_{max} 应当小于它的允许载流量。附表 4.1 列出了周围环境温度为 +25℃时,LJ 型铝绞线的允许载流量及其温度修正系数。附表 4.2 列出了 BLV 型和 BLX 型铝芯绝缘导线在不同环境温度下,明敷及穿管暗敷时的允许载流量。使用附表 4.1 及附表 4.2 时,请注意以下几点:

(1)附表 4.1 查出的是 LJ 型铝绞线的允许载流量。若导线为 LGJ 型钢芯铝绞线时,允许载流量与 LJ 型基本相同。若导线为 TJ 型铜绞线时,其允许载流量为相同截面 LJ 型铝绞线允许载流量的 1.3 倍。附表 4.2 查出的铝芯绝缘线和铜芯绝缘线其允许载流量也有相同的关系,因此,根据附表 4.2 也可推算出相同截面的铜芯绝缘线的允许载流量。

(2)允许载流量与环境温度有关。查允许载流量时注意根据环境温度查出或乘上温度修正系数以求出相应的允许载流量。按规定,选择导线时所用的环境温度:室外——取当地最热月平均最高气温;室内——取当地最热月平均最高气温加 5℃。选择电缆时所用的环境温度:

土中直埋——取当地最热月平均气温；室外电缆沟、电缆隧道——取当地最热月平均最高气温；室内电缆沟——取当地最热月平均最高气温加5℃。

在按允许载流量选择导线截面时，应注意最大负荷电流 I_{max} 的选取：选择降压变压器高压侧的导线时，应取变压器额定一次电流。选高压电容器的引入线应为电容器额定电流的1.35倍；选低压电容器的引入线应为电容器额定电流的1.5倍（主要考虑电容器充电时有较大涌流）。

（三）按机械强度校验导线截面

工厂供配电线路选用的导线按机械强度进行校验，就应保证所选的架空裸导线和不同敷设方式的绝缘导线的截面，不应小于其最小允许截面的要求，如附表4.5和附表4.6所示。为保证安全，规程规定1～10 kV架空线路不得采用单股线。

电缆不必校验机械强度。

（四）线路电压损耗的计算及按电压损耗选择导线、电缆截面

为了保证用电设备端子处电压偏移不超过其允许值，设计线路时，高压配电线路的电压损耗一般不超过线路额定电压的5%；从变压器低压侧母线到用电设备端子处的低压配电线路的电压损耗，一般也不超过线路额定电压的5%（以满足用电设备要求为限）。如线路电压损耗超过了允许值，应适当加大导线截面，使之小于允许电压损耗。

1. 线路电压损耗的计算

图4.7(a)所示为线路末端有一个集中负荷的三相线路的单线图。线路额定电压为 U_N（单位为kV）；末端用电负荷 $S=p+jq$（视在负荷 S 单位为kVA，有功负荷 p 单位为kW，无功负荷 q 单位为kVA），也可表示为 $i,\cos\varphi$（$i=p/\sqrt{3}U_N\cos\varphi$ 单位为 A，$\tan\varphi=q/p$）；线路电阻为 R，电抗为 X（单位均为Ω）。

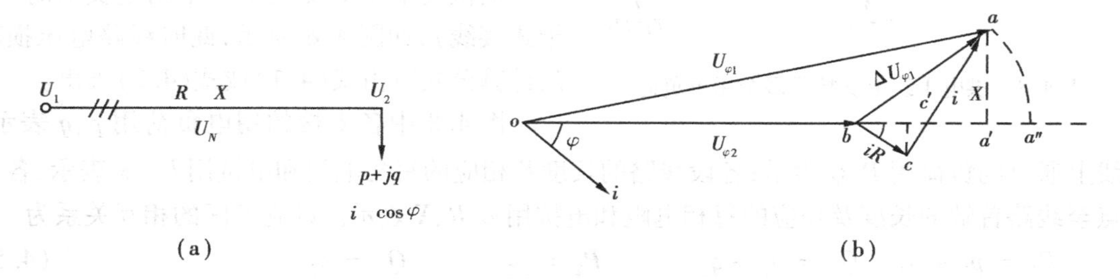

图4.7 线路末端有一个用电负荷的三相线路

(a)线路图 (b)一相电压矢量图

设线路首端线电压为 $\dot{U}_1$，末端线电压为 $\dot{U}_2$，$\dot{U}_1$ 与 $\dot{U}_2$ 之相量差 $\Delta\dot{U}$ 称为线路电压降，而 $\dot{U}_1$ 与 $\dot{U}_2$ 之代数差 ΔU 称为线路电压损耗。对用电设备来说，要求保证的是加在其上的电压数值，而不管线路末端电压和始端电压的相位关系，所以研究电压质量只研究电压损耗。下面计算线路电压损耗的数值。

平衡的三相交流电路中，以一相为例，作出一相的电压矢量图，如图4.7(b)所示。图中 $\dot{U}_{\varphi1}=oa$，$\dot{U}_{\varphi2}=ob$，分别为线路首端与末端相电压；bc、ca 分别为线路电阻与电抗引起的电压降；$oa=oa''\approx oa'$，由图不难求出一相电压损耗 ΔU_φ 为

$$\Delta U_\varphi = U_{\varphi1} - U_{\varphi2} =$$

$$oa - ob = oa'' - ob \approx oa' - ob = ba' =$$
$$bc' + c'a' =$$
$$iR\cos\varphi + iX\sin\varphi$$

换算成线电压损耗为

$$\Delta U = \sqrt{3}(iR\cos\varphi + iX\sin\varphi) \tag{4.1}$$

如果用电负荷用 $p+jq$ 来表示，依据 i、$\cos\varphi$ 与 p、q、U_N（线路额定电压、单位 kV）的关系，得出线路电压损耗的功率表示式为

$$\Delta U = \frac{pR + qX}{U_N} \tag{4.2}$$

线路电压损耗若以占线路额定电压 U_N 百分数表示，则计算公式为

$$\Delta U\% = \frac{\Delta U}{U_N} \times 100 \tag{4.3}$$

将式(4.1)、(4.2)代入式(4.3)得到求电压损耗百分数的公式

$$\Delta U\% = \frac{\sqrt{3}}{10U_N}i(R\cos\varphi + X\sin\varphi) =$$
$$\frac{1}{10U_N^2}(pR + qX) \tag{4.4}$$

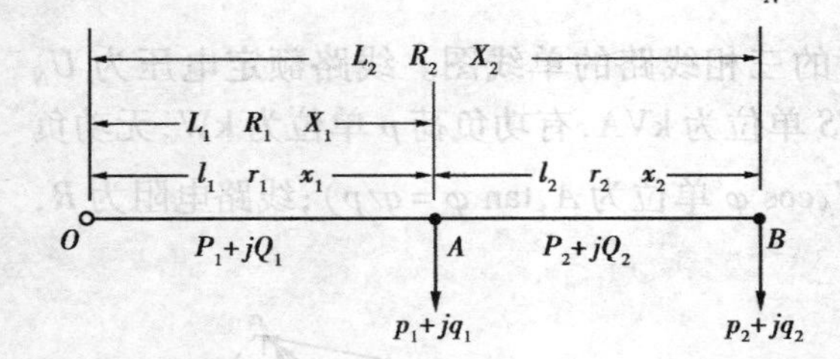

图 4.8　供电干线上支接了多个用电负荷

式中各参数的单位：U_N(kV)，p(kW)，q(kVA)，i(A)，R(Ω)，X(Ω)。

以上介绍了供电线路末端有一个集中负荷时（放射式接线），线路电压损耗的计算方法。

当供电干线上支接了多个用电负荷时（树干式接线），如图 4.8 所示，此时线路电压损耗的计算公式可由式(4.1)或式(4.2)推出。

图 4.8 中各支接的用电负荷用 p、q 表示，干线上通过的负荷用 P、Q 表示；各段线路的长度及相应的每相电阻和电抗用 l、r、x 表示，各负荷点至线路首端的长度及相应的每相电阻和电抗用 L、R、X 表示。则它们间的相互关系为

$$P_1 = p_1 + p_2 \quad Q_1 = q_1 + q_2 \quad P_2 = p_2 \quad Q_2 = q_2 \tag{4.5}$$

$$R_1 = r_1 \quad X_1 = x_1 \quad R_2 = r_1 + r_2 \quad X_2 = x_1 + x_2 \tag{4.6}$$

我们知道，线路上通过有、无功负荷时在线路上产生电压损耗，其计算公式如式(4.2)所示。设 OA 线段电压损耗为 ΔU_1，AB 线段电压损耗为 ΔU_2，则供电干线 OB 上总的电压损耗为

$$\Delta U = \Delta U_1 + \Delta U_2 =$$
$$\frac{P_1r_1 + Q_1x_1}{U_N} + \frac{P_2r_2 + Q_2x_2}{U_N}$$

设供电干线上有 n 个负荷，则可得出有多个集中负荷的供电干线的首端与末端的电压损耗 ΔU 的计算公式为

$$\Delta U = \frac{\sum_{i=1}^{n}(P_ir_i + Q_ix_i)}{U_N} \tag{4.7}$$

式中　P_i、Q_i——各段干线所通过的有功负荷(kW)、无功负荷(kVA)；

r_i、x_i——各段干线的电阻(Ω)、电抗(Ω)；

U_N——供电干线的线路额定电压(kV)。

式(4.7)是按各段干线上所通过的功率及各段干线的电阻和电抗来计算线路电压损耗。若将式(4.5)、(4.6)代入式(4.7)则可得按各用电负荷功率与各用电负荷在干线上支接点到供电干线始端的总阻抗来计算线路电压损耗 ΔU(单位:V)的计算公式为

$$\Delta U = \frac{\sum_{i=1}^{n}(p_i R_i + q_i X_i)}{U_N} \tag{4.8}$$

式中　p_i、q_i——支接的各用电负荷的有功功率(kW)、无功功率(kVA)；

R_i、X_i——各用电负荷支接点到供电干线始端的电阻(Ω)、电抗(Ω)；

U_N——供电干线的线路额定电压(kV)。

若要计算线路电压损耗百分数,根据式(4.7)或式(4.8)求出的电压损耗 ΔU 的数值,代入式(4.3)即可求出。

2. 按允许电压损耗选择导线、电缆截面

设供电干线上支接了多个用电负荷,且按全线导线截面相等的原则来选择导线截面,将式(4.8)代入式(4.3)得计算线路电压损耗百分数的公式

$$\Delta U\% = \frac{r_0}{10U_N^2}\sum_{i=1}^{n} p_i L_i + \frac{x_0}{10U_N^2}\sum_{i=1}^{n} q_i L_i = \Delta U_r\% + \Delta U_x\% \tag{4.9}$$

式中　r_0、x_0——供电干线单位长度的电阻和电抗(Ω/km)；

L_i——各用电负荷支接点到供电干线始端的距离(km)；

p_i、q_i、U_N——其意义与单位同式(4.8)。

式(4.9)可分为两部分,即由有功负荷及电阻引起的电压损耗

$$\Delta U_r\% = \frac{r_0}{10U_N^2}\sum_{i=1}^{n} p_i L_i = \frac{1}{10\gamma A U_N^2}\sum_{i=1}^{n} p_i L_i$$

式中　γ——导线的电导系数,对于铜线 $\gamma = 0.053\ \mathrm{km/\Omega mm^2}$,对于铝线 $\gamma = 0.032\ \mathrm{km/\Omega mm^2}$；

A——导线截面($\mathrm{mm^2}$)。

由无功负荷及电抗引起的电压损耗

$$\Delta U_x\% = \frac{x_0}{10U_N^2}\sum_{i=1}^{n} q_i L_i \tag{4.10}$$

按允许电压损耗选择导线、电缆截面,可将式(4.9)变换一下得

$$\Delta U\% = \frac{1}{10\gamma A U_N^2}\sum_{i=1}^{n} p_i L_i + \Delta U_x\%$$

$$A = \frac{\sum_{i=1}^{n} p_i L_i}{10\gamma U_N^2(\Delta U\% - \Delta U_x\%)} \tag{4.11}$$

上式中,$\Delta U\%$ 代入允许电压损耗数,只要 $\Delta U_x\%$ 知道,导线截面 A 即可求出。但导线截面未选定前,线路单位长度电抗 x_0 是未知的,$\Delta U_x\%$ 亦无法求出。通常采用下述办法解决:

(1)当导线截面很小或用户无功负荷很小时(如照明线路无功负荷接近零),可先略去$\Delta U_x\%$不计。

(2)对于某一电压级的线路来说,导线截面及间距在常用范围内改变时,其电抗数值变化不大。因此,在计算$\Delta U_x\%$时,对于架空线路x_0可取0.30~0.40 Ω/km(低压取偏低值),对于电缆线路x_0可取0.08 Ω/km。按上取值,根据式(4.10)可先求出一个$\Delta U_x\%$值。

按上述办法,根据式(4.11)算出导线截面后,据此由产品目录中找出最接近的标准导线截面,然后再用这个导线截面及线间几何均距从有关资料查得与其对应的r_0,x_0。再代入式(4.9)计算出实际的电压损耗值看是否超过允许值。

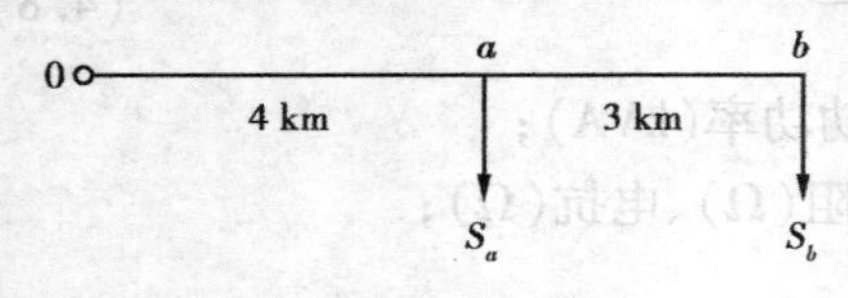

图4.9　线路示例

例4.1　某变电所通过10 kV线路向工厂a、b供电,如图4.9所示。线路oa段和ab段距离分别为4 km和3 km,工厂a和b的负荷分别为$S_a=p_a+jq_a=1+j0.8$ MVA,$S_b=p_b+jq_b=0.5+j0.3$ MVA。设允许电压损耗为5%,三相导线布置成三角形,线间距离1 m。试选择导线截面。

解　(1)按允许电压损耗选择导线截面

选择铝绞线,先假设线路电抗值$x_0=0.36$ Ω/km。依据式(4.9)得出

$$\Delta U_x\% = \frac{x_0}{10U_N^2}\sum_{i=1}^{n} q_i L_i = \frac{0.36}{10\times 10^2}(800\times 4+300\times 7) = 1.9$$

依据式(4.11)得出

$$A = \frac{\sum_{i=1}^{n} p_i L_i}{10\gamma U_N^2(\Delta U\% - \Delta U_x\%)} = \frac{(1\,000\times 4+500\times 7)}{10\times 0.032\times 10^2(5-1.9)} = 75.6\ \text{mm}^2$$

查附表4.1可知,与上截面接近的标准截面有70 mm² 和95 mm² 两种,选用LJ—70的导线。已知导线按三角形排列,线间距离为1 m。查同表得知这种导线的电阻和电抗值分别为$r_0=0.48$ Ω/km,$x_0=0.35$ Ω/km。

验算电压损耗,依据式(4.9)得

$$\Delta U\% = \frac{r_0}{10U_N^2}\sum_{i=1}^{n} p_i L_i + \frac{x_0}{10U_N^2}\sum_{i=1}^{n} q_i L_i =$$

$$\frac{0.48(1\,000\times 4+500\times 7)+0.35(800\times 4+300\times 7)}{10\times 10^2} =$$

$$4.783 < 5$$

所选导线截面能满足电压损耗不超过5%的要求。

(2)按发热条件校验导线截面

线路中最大负荷(在oa段)为:

$$P = p_a + p_b = 1\,000 + 500 = 1\,500\ \text{kW}$$

$$Q = q_a + q_b = 800 + 300 = 1\,100\ \text{kVA}$$

$$S = \sqrt{P^2+Q^2} = \sqrt{1\,500^2+1\,100^2} = 1\,860.1\ \text{kVA}$$

$$I = S/(\sqrt{3}U_N) = 1\,860.1/(\sqrt{3}\times 10) = 107.4\ \text{A}$$

查附表4.1可知，LJ-70导线在室外温度为25℃时的最高允许电流为265 A，显然可满足要求。

(3)按机械强度校验导线截面

查附表4.5可知，高压(至10 kV)架空裸铝绞线最小允许截面为35 mm^2，所选导线可满足机械强度要求。

例4.2 某车间用380/220 V供电，通过负荷计算知该车间计算负荷 $S_j = P_j + jQ_j = 35 + j59$ kVA，采用铝芯橡皮线穿钢管沿地暗敷设，当地环境温度为30℃。试按发热条件选择导线截面和穿线管内径。

解 按题得该车间负荷计算电流为

$$I_j = \frac{S_j}{\sqrt{3}U_N} = \frac{\sqrt{P_j^2 + Q_j^2}}{\sqrt{3}U_N} = \frac{\sqrt{35^2 + 59^2}}{\sqrt{3} \times 0.38} = 104.2\ \mathrm{A}$$

查附表4.2得30℃时BLX型导线，线芯截面为70 mm^2 的4～5根单芯线穿钢管敷设允许载流量为124 A，相线选此种截面可满足发热要求。

中性线截面的允许载流量，应大于通过它的最大电流。对于三相线路应考虑三相线路中最大的不平衡负荷电流，同时还应考虑3次谐波电流要通过中性线所带来的影响。所以，三相线路的中性线截面一般不应小于相线截面的50%。此处选中性线线芯截面为35 mm^2。

穿线的钢管内径，查附表4.2知应选为70 mm。

按发热条件选择结果可表示为：BLX-500-(3×70+1×35)-G70，其中500为导线额定电压(V)数，G为钢管代号。

4.3 工厂供电线路的线损计算与低压导线、电缆线规的选择

电力线路在输送电能的过程中，必然产生功率损耗和电能损耗，均简称为线损。影响线损的因素比较多，这里主要介绍通过电压损耗百分数来计算平均线损的方法及导线截面规格选择与线损的关系。

一、工厂供电线路平均线损的计算

三相供电线路的三相有功功率损耗的计算可用下式

$$\Delta P = 3I^2R \times 10^{-3} = 3\left(\frac{S}{\sqrt{3}U_N}\right)^2 R \times 10^{-3} = \frac{S^2}{U_N^2}R \times 10^{-3} = \frac{P^2 + Q^2}{U_N^2}R \times 10^{-3} = \frac{P^2}{U_N^2\cos^2\varphi}R \times 10^{-3}\ \mathrm{kW} \tag{4.12}$$

式中 I——线路通过的电流(A)；

U_N——线路的额定的电压(kV)；

R——线路每相的电阻(Ω);

S、P、Q——通过线路的视在、有功、无功负荷(kVA、kW、kVA);

$\cos\varphi$——负荷的功率因数。

如果线路上通过的 P 是恒定的,在 T 时间内线路的有功电能损耗则为

$$\Delta W_a = \Delta P \cdot T = \frac{R \times 10^{-3}}{U_N^2 \cos^2\varphi} P^2 \cdot T \quad \text{kW} \cdot \text{h} \tag{4.13}$$

而实际线路上的 P 和 $\cos\varphi$ 均不是恒定的,ΔW_a 并不好计算。设计中计算全厂电源主进线的电能损耗时,取 P 为企业的有功计算负荷 P_c,另外根据企业 $\cos\varphi$ 和企业"年最大有功负荷利用小时数 T_{max}",查出"最大负荷损耗小时 τ",按下式求出线路的年有功电能损耗

$$\Delta W_{ac} = \frac{R \times 10^{-3}}{U_N^2 \cos^2\varphi} P_c \cdot \tau = \Delta P_c \cdot \tau \quad \text{kW} \cdot \text{h} \tag{4.14}$$

式中 ΔP_c——根据 P_c 算出的线路有功功率损耗。

工厂的低压配电线路多,用式(4.14)来计算较多的低压配电线路的电能损耗是有困难的,因每一路线的 τ 值很难确定。为此,下面介绍一种计算平均线损的方法。

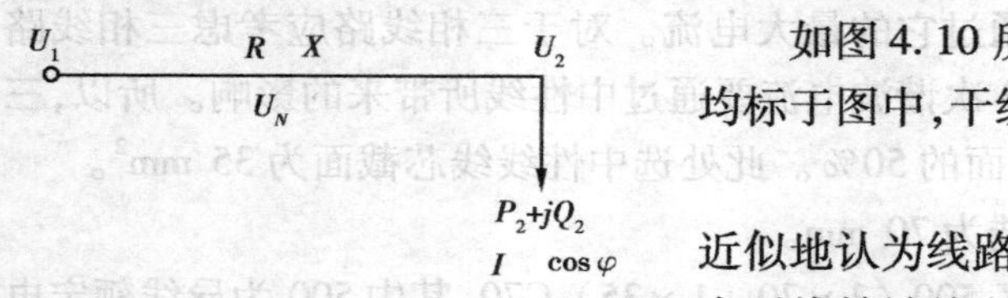

图 4.10 线路末端有一个集中负荷

如图 4.10 所示,干线末端接有一个集中负荷,参数均标于图中,干线末端向用户输送的有功功率 P_2 为

$$P_2 = \sqrt{3} U_2 I \cos\varphi$$

近似地认为线路始端与末端的负荷功率因数相等,则电力干线始端从电源吸收的有功功率 P_1 为

$$P_1 = \sqrt{3} U_1 I \cos\varphi$$

电力干线的有功功率损耗即线损为

$$\Delta P = P_1 - P_2 = \sqrt{3}(U_1 - U_2) I \cos\varphi = \sqrt{3} \Delta U I \cos\varphi$$

设线路线损用线路所输送有功功率 P_2 的百分数来表示,称为线损率百分数,则

$$\Delta P\% = \frac{\Delta P}{P_2} \times 100 = \frac{\sqrt{3}(U_1 - U_2) I \cos\varphi}{\sqrt{3} U_2 I \cos\varphi} \times 100$$

$$= \frac{U_1 - U_2}{U_2} \times 100 = \frac{\Delta U}{U_2} \times 100 \tag{4.15}$$

比较式(4.3)与式(4.15)可知,线路末端电压 U_2 与线路额定电压 U_N 接近。可以认为:末端有一个集中负荷的电力线路的线损率百分数,与该线路的电压损耗百分数相等。即

$$\Delta P\% = \Delta U\%$$

同理也可证明供电干线上支接了多个用电负荷时(树干式接线),各段干线的线损率百分数,与各段干线的电压损耗百分数对应相等。由此可求出各段干线的电能损耗。而树干式接线中整条干线的电能损耗则等于各段干线电能损耗之和。

工程上常用线路的电能损耗来计算平均线损率。平均线损率的定义为:在一定的时间内,如果电力线路末端输送的有功电能为 W_2,线路的电能损耗为 ΔW,则 ΔW 与 W_2 之比称为某段时间内的平均线损率。平均线损率百分数为

$$\Delta W\% = \frac{\Delta W}{W_2} \times 100 \tag{4.16}$$

设电力线路始端某段时间从电源取得的电能为 W_1，则 $W_1 = W_2 + \Delta W$。又平均线损率百分数 $\Delta W\%$ 与线损率百分数 $\Delta P\%$ 可视为相等。则简单地可推得线路在某段时间的电能损耗为

$$\Delta W = \frac{\Delta P\%}{100}\left(\frac{W_1}{1+\dfrac{\Delta P\%}{100}}\right) \tag{4.17}$$

式(4.17)中的 $\Delta P\%$ 可由式(4.15)通过测量线路首端与末端电压 U_1、U_2 求出；也可依据式(4.1)、(4.2)、(4.3)求出。

二、低压导线、电缆线规的选择

按照第4章第2节所述计算出了导线、电缆的截面后，在车间低压配电线路中，有时还牵涉到一个线规选择的问题。例如同样是截面 240 mm^2，可选一根截面为 240 mm^2 的导线，也可选两根截面为 120 mm^2 的导线。在一个工厂或车间，往往有很多台用电设备，对这些用电设备，可用少数几路大截面配电干线集中配电，也可适当分组后，多用几路小截面导线分散配电。究竟应当如何选？与很多因素有关。从节约有色金属、降低线损角度来看：低压配电干线截面不宜超过 95～120 mm^2；车间内每一路分干线截面不宜超过 10 mm^2。

下面举一例说明选择导线线规与线损的关系。

例4.3 某380 V用电负荷，原用一路铝绞线配电，导线截面240 mm^2，导线长度200 m，线间几何均距为1 m，该负荷每月用有功电量为40 000 kW·h，平均功率因数为0.5。若改用截面为120 mm^2 的二路铝绞线并联配电，问每月从线损中可节电多少？

解 查附表4.1可知，几何均距为1 m的LJ-240导线其 $R_0 = 0.14\ \Omega/km$，$X_0 = 0.31\ \Omega/km$；LJ-120 导线其 $R_0 = 0.28\ \Omega/km$，$X_0 = 0.33\ \Omega/km$。已知导线长度 $L = 0.2$ km，$\cos\varphi = 0.5$。线路上通过的电流可根据每月有功电度 $W_2 = 40\ 000$ kW·h、$\cos\varphi$ 及一个月的小时数求出，所以

$$I = \left(\frac{40\ 000}{30\times 24}\right)\Big/(\sqrt{3}\times 380\times 0.5) = 168.6\ \text{A}$$

将上述数据代入式(4.4)，可求出线路电压损耗百分数即线损率百分数如下：

一路 LJ-240 线时，线损率

$$\Delta P_1\% = \frac{\sqrt{3}i}{10U_N}(R_0\cos\varphi + X_0\sin\varphi)L$$

$$= \frac{\sqrt{3}\times 168.6}{10\times 0.38}(0.14\times 0.5 + 0.31\times 0.86)\times 0.2 = 5.173$$

二路 LJ-120 线并联时，线损率

$$\Delta P_2\% = \frac{\sqrt{3}i}{10U_N}(R_0\cos\varphi + X_0\sin\varphi)L$$

$$= \frac{\sqrt{3}\times 168.6}{10\times 0.38}\left(\frac{0.28}{2}\times 0.5 + \frac{0.33}{2}\times 0.86\right) = 3.257$$

依据式(4.16)可知，改用 2×LJ-120 导线后，每月从线损中可节电

$$\Delta W' = \frac{\Delta W_1\%}{100}W_2 - \frac{\Delta W_2\%}{100}W_2$$

$$= \frac{(\Delta W_1\% - \Delta W_2\%)}{100} W_2 = \frac{\Delta P_1\% - \Delta P_2\%}{100} W_2$$

$$= \frac{5.173 - 3.257}{100} \times 40\ 000 = 766.4\ \text{kW} \cdot \text{h}$$

从上例简单计算可知,恰当选择导线线规可降低线损,获得一定的节电效果。

在保持用铜(铝)量、导线材料、导线长度、敷设方式均相同的情况下,按线损最小的原则来选择线规,下述意见可供参考:

(1)对功率因数小于1的连续运行的用电设备:如果用电设备数量多但容量小,应该用多路小截面导线分散配电;如果单台用电设备的容量较大,需要用大截面导线时,可用2~3根小截面导线并联起来代替大截面导线。

(2)对多台断续重复工作制的用电设备:应该采用大截面导线集中向多台用电设备配电。这样,尽管在多台用电设备负荷峰值重叠时线损率高,但在多台用电设备负荷谷值重叠时,由于导线截面较大,线损率则将较低。如果负荷峰值与谷值错迭得当,还可使总负荷较小并比较平稳,减少了线损。

(3)对多台功率因数不同的用电设备:应该采用大截面导线(或2~3根小截面导线并联)向多台用电设备集中配电,以利用力率参差方法使电流较小,进而减少线损。

(4)向纯电阻负荷配电,小截面导线与大截面导线线损率基本相同。

4.4 工厂电力线路的结构、敷设和技术要求

工厂电力线路在户外采用的结构一般均为架空线或电缆,在厂房内配电线路的结构如低压动力线的敷设方式基本上可分为明敷设和暗敷设两种。

一、架空线路的结构及技术要求

工厂户外的电力线路多采用架空线路,这是因为它具有投资费用低,施工容易,容易发现故障地点,便于检修等优点。但它也具有可靠性较差,受外界环境(雷、雨、风、冰等)的影响较大,需有足够的线路走廊,有碍观瞻等缺点,使其使用范围受到一定的限制。

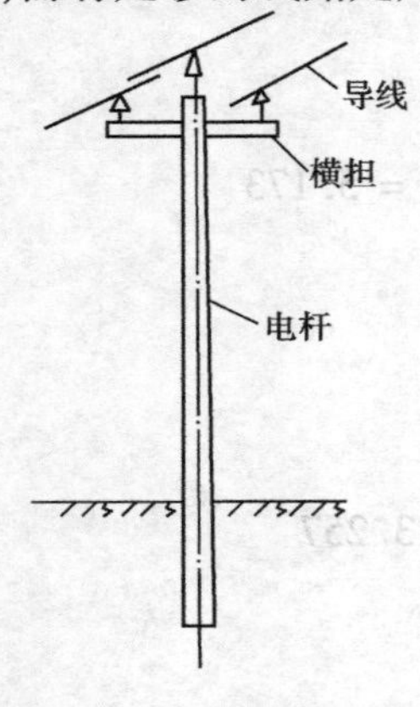

图4.11 架空线路形式

架空线路主要由导线、电杆、绝缘子、线路金具等组成。为了平衡电杆各方向的拉力,增强电杆稳定性,有的电杆上还装有拉线或扳桩。为防雷击,有的架空线路上还架设有避雷线(架空地线),如图4.11所示。

架空线路中的导线一般均采用裸导线,其常用型号有LJ、LGJ和TJ,在第4章的第2节中已经介绍。此外还有一种镀锌钢绞线GJ型,它一般用作避雷线、接地线,也可用作输送小功率架空电力线路的导线。

导线在电杆上的排列方式,一般为三角形排列或水平排列,也可采用垂直排列等。导线的电气参数有单位长度电阻 R_0 和单位长度电抗 X_0。交流线路 R_0 的大小与导线截面基本成反比,而 X_0 与导

线截面有关但主要是与导线线间几何均距有关。所谓线间几何均距,是指三相线路各相导线之间距离的几何平均值,其计算方法见附表4.1后的备注。

电杆与横担组装在一起,其作用是支持绝缘子架设导线,保证导线对地及导线与导线之间有足够的距离。电杆按其材料分为木杆、水泥杆和铁塔三种。一条架空线路要由许多电杆来支撑,这些电杆因其在线路上所处的位置和所起的作用而又有不同的结构形式和名称,如称为直线杆、终端杆、耐张杆、转角杆、分支杆、跨越杆等。

线路绝缘子,是用来支持导线的绝缘体。它使导线与横担、杆塔之间保持足够的绝缘,同时承受着导线的重量与其他作用力。所以应有足够的电气绝缘强度与机械强度。

线路金具是架空线路上用来连接导线、安装横担和绝缘子等所用到的金属部件。如连接导线用的压接管、并沟线夹;针式绝缘子下的直脚、弯脚;横担或拉线固定在电杆上的U形抱箍,调节拉线松紧的花篮螺丝等。

架空线路的架设以及电杆尺寸都与以下技术数据有关:

(1)档距(跨距)　同一线路上相邻两电杆中心线间的距离。不同电压等级线路的档距不同。一般380 V线路档距50~60 m,6~10 kV线路档距80~120 m。

(2)同杆导线的线距　与线路电压等级及档距等因素有关。380 V线路线距0.3~0.5 m,10 kV线路线距0.6~1 m。

(3)弧垂(弛度)　架空导线最低点与悬挂点间的垂直距离。其大小要根据档距、导线型号与截面积、导线所受拉力及气温等条件决定。需要时可查有关手册。弧垂过大可能造成导线对地或对其他物体安全距离不够,而且导线摆动时容易引起碰线;弧垂过小则导线内应力过大,可能造成断线或倒杆事故。

(4)限距　导线最低点到地面(水面),或导线任意点至其他目标物的最小垂直距离。需用时可查有关手册。

二、电缆线路的敷设方式及一般技术要求

电缆线路与架空线路相比,虽然它具有造价高、敷设不易、维修困难等缺点,但是它具有运行可靠、不受外界环境影响、不需架设电杆、不占地面、不碍观瞻等优点。所以在现代化工厂中应用仍相当广泛,特别是在有腐蚀性气体和易燃、易爆、不宜架设架空线路的场所更常采用电缆线路。

工厂里常用的电缆敷设方式有以下几种:

(1)直接埋地敷设　沿已选定的线路挖掘好壕沟,然后把电缆埋在里面,电缆周围填以砂土,上加保护板。直接埋地敷设方式施工简便,投资最少,散热良好。缺点是电缆检修、更换不便,不能可靠地防止外来的机械损伤,易受土壤中酸碱物质的腐蚀。因此,凡是腐蚀性的土壤未经处理,不能采取直接埋地方式。一般适用于电缆数量少,且敷设途径较长的场合。

(2)电缆沟敷设　电缆敷设在预先修建好的水泥沟内,上用盖板盖好。这种方式投资较直接埋地方式高,但检修、更换电缆较方便,占地面积小,在工厂变配电所中应用很广。

(3)沿墙敷设　这种方式须在墙上预埋铁件,电缆的各种支架在电缆设前固定好,电缆沿墙敷设在支架上。这种方式结构简单,维护检修也很方便。缺点是积灰严重,易受热力管道影响,不够美观。

敷设电缆一定要严格按有关规程的规定和设计的要求来进行,一般的技术要求如下:

(1)电缆的类型应符合所选敷设方式的要求。如直埋地电缆应有铠装和防腐层保护。

(2)在敷设条件许可下,电缆长度可考虑1.5% ~2%的余量,以作为检修时的备用。直埋地电缆应作波浪形埋设。

(3)电缆敷设的路径应力求少弯曲,应特别注意弯曲扭伤。弯曲半径与电缆外径的倍数关系应符合规定。

(4)垂直或沿陡坡敷设的电缆,应注意最高与最低点之间的最大允许高度差不应超过规定。

(5)下列地点的电缆应穿钢管保护(钢管内径不得小于电缆外径的2倍):电缆引入、引出建筑物或构筑物,穿过楼板及主要墙壁处;从电缆沟道引出至电杆,或沿墙敷设的电缆距地面2 m高度及埋入地下小于0.25 m深度的一段;电缆与道路、铁路交叉的一段。

(6)直埋地电缆埋地深度不得小于0.7 m,并列埋地电缆相互间的距离应符合规定(如10 kV电缆间不应小于0.1 m)。电缆沟距建筑物基础应大于0.6 m,距电杆基础应大于1 m。

(7)电缆不允许在煤气管、天然气管及液体燃料管的沟道中敷设;一般也不要在热力管道的明沟或隧道中敷设,个别情况如不致使电缆过热时,允许少数电缆放在热力管道沟道的另一侧或将电缆安放在热力管道的下面;少数电缆允许敷设在水管或通风管道的明沟或隧道中,或与这些沟道交叉。

(8)户内电缆沟的盖板应与地板平;户外电缆沟的盖板应高出地面,兼作操作走道;厂区户外电缆沟盖板应低于地面0.3 m,上面铺以砂子或碎土。电缆沟从厂区进入厂房处应设防火隔板,沟底应有不小于0.5%的排水坡度。

(9)电缆的金属外皮、金属电缆头及保护钢管和金属支架等,均应可靠接地。

三、车间配电线路的结构和敷设

车间配电线路包括室内配电线路和室外配电线路。室内(车间内)配电线路如从低压开关柜至车间动力配电箱的线路,车间主动力配电箱至各分动力配电箱的线路,配电箱至各用电设备的线路等。车间室外配电线路指沿着车间外墙或屋檐敷设的低压配电线路,以及车间之间用绝缘导线敷设的短距离低压架空线路等。

车间配电线路一般均采用绝缘导线。但车间内大电流的配电干线则多采用裸母线,少数情况也采用电缆。车间电力线路的结构和敷设方式要考虑生产环境条件及其他要求,设计手册上有较明确的规定,这里择要进行介绍。

户内绝缘导线的敷设方式分为明配线和暗配线两类。导线敷设于墙壁、桁架或天花板等的表面称为明配线。导线穿管埋设在墙内、地坪内或装设在顶棚里称为暗配线。具体配线方式有:

(1)瓷夹、瓷柱和瓷瓶配线　瓷夹或塑料夹板配线适用于用电量较小(导线截面10 mm^2以下),瓷柱配线适用于用电量较大(导线截面在25 mm^2及以下),干燥和无机械损伤的地方。瓷瓶适用于用电量大(导线截面在25 mm^2以上),线路较长,无机械损伤,干燥和潮湿的场所。

(2)槽板配线　用木槽板或塑料槽板配线适用于干燥的房屋内,多用于照明线。绝缘导线截面积不超过4 mm^2。

(3)管配线　它分为明配和暗配两种。钢管配线适用于需防护机械损伤,易发生火灾和爆炸危险的场所,不宜用于有严重腐蚀的场所。塑料管配线的机械强度不如钢管配线,但它的耐酸碱腐蚀性能好,适用于除高温外室内腐蚀性较大的场所明配或暗配。由配电箱至电动机的配线多用穿管暗配线。

(4)钢索配线　钢索横跨在车间或构架之间,绝缘导线和灯具固定、悬挂在其上。一般适用于高大厂房。对生产设备可能要随生产工艺改变而变动的车间也较适合。

(5)铝片卡配线　采用塑料护套线或铅皮线,用铝片卡将绝缘导线固定在墙壁及其他建筑物表面。适用于比较潮湿和有腐蚀性的特殊场所。

绝缘导线的敷设及施工,应符合有关规程的规定,一般应注意以下技术要求:

(1)室内明配线应做到横平竖直,力求美观。导线水平高度距地面不小于2.5 m,垂直线路不低于1.8 m。如达不到上述要求时需加保护,以防机械损伤。配线的位置应便于检查和维修。

(2)配线线路应尽可能避开热源和不在发热物体(如烟囱)的表面敷设。如无法避开,则应相隔一定距离或采用隔热措施。

(3)导线穿楼板时应套钢管,穿墙时应套瓷管保护。导线与导线互相交叉时应套上绝缘管避免碰线。

(4)穿钢管的交流线路,当导线电流超过25 A时,为减少涡流效应,应将同一回路的各相导线穿于同一钢管内。不同电源(变压器)的回路和不同电压等级回路的导线,不得穿在同一管内。共管敷设的导线,应考虑到管内导线检修或事故时对生产设备供电带来的影响。所以互为备用的线路不得装在同一管内,同一设备或生产上互相联系的各设备的所有导线可共管敷设。

(5)配线时应尽量减少导线接头。安装在槽板内和穿在管内的导线不准有接头,接头必须通过接头盒或放在灯头盒内。导线接头和分支处不应受到机械力的作用。

(6)为了防止漏电,线路的对地绝缘电阻,用500 V“兆欧表”测量,不应小于每伏工作电压1 kΩ。如220 V线路,其导线线芯与大地之间的绝缘电阻不能小于220 kΩ(0.22 MΩ)。

工厂车间内的配电干线,当电流大时多采用裸硬母线。如LMY型矩形硬铝母线,它适用于干燥、无腐蚀性气体的厂房内。裸硬母线的敷设要求,应符合有关规程的规定,特别应注意安全距离问题,如裸硬母线距地(或楼板)高度、与生产设备间的距离都有规定。

电缆线路的敷设方式及一般技术要求前已介绍。对车间内电缆的敷设方式补充说明如下:在不允许开电缆沟的车间内可沿墙或楼板下明敷。当电缆数量在4根以上时,敷设于电缆沟中;当电缆数量在3根以下,且长度不很长,车间内无腐蚀性液体时,可穿钢管敷设于地面下。电缆敷设时电缆之间及电缆和各种管道之间、电缆穿钢管敷设的钢管内径等,均有一定的要求,可查有关规定。

4.5　工厂电力网运行电压调整的基本知识

提高供电电压质量,在正常运行条件下保持工厂内各用电设备的端电压接近其额定电压,尽量减小电压偏移,是对工厂电网运行电压的要求。但工厂内部的电压和系统电源的电压是一个整体,互相牵连。作为电力系统来说,它的负荷点很多,对电压水平不可能一一进行监视,只能选择某些枢纽点作为电压监视点,并对这些点采用不同调压方式,以使这些电源点的母线在最大负荷和最小负荷时维持一定的电压水平。距离电源母线不同位置的变、配电所,应采取适当办法以保证各自供电的用电设备达到所要求的电压水平。因此,各工厂用户应当了解改善、调节工厂内部电网运行电压的方法。通常可采取以下一些措施以保证电压质量:

1. 按允许电压损失来选择导线和电缆的截面,并合理的选择低压配电干线的线规,是减小电压偏移、调节电压的有效措施之一。

2. 根据式(4.9)、式(4.10)可知,线路的电压损耗百分数包括由有功负荷及电阻引起的电压损耗百分数 $\Delta U_r\%$ 和由无功负荷及电抗引起的电压损耗百分数 $\Delta U_x\%$ 两部分。在某些场合如 $\Delta U_r\% \ll \Delta U_x\%$ 时,若单纯依靠改变导线截面 A 来降低电压损耗,由于 A 增大很多,$\Delta U_x\%$ 下降并不多,整个线路电压损耗降不下来。此时可采用在负载端并联补偿电容器来减少线路中的无功功率,从而减少线路电压损耗。如技术经济上合理,也可以在线路上串联补偿电容器来减少网路电抗,以降低线路电压损耗。

3. 合理选择变压器的分接头,以降低工厂电网的电压偏移。

变压器的一次侧(高压绕组)根据容量不同均设有若干个分接头,如1 000 kVA 以下的降压变压器设有 +5%、0、-5% 三个分接头、大容量变压器则设有 +5%、+2.5%、0、-2.5%、-5% 五个分接头。我国工厂供电系统中应用的 6~10 kV 降压变压器,一般均为无载调压型,即只能在不带电的情况下改变分接头的操作。所以对每一台变压器都应该在投入运行前选择一个合适的分接头。

工厂电网中变压器的分接头应当如何选择呢?变压器设计时是这样考虑的,如果在变压器一次侧所加的电压与分接头的电压相等,则变压器在空载情况下,二次侧出现的电压为网路额定电压的105%,即比网路额定电压高 +5%,这样设计的目的是用以抵偿变压器在满载时其本身的电压损耗。如容量为1 000 kVA 额定电压为 10/0.4 kV 的变压器,当进线电压为 10 kV;如接在一次绕组"0"分接头上,则变压器二次侧空负荷下出现的电压为 400 V(偏移为 +5%);如接在"+5%"分接头上,则变压器二次侧空负荷下出现的电压约为 380 V(偏移近似为 0%);如接在"-5%"分接头上,则变压器二次侧空负荷下的电压偏移近 +10%。当进线电压偏移时情况类推。由此可见,根据进线电压变动情况,通过选接变压器一次侧绕组的分接头,可使二次侧得到较恰当的电压,以满足用电设备对电压的要求。

选择变压器分接头时,应当考虑到变压器高压侧的电压在最大负荷和最小负荷时是不同的。另外,变压器中的电压损耗与变压器的负载有关,负载大变压器中的电压损耗也大。选择变压器分接头应当使其低压侧在最大负荷和最小负荷时的电压偏移均在其允许范围内。实际运行时,可根据用电设备端电压偏高或偏低来调整分接头位置向高或向低。

如果用电设备对电压要求严格,采用无载调压型变压器满足不了要求而这些设备单独装设调压装置在技术经济上又不合理时,可采用有载调压型变压器,以满足用电设备对电压调整的需要。

4. 合理调整负荷减少电压偏移

如尽量使系统的三相负荷均衡。在有中性线的低压配电系统中,如三相负荷分布不均衡,则将使负荷端电压中性点偏移,造成有的相电压升高,从而增大了线路电压偏移。

由于线路电压损耗的存在,接在变压器输出线路上的用电设备,离变压器近的运行电压总是偏高,离变压器远的运行电压总是偏低,根据这一情况对用电设备进行适当的调整。如根据电动机离变压器的远近适当调整电动机的容量,距变压器近的电动机负载率稍高一点,远的负载率稍低一点,使电动机上所加电压均接近其经济运行电压,以取得节电效果。

5. 合理改变工厂供电系统的运行方式减少电压偏移

如技术经济上合理,工厂供电系统应设计成有较灵活的运行方式。如采用多回路并联供电;采用灵活的联络系统,使工厂在轻负荷时能够切除部分变压器,既减少了变压器的电能损耗,也降低了电压偏移。

6. 按经济运行原则确定全厂运行电压

确定工厂运行电压时,应考虑到由于电压损耗引起用电设备上的电压偏移,使电压质量不能保证。此外还应考虑到,在负载不变的情况下,选用多高电压能使全厂功率损耗最小,即所谓使工厂按经济运行电压运行。

工厂里的电力变压器、异步电动机、交流接触器、继电器、电焊机、电抗器、电磁铁等含有电磁铁心的电气设备,在运行过程中既有铜损也有铁损,而且铜损与铁损均随运行电压而变。一般说运行电压降低时,铁损将减小,铜损(多数)将增大,总损耗(铁损与铜损之和)究竟是增大还是减小,取决于负载的大小和类型。但可以肯定的是,运行电压过高或过低,均将使总损耗增加。所以要确定一个使全厂功率损耗最小的运行电压,或运行电压变化区域。由于一个工厂的电气设备很多,影响耗电的因素也很复杂,经济运行电压不好确定,一般都是采用工程实测的方法,具体可参阅有关资料。根据经验,将工厂运行电压(指变电所低压配电室的电压)由额定调整至经济运行电压;可得到节电3% ~7%的效果。由于全厂经济运行电压一般较额定电压低,所以必须校验各用电设备的运行性能及采取适当的调整措施。

4.6 工厂电力线路的运行维护

工厂电力线路的运行维护,包括厂区架空线路、电缆线路及车间配电线路等的运行维护。

一、架空线路的运行维护

为了掌握厂区架空线路的运行情况,及时发现和消灭设备缺陷,一般每月对线路进行一次定期检查,称为定期巡视;如遇狂风暴雨,气候急剧变化等特殊天气时,应进行特殊巡视;在线路发生事故后,应进行故障巡视。运行人员在巡视中发现的问题,应用记录本专门记录,异常情况应立即报告上级,以便及时处理。

对架空线路进行巡视检查,一般应注意以下问题:

(1)电杆有无倾斜、变形、腐朽、损坏及基础下沉等现象。如有上述情况,应设法处理;(2)沿线路的地面是否堆放有易燃、易爆和强腐蚀性物资。如果有,应立即设法移开;(3)沿线路周围有无临时设施(如临时建筑物等),使线路安全距离不够。或遇大风雨,可能对线路造成损坏;(4)线路上有无树枝、风筝等杂物悬挂。如果有,应设法取下;(5)拉线和拉桩是否完好,绑扎线是否紧固可靠。如有毛病,应设法修理或更换;(6)观察导线有无断股、松股等缺陷;弛度是否过大或过小;导线接头有无过热发红、严重氧化、腐蚀或断股现象。绝缘子有无污损和放电现象。如有时,应设法处理;(7)避雷装置的接地是否良好,接地线有无锈断情况。在雷雨季节到来之前,应重点检查以确保防雷安全;(8)其他危及线路安全运行的异常情况。

二、电缆线路的运行维护

要做好工厂电缆线路的运行维护工作,必须掌握全厂电缆线路的敷设方式、线路路径、结构布置及电缆头位置等。电缆线路一般每季度进行一次定期巡视,并应经常监视其负荷大小和发热情况。如遇大雨、洪水等特殊情况及发生故障时,也应进行特殊巡视和故障巡视。运行人员在巡线中发现的问题,应用记录本专门记录,异常情况应立即上报,以便及时处理。

对电缆线路进行巡视检查,一般应注意以下问题:

(1)电缆终端头及瓷套管有无破损及放电痕迹。对填充有电缆胶(油)的电缆终端头,应检查有无漏油溢胶现象;(2)对明敷的电缆,应检查电缆外表有无锈蚀、损伤,沿线挂钩或支架有无脱落,线路上及附近有没有堆放易燃易爆及强腐蚀性物资;(3)对暗敷及埋地的电缆,应检查沿线的盖板和其他覆盖物是否完好,有无挖掘痕迹,线路标桩是否完整无缺;(4)电缆沟内有无积水或渗水现象,是否堆有杂物及易燃易爆物品;(5)线路上各种接地是否良好,有无松动、断脱和锈蚀现象;(6)其他危及电缆安全运行的异常情况。

三、车间配电线路的运行维护

要搞好车间配电线路的运行维护工作,必须了解车间负荷的要求与大小,车间配电线路的接线形式和配线方式、导线型号规格及配电箱和开关的位置等。对车间配电线路,有专门的维护电工时,一般要求每周巡视检查一次。巡视检查中发现的问题应记入专门的记录本内,异常情况应立即上报,以便及时处理。

对车间配电线路进行巡视检查时,一般应注意以下问题:

(1)检查线路的负荷情况。线路的负荷电流不得超过导线在不同配线方式条件下的允许电流值,以免引起导线过热,绝缘损坏,甚至燃烧造成火灾。线路负荷电流的大小,一般用钳形电流表来测量;(2)检查配电箱、分线盒、开关、熔断器、母线槽及接地接零装置等的运行情况。检查母线槽时,着重检查母线接头有无氧化、过热变色和腐蚀等情况;接线有无松脱、放电和烧毛的现象;螺栓是否紧固等;(3)检查线路上和线路周围有无影响线路安全运行的异常情况。禁止在绝缘导线上悬挂物体。禁止在线路近旁堆放易燃易爆物资。注意检查槽板和穿线管有无碰伤等;(4)对敷设在潮湿、有腐蚀性物质的场所的线路和设备,要作定期的绝缘检查,绝缘电阻一般不得低于0.5 MΩ。

四、线路运行时突然停电的处理

工厂供电线路及车间内配电线路,在运行中发生突然停电,可按不同情况,分别处理:

1. 当进线没有电压时,说明是电力系统方面暂时停电。这时总开关不必拉开,但出线开关应该全部拉开,以免突然来电时,用电设备同时起动,造成过负荷和电压骤降,影响供电系统的正常运行。

2. 当两条进线中的一条进线停电时,应立即进行切换操作,将负荷(特别是其中重要负荷)转移给另一条进线供电。

3. 厂内配电线路发生故障使开关跳闸时,如开关的断流容量允许,可试合一次,争取尽快恢复供电。由于多数故障属暂时性的,试合可能成功。如果试合失败,开关再次跳闸,说明线路上故障尚未消除,这时应该对线路进行停电检修。

4. 车间线路在使用中发生故障时,首先向用电人员了解故障情况,找出原因。故障检查时,先查看用电设备是否损坏和熔断器中的保险丝是否烧断。然后逐级检查线路,一般方法如下:

(1)保险丝未烧断,一般是断电故障:用试电笔测试电源端,氖泡不亮表示电源无电,说明是上一级的线路或开关出了毛病,应检查上一级线路或开关;也可能是电源中断供电,此时等待供电恢复。用试电笔测试电源端,氖泡发亮表示电源有电,说明是本熔断器以下的故障。如果用电设备未损坏(例如灯丝完好未断),这就可能是导线接头松脱,导线与用电设备的连接处松脱,导线线芯被碰断或拉断等,应逐级检查,寻找故障点。

(2)保险丝已烧断,一般是短路故障:多数故障可能是用电设备损坏,发生碰线或接地等事故(例如灯座内短路),应先对用电设备进行检查,发现用电设备的故障并修复后,便可继续供电使用;经检查用电设备如无短路点,那就是线路本身有短路点,这时应逐段检查导线有无因绝缘层老化和碰伤而发生相间短路或接地短路,然后采取措施恢复绝缘或更换新线。

思　考　题

4.1　工厂高、低压电力网路的基本接线方式有哪几种?各适用何种情况?

4.2　相同截面的 LJ、LGJ、TJ 型导线,它们的允许载流量有什么关系?为什么?

4.3　工厂常用电力电缆型号中各符号的意义是什么?

4.4　架空线路和电缆线路相比较各有何优缺点?

4.5　导线和电缆截面的选择应当满足哪些条件?哪些条件从安全可靠衡量是必需的?为什么?

4.6　线路上的电压降落、电压损耗、电压偏移和电压波动有何区别?

4.7　什么叫电力线路的线损?计算工厂电源主进线的线损可用什么公式?计算工厂配电线路线损宜用什么公式?为什么?

4.8　在选择低压导线和电缆的线规时,什么情况下宜选用大截面导线?什么情况下宜用几根小截面导线来代替大截面导线?

4.9　架空线路架设时有哪些主要技术数据?

4.10　工厂电力电缆常用哪几种敷设方式?

4.11　车间电力线路常用哪几种敷设方式?

4.12　如何来保证用户的电压质量满足要求?

习　　题

4.1　试推导三相线路末端带有一个集中负荷时,计算线路电压损耗的各种公式(负荷用 $i,\cos\varphi;p+jq;PL,\tan\varphi$ 等表示)?分析说明式中各量的意义及单位。

4.2　当供电干线上接有多个集中负荷时,计算线路上的电压损耗可用哪些公式?试解释公式中各参数的意义?

4.3 某35 kV线路，长20 km，输送功率5 MW，功率因数0.8。设允许电压损耗为5%，环境温度为25℃，采用LGJ型导线，试选择其截面？

4.4 某10 kV线路上接有两个用户，在距电源（O点）10 km的A点处负荷功率为$p_a=110$ kW，$\cos\varphi=0.85$，在距电源20 km的B点处负荷功率为$p_b=150$ kW，$q_b=120$ kVar。试求OA段、AB段、OB段线路上的电压损耗为多少（线路的$r_0=0.46$ Ω/km，$x_0=0.38$ Ω/km）？

4.5 某变电所通过1回10 kV线路向工厂a、b供电（图形如图4.9），工厂a和b的负荷分别为$S_a=1.2+j0.9$ MVA，$S_b=0.8+j0.4$ MVA，线路oa段和ab段的长度分别为3.5 km和4.5 km。设全线均用LJ型导线，按正三角形排列，线间距离为1 m，试按全线允许电压损耗为5%的要求来选择导线截面。

4.6 某380 V架空线路，导线水平排列，其几何均距为0.6 m，线路各段的长度如图4.12所示，负荷$S_a=120+j50$ kVA，$S_b=80+j30$ kVA，$S_c=50$ kVA，$\cos\varphi=0.85$，采用铝绞线，试按全线允许电压损耗为7%的要求来选择导线截面。

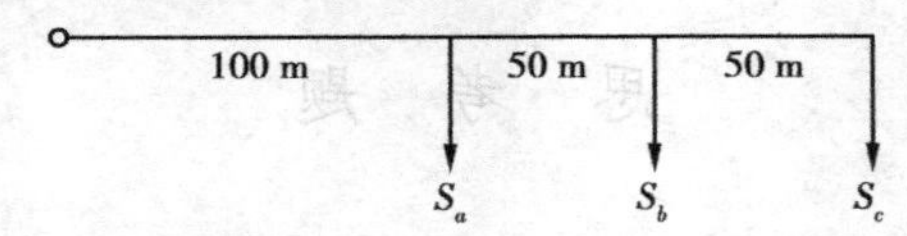

图4.12 习题4.6示意图

4.7 某10kV线路采用LGJ-120型导线架设，长度为12 km，负荷的功率因数为0.7，允许电压损耗为7%，问此线路能输送多少有功功率？经无功补偿后，若功率因数提高到0.9，线路输送的有功功率能增加多少？

第5章 工厂供电系统保护

5.1 供电系统保护装置的作用和要求

工厂供电系统和各种电气设备，在正常运行过程中，总难免会因为各种自然或人为的原因，如绝缘老化、负载过大、外部机械力的破坏、操作失误等，造成各种事故或障碍，使供电系统不能正常运行。而工厂供电系统的事故或障碍，所受影响及危害远不止是工厂本身，它将波及到整个电力系统的安全运行。如何对工厂供电系统进行故障检测、故障报警、事故切除，是供电系统保护装置所承担的任务。

一、供电系统保护装置的作用

工厂供电系统保护装置的作用主要有两方面：第一，当供电系统发生事故时，保护装置能迅速地切除事故。供电系统的事故部分迅速、及时地从系统中切除，是为了缩小事故范围，避免给整个系统造成不良影响，保证无事故部分继续正常运行。第二，当系统处于不正常运行时，保护装置发出报警信号，通知值班人员及时处理。系统不正常运行，是指系统出现过负荷、欠电压等非正常情况，一般在这种情况下，系统仍允许运行，但保护装置发出报警信号，以便值班人员及时处理，避免故障进一步扩大。

二、对保护装置的基本要求

工厂供电保护装置为达到对供电系统进行保护的目的，完成所承担的任务，必须满足以下基本要求：

1. 选择性

当供电系统某部分发生事故时，应是靠近电源侧距事故点最近的保护装置动作，将事故在最小范围内切除，保护非事故部分继续运行，这是供电系统对保护装置的选择性要求。如图5.1，当K处发生短路事故时，应是靠近电源端距事故点最近的断路器QF_4动作，切除事故，而QF_2、QF_1都不应动作，以免事故扩大。只有当QF_4拒绝动作，作为后一级保护的QF_2才能启动，切除事故。这叫动作有选择性。

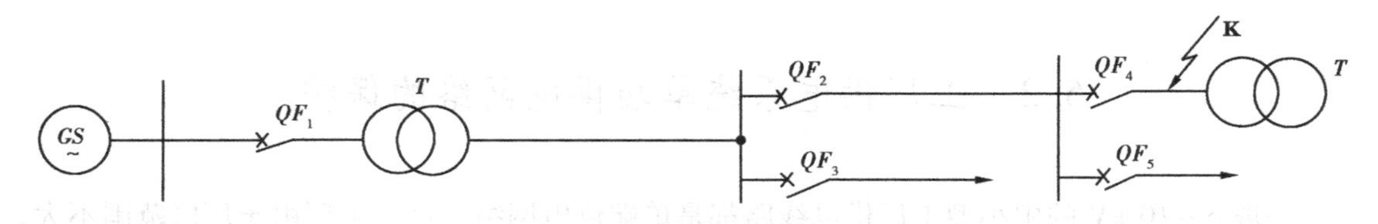

图5.1 保护装置选择性动作

2. 可靠性

当事故或故障发生时,保护装置应动作可靠,不能拒绝动作;而在正常工作情况下,保护装置应避开正常工作时某些设备的冲击电流作用,不能误动作。保护装置的拒动或误动,都是保护装置可靠性差的表现。为提高保护装置的可靠性,应正确设计和整定保护装置及其动作值。

3. 灵敏性

当保护装置在其保护范围内供电系统出现故障时,保护装置对故障的反应能力称为灵敏性。保护装置的灵敏性,一般用灵敏系数来衡量。灵敏系数 S_p 定义为

$$S_P = \frac{I_{K \cdot \min}}{I_{OP}} \tag{5.1}$$

式中,$I_{K \cdot \min}$ 为被保护区末端电力系统在最小运行方式时的最小短路电流。计算时一般取最小运行方式下的二相短路电流。I_{OP} 为保护装置一次侧起动电流。

我国电力设计技术规范对各类保护装置都规定有最低灵敏系数 $S_{P \cdot \min}$,在保护装置设计中,应保证 $S_P \geqslant S_{P \cdot \min}$。

4. 速动性

保护装置在可能的条件下,应尽快地动作切除事故,以减轻事故对系统的破坏程度,加快系统恢复正常工作状态,这是供电系统对保护装置动作速度的要求。这里指出"在可能条件下",是因为保护装置的速动性与选择性往往会有矛盾,这时应根据实际情况,如靠近电源端的远近、设备的重要性等来进行取舍。

三、工厂常用保护装置类型

1. 继电保护

继电保护用各种不同类型的继电器按一定方式连接和组合,构成继电保护装置。继电器往往既作为事故、故障检测元件,又作为控制元件。当系统出现事故或障碍时,继电器检测出并产生相应动作,控制断路器的脱扣线圈,或给出报警信号,以达到对系统进行保护的目的。

2. 熔断器保护

熔断器保护靠熔体的熔断来达到系统保护的目的,多用在防止过载和短路的保护线路中。由于该保护装置简单经济,在工厂供电系统中应用相当普遍,但由于保护方式不灵活,选择性较差,故适用于对供电可靠性要求不高的场合,以及供电系统末端的保护回路中。

3. 低压自动空气开关保护

低压自动空气开关保护又称低压断路器保护,它是用低压自动空气开关构成保护装置。由于低压自动空气开关保护方式多种多样,而且可作为控制开关进行操作,因而在对供电可靠性要求较高,以及要求频繁操作的低压供电系统中应用广泛。

5.2 工厂供电系统单端供电网络的保护

一般 6 ~ 10 kV 的中小型工厂供电线路都是单端供电网络。这类工厂由于厂区范围不大,线路的保护也不复杂,大都是以继电保护装置为核心,构成各种电流、电压保护方式。显然,作为故障电流检测元件的电流继电器是不能直接与工厂高压供电电源接在一起的,它要通过电

流互感器进行连接。因而在讨论工厂供电网络保护装置前，先对电流互感器与电流继电器的连接问题进行讨论。

一、电流互感器与电流继电器的接线方式

工厂常见的电流互感器与电流继电器的接线方式有三相三继电器式完全星形接线、两相两继电器式不完全星形接线、两相一继电器电流差式接线、两相三继电器不完全星形接线等4种，如图5.2所示。这几种接线方式各具特点，其应用范围也是不相同的。

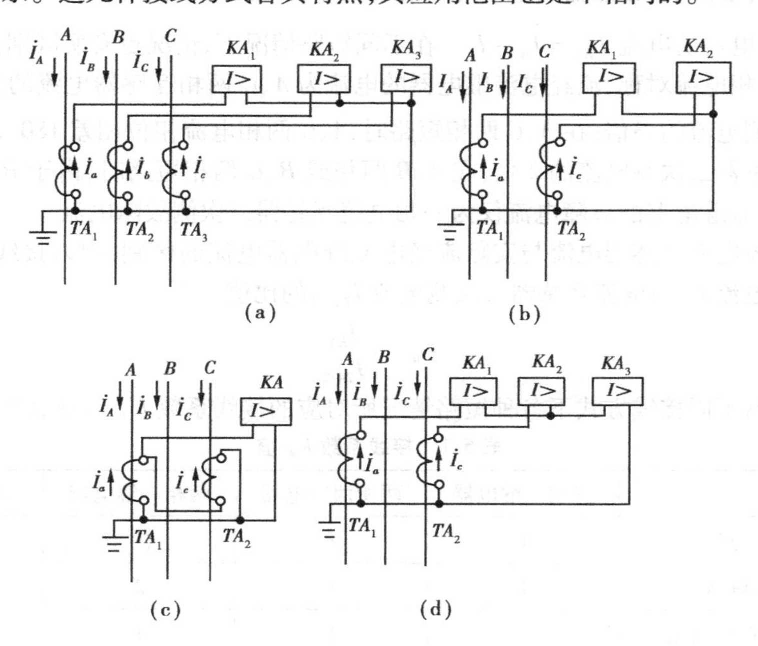

图5.2　电流互感器与继电器接线方式

(a)三相三继电器式　(b)两相两继电器式　(c)两相一继电器式　(d)两相三继电器式

三相三继电器接线所用保护元件最多，各相都接有电流互感器和电流继电器，无论线路发生三相短路、两相短路还是单相接地短路，短路电流都会通过电流互感器反应出来，产生相应的保护动作。因而在需要单相接地短路保护的大电流接地系统中，或在采用其他接线方式灵敏度要求得不到保证时，都可采用此接线方式。

对于两相两继电器和两相一继电器接线所用元件较少，但由于中间相（B相）未装设电流互感器，当该相出现接地故障时，电流继电器不可能反应出来，保护装置不能起到保护作用。对于相间短路故障，则至少有一个电流继电器流过短路电流，使保护装置动作。因而这两种接线方式适用于工厂中性点不接地的6～10 kV保护线路中。值得注意的是，在Y/△或△/Y接线的变压器二次侧出现不对称短路时，变压器另一侧的三相电流是不一样的，通过对电流的矢量分析可以知道，这时B相电流最大，而A、C两相电流相等，但数值仅为B相电流的一半。如果采用两相两继电器式接线，在AB或BC相发生短路时，流经继电器的电流与采用三相三继电器接线比较，将减小一半，亦即保护装置的灵敏度降低一半。而采用两相一继电器接线，则由于流入继电器的电流$I_{KA}=I_a-I_c=0$，保护装置灵敏度为零，不可能起到保护作用。因而对这类接线的变压器，是不能采用两相一继电器接线方式的。

两相三继电器接线实际上是在两相两继电器接线的公共中线上接入第三只继电器，流入该继电器的电流为流入其他两个继电器电流之和，在对称情况下，这一电流在数值上与第三相（即 B 相）电流相等，在两相短路情况下，保护装置的灵敏度也与三相三继电器接线相同，该接线方式可用于 Y/△或△/Y 变压器保护。

由于电流互感器与电流继电器连接方式的不同，流经电流互感器电流以及流经电流继电器的电流大小也是有所不同的。如对三相三继电器式接线和两相两继电器式接线，无论在什么情况下，各相流经电流互感器的电流与流经继电器的电流均相同，而对于两相一继电器式接线，流入电流继电器的电流 $\dot{I}_{KA}=\dot{I}_a-\dot{I}_c$。在不同短路情况下，情况更有所区别：在正常运行和三相短路时，三相电流对称，流经电流继电器的电流为 A、C 两相互感器电流的矢量差，即为电流互感器二次侧电流的 $\sqrt{3}$ 倍；在 A、C 两相短路时，A、C 两相电流相位相差 180°，电流继电器的电流为电流互感器二次侧电流的 2 倍；在 A、B 两相或 B、C 两相短路时，由于 B 相未装设电流互感器，流入电流继电器的故障电流仅为一相电流互感器二次侧故障电流。

为表征流经电流互感器电流与实际流经电流继电器电流的区别，引入接线系数 K_W，它表示流入继电器电流 I_{KA} 与电流互感器二次侧电流 $I_{TA\cdot 2}$ 的比值。

即
$$K_W=\frac{I_{KA}}{I_{TA\cdot 2}} \tag{5.2}$$

电流互感器不同接线方式下各种短路情况所对应的接线系数 K_W 值见表 5.1。

表 5.1　接线系数 K_W 值

	三相三继电器	两相两继电器	两相一继电器	两相三继电器
三相短路	1	1	$\sqrt{3}$	1
A、C 相短路	1	1	2	1
A、B 或 B、C 相短路	1	1	1	1

引入接线系数 K_W 后，电流互感器一次侧电流与流入电流继电器电流的关系为

$$I_{TA\cdot 1}=K_i\cdot I_{TA\cdot 2}=K_i\cdot\frac{I_{KA}}{K_W} \tag{5.3}$$

式中　K_i——电流互感器变比；

$I_{TA\cdot 1}$，$I_{TA\cdot 2}$——电流互感器一、二次侧电流；

I_{KA}——继电器电流。

二、过电流保护

过电流保护是根据短路时电流增大的特性构成的，它是反应被保护线路电流值增大，超过预定值而动作跳闸的保护。根据电流继电器的不同接入方式和采用的继电器类型，过电流保护装置有各种不同形式。

1. 定时限过电流保护装置

定时限过流保护装置主要由电磁型电流继电器和时间继电器组成。它的保护过程为：当被保护线路中电流值增大且超过整定值时，保护装置的时间继电器启动，待时间继电器启动并延时到预先整定时间，保护装置动作切除事故并报警。这种保护装置的动作时间是预先整定

的，不随短路电流的大小而变化，因而称为定时限。定时限保护装置一般采用 DL 系列电磁型电流继电器和时间继电器组成。

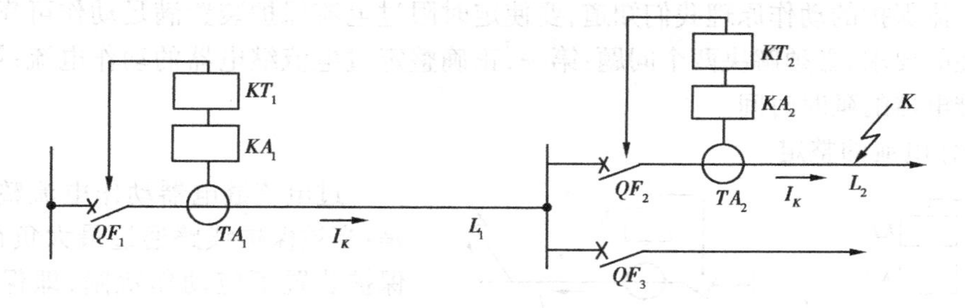

图 5.3 选择性动作示意图

保护装置要进行时间的整定，主要是为满足系统对保护装置的选择性要求。如图 5.3 所示，K 处发生短路，线路上流过短路电流 I_K，当 I_K 大于电流继电器 KA_2 的整定值时，保护装置将作用于断路器 QF_2 跳闸。但需注意的是，短路电流 I_K 不仅作用于线路 L_2，同时也作用于线路 L_1。在一般情况下，I_K 也会大于电流继电器 KA_1 的整定值，使 KA_1 作用于 QF_1 跳闸，这将导致故障线路 L_2 与非故障线路 L_1 都被切除，扩大了故障范围，造成无选择性动作。为获得选择性，应在继电保护装置中加设时间继电器 KT_1 和 KT_2，且使 KT_1 的延时大于 KT_2。短路发生后，KT_2 延时整定时间先到，作用于 QF_2 跳闸，使事故切除，这时 KT_1 整定延时未到，不会作用于 QF_1 跳闸，保证了动作的选择性。

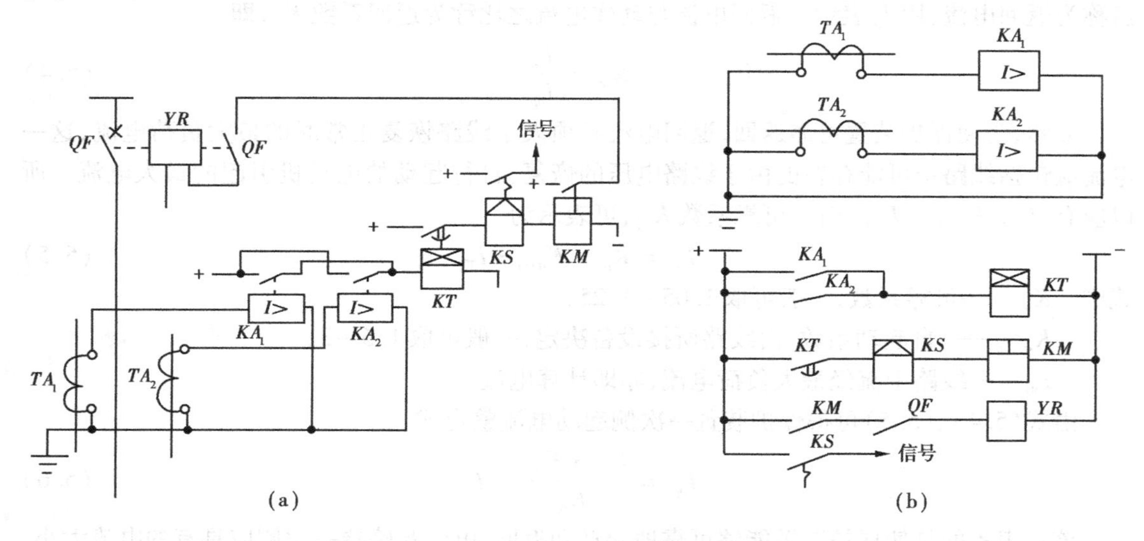

图 5.4 定时限过电流保护

(a)原理图 (b)展开图

定时限过电流保护装置的原理图和展开图如图 5.4 所示。保护装置的动作原理是：在正常工作情况下，断路器 QF 闭合，保持正常供电，线路中流过正常工作电流，过流继电器 KA_1、KA_2 均不起动。当发生短路事故时，线路中流过的电流激增，经电流互感器感应使电流继电器 KA 回路电流达到 KA_1 或 KA_2 的整定值，其动合触点闭合，启动时间继电器 KT，经延时后，KT 动合触点闭合，接通操作电源使信号继电器 KS 和中间继电器 KM 线圈带电，KS 触点闭合接通报警线路，KM 触点闭合接通断路器脱扣线圈 YR，使断路器操作机构动作，切断主线路。

图中 KM 中间继电器的引入是因时间继电器的触点容量较小，不能直接驱动断路器脱扣机构，KM 触点容量大，作为执行元件驱动 YR。

从过电流保护的动作原理我们知道，要使定时限过电流保护装置满足动作可靠、灵敏，并满足选择性的要求，必须解决两个问题：第一，正确整定过电流继电器的动作电流；第二，正确整定时间继电器的延时时间。

(1)动作电流的整定

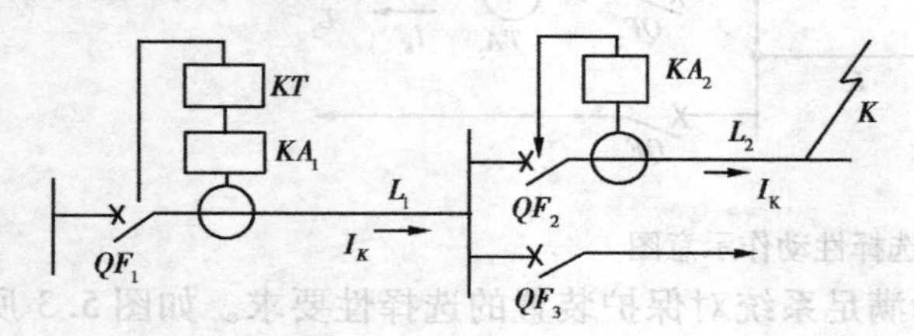

图 5.5 过电流保护起动示意图

过电流继电器动作电流整定的依据是：当被保护线路通过最大负荷电流时，保护装置不应动作跳闸，即保护装置动作电流应避开线路上最大负荷电流；当线路出现事故时，若电流继电器已经起动，在外部事故被切除后，电流继电器应能可靠返回。以图 5.5 为例说明，当线路 K 处出现事故时，线路中事故电流同时流经过电流继电器 KA_1 和 KA_2，一般它们都会同时起动。但为保证选择性，L_1 线路上的保护装置动作应有一定的延时，这由保护装置中时间继电器 KT 保证。所以在正常情况下，QF_2 应首先动作切除事故，事故消失后，已经起动的继电器 KA_1 应自动返回它的原始位置。在过电流保护装置中，能使继电器起动的最小电流称为保护装置的动作电流，用 I_{op} 表示，当故障消除，电流恢复正常，使保护装置返回原来位置的最大电流称为返回电流，用 I_{re} 表示。返回电流与动作电流之比称为返回系数 K_{re}，即

$$K_{re} = \frac{I_{re}}{I_{op}} \tag{5.4}$$

显然，为使保护装置可靠返回，返回电流必须大于线路恢复正常时的最大负荷电流，这一电流应包括线路中可能存在的由于线路电压的恢复，自行起动的电动机引起的最大电流。所以应有：$I_{re} > K_{st\cdot m} \cdot I_{30}$。引入可靠系数 K_{rel}，可表示为

$$I_{re} = K_{rel} \cdot K_{st\cdot m} \cdot I_{30} \tag{5.5}$$

式中 K_{rel}——可靠系数，一般可取 1.05～1.25；

$K_{st\cdot m}$——自起动系数，由线路所接设备决定，一般可取 1.5～3；

I_{30}——线路中流经最大负荷电流，亦即计算电流。

由式(5.4)、(5.5)可得保护装置一次侧起动电流整定式

$$I_{op} = \frac{K_{rel} \cdot K_{st\cdot m}}{K_{re}} \cdot I_{30} \tag{5.6}$$

该式表示的是使保护装置能够可靠地起动和返回，电流互感器一次侧应具有的电流大小。在电流互感器的二次侧，考虑到电流互感器与电流继电器接线方式的不同，由式(5.3)、(5.6)可得电流继电器的动作电流整定值为

$$I_{op\cdot k} = \frac{K_W \cdot K_{rel} \cdot K_{st\cdot m}}{K_i \cdot K_{re}} \cdot I_{30} \tag{5.7}$$

式中 K_W——接线系数；

K_i——电流互感器变比；

K_{re}——返回系数，对 DL 型继电器取 0.85，GL 型取 0.8。

(2)动作时间的整定

定时限过电流保护装置的动作时限是靠时间继电器来整定的，为满足选择性要求，各级线路的动作时间按阶梯原则进行整定。即从线路最末端被保护设备开始，按阶梯特性进行时间设定，每后一级的动作时间比它前一级保护装置的动作时间小一个时限阶段 Δt，各段线路保护装置的时间整定值逐级提高，从而保证动作的选择性。一般 Δt 的取值范围在 0.5 ~ 0.7s 内，当然，Δt 的确定要在保证保护装置选择性的前提下尽可能的小，以利于加速切除故障，提高速动性。按照阶梯原则整定时限的定时限过电流保护特性如图 5.6 所示。

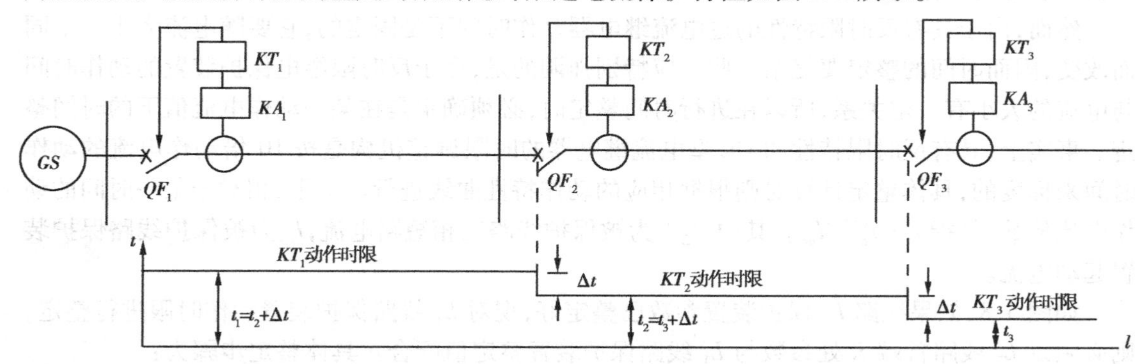

图 5.6 定时限过电流保护时间整定

2. 反时限过电流保护装置

反时限过电流保护装置是由具有反时限特性的感应式过电流继电器构成，如 GL 型系列继电器，该电流继电器具有延时功能，但它的延时不是固定的，而是随继电器线圈中的电流增大而减小，即具有反时限特性。这种继电器触点容量大，带有信号显示装置，因而构成的保护装置不需加设时间继电器、信号继电器和中间继电器，结构简单。反时限过电流保护装置的原理图和展开图见图 5.7。

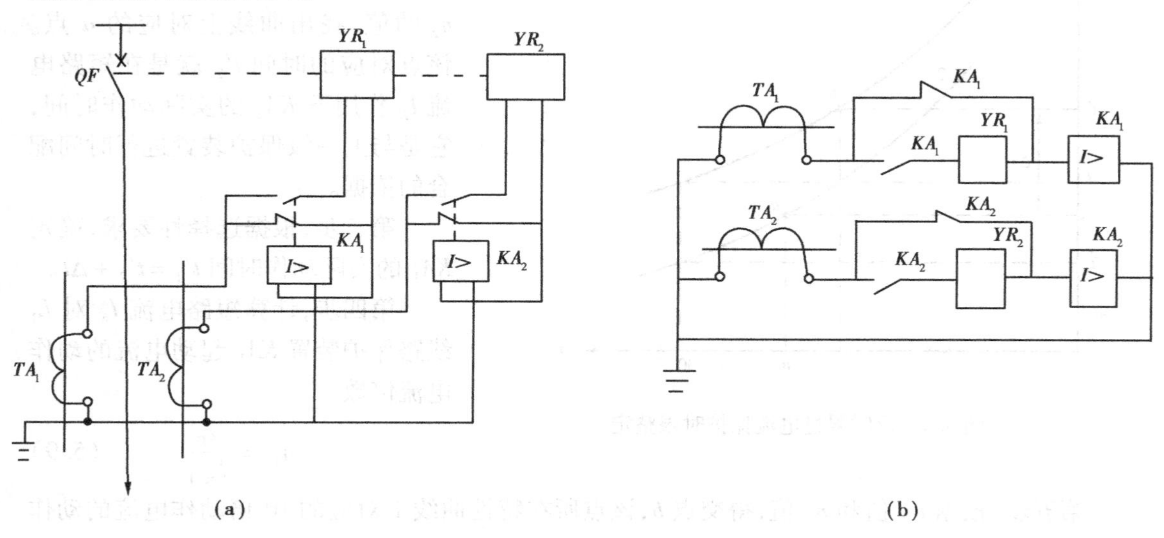

图 5.7 反时限过电流保护

(a)原理图 (b)展开图

它的工作原理是，在正常情况下，电流继电器 KA 通过正常工作电流，其动断触点闭合，动合触点断开，脱扣线圈 YR 不能得电。当事故发生时，继电器中流过电流增大，到达其动作值，动合触点闭合，接通 YR，动断触点断开，去掉旁路，YR 得电带动 QF 跳闸，完成保护动作。

与定时限过电流保护装置相同，为满足被保护线路对保护装置的基本要求，反时限过电流保护装置也必须进行动作电流值的整定和动作时间的整定。反时限过电流保护装置的起动电流整定与定时限装置完全一样，由式(5.6)决定。动作时间的整定在原则上也相同，即前后各级保护装置的动作时间应相差一个时限阶段 Δt，逐级配合，满足选择性动作要求。

然而，由于具有反时限特性的过电流继电器动作时间不是固定的，它要随电流大小的不同而改变，因而时间的整定要复杂一些。应特别强调的是，由于反时限继电保护装置的动作时间与电流的大小有一定关系，所以在进行时间整定时，必须确定是在某一动作电流值下的时间整定。事实上，具有反时限特性的 GL 型电流继电器的时限调整机构是按 10 倍动作电流的动作时间来标度的，具体整定计算时则根据相应的动作特性曲线进行。这里，相对于某一时间的动作电流倍数，是指 $n = I_K^{(3)}/I_{op}$。其中，$I_K^{(3)}$ 为被保护线路三相短路电流，I_{op} 为被保护线路保护装置起动电流。

如图 5.8，如果线路 L_2 保护装置参数已整定好，现对 L_1 线路保护装置动作时限进行整定，则必须以 L_2 线路首端 K 处参数与 L_1 线路保护装置整定值配合。具体整定步骤为：

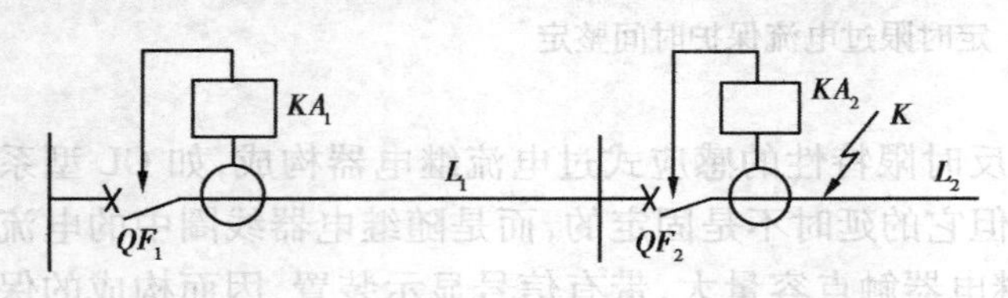

图 5.8　反时限过电流保护时限整定

第一步，计算 L_2 线路首端短路电流 I_K 及继电器 KA_2 起动电流的动作电流倍数

$$n_2 = \frac{I_K}{I_{op \cdot 2}} \tag{5.8}$$

第二步，在已整定好的 KA_2 的 10 倍动作电流特性曲线 2 上，根据 n_2 的值，找出曲线上对应的 a 点。该点对应的时间 t'_2 就是在短路电流 I_K 作用下 KA_2 的实际动作时间，它是与上一级保护装置进行时间配合的依据。

第三步，根据选择性要求，确定 KA_1 的实际动作时间 $t'_1 = t'_2 + \Delta t$。

第四步，计算短路电流 I_K 对 L_1 线路保护装置 KA_1 起动电流的动作电流倍数

$$n_1 = \frac{I_K}{I_{op \cdot 1}} \tag{5.9}$$

第五步，根据 t'_1 值和 n_1 值，得交点 b，该点所在特性曲线 1 对应的 10 倍动作电流的动作时间 t_1 即为 KA_1 的整定值。

3. 过电流保护装置灵敏度校验

根据灵敏度定义，过电流保护装置的灵敏度校验公式为：$S_P=\dfrac{I_{K\cdot\min}}{I_{op}}\geqslant S_{P\cdot\min}$。

线路中保护装置起动电流 I_{op} 可用电流继电器启动电流计算，根据电流继电器线圈电流与线路电流的关系，即式(5.3)，可得

$$S_P=\frac{K_W\cdot I_{K\cdot\min}^{(2)}}{K_i\cdot I_{op\cdot K}}\geqslant S_{P\cdot\min} \tag{5.10}$$

式中 $I_{K\cdot\min}^{(2)}$——系统在最小运行方式下被保护线路末端两相短路电流。

其余参数见前定义。$S_{P\cdot\min}$ 一般取 1.25～1.5。

过电流继电保护根据线路中出现故障时电流的变化而动作，定时限和反时限两种保护装置在使用中各具特点。定时限过电流保护的动作时间整定准确、方便，但所需继电器较多，需直流操作电源，接线复杂，投资较大；反时限过电流保护所需继电器数量大为减少，接线简单，但动作时间的整定复杂，动作时间也不够准确，作选择性配合比较困难。对于中小型工厂来说，由于线路不长，分段不多，从保护装置简单、经济方面考虑，采用反时限过电流保护的较多。

三、电流速断保护

在过电流保护的时限整定中，我们知道，为满足系统对保护动作选择性要求，各组线路之间的时间整定是按阶梯原则逐渐增大的，越靠近电源侧，保护动作时间越长。这样，当靠近电源处出现短路故障，尽管短路电流很大，但保护的动作时间反而越长，这对于切除靠近电源侧的故障显然是不利的。一般当过电流保护时限大于 0.5～0.7 s 时，要考虑装设速断保护。

速断保护的选择性不是依靠时限，而是根据线路末端的短路电流来进行整定保证的。如图 5-9 所示，L_2 线路的速断保护装置应根据 K_2 处短路电流进行整定，L_1 线路的保护应根据 K_1 处短路电流整定。然而由于 L_2 线路首端断路器 QF_2 两侧短路电流差别很小，为避免 L_2 线路首端出现短路时 QF_1 发生无选择性动作，保护装置电流互感器一次侧动作电流应满足下面关系

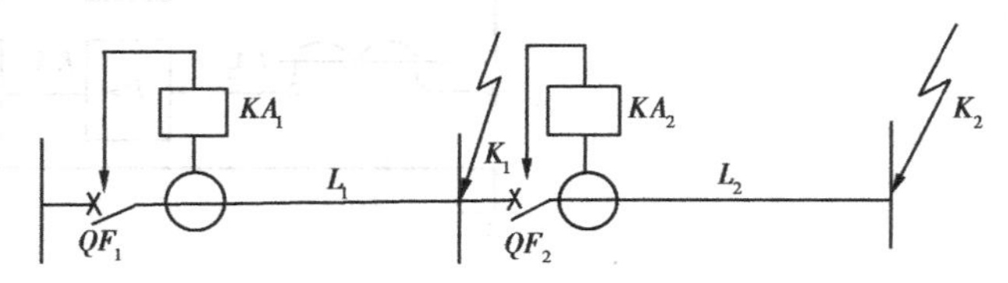

图 5.9 速断保护整定示意图

$$I_{op}=K_{rel}\cdot I_K^{(3)} \tag{5.11}$$

相应的继电器动作电流为

$$I_{op\cdot K}=\frac{K_{rel}\cdot K_W}{K_i}I_K^{(3)} \tag{5.12}$$

式中 $I_K^{(3)}$——被保护线路末端最大短路电流；

K_{rel}——可靠系数，对 DL 型电磁式电流继电器取 1.2～1.3，对 GL 型感应式电流继电器取 1.5～1.6。

可靠系数 K_{rel} 的引入，满足了系统保护选择性的要求，但又使速断保护出现了不能保护的“死区”，因为它只能保护本线路中短路电流大于或等于 $K_{rel}\cdot I_K^{(3)}$ 的部分。为此规定，速断保护不能单独使用，必须与带时限的过电流保护装置配合使用。带有定时限过电流保护的电流速断保护装置如图 5.10 所示。

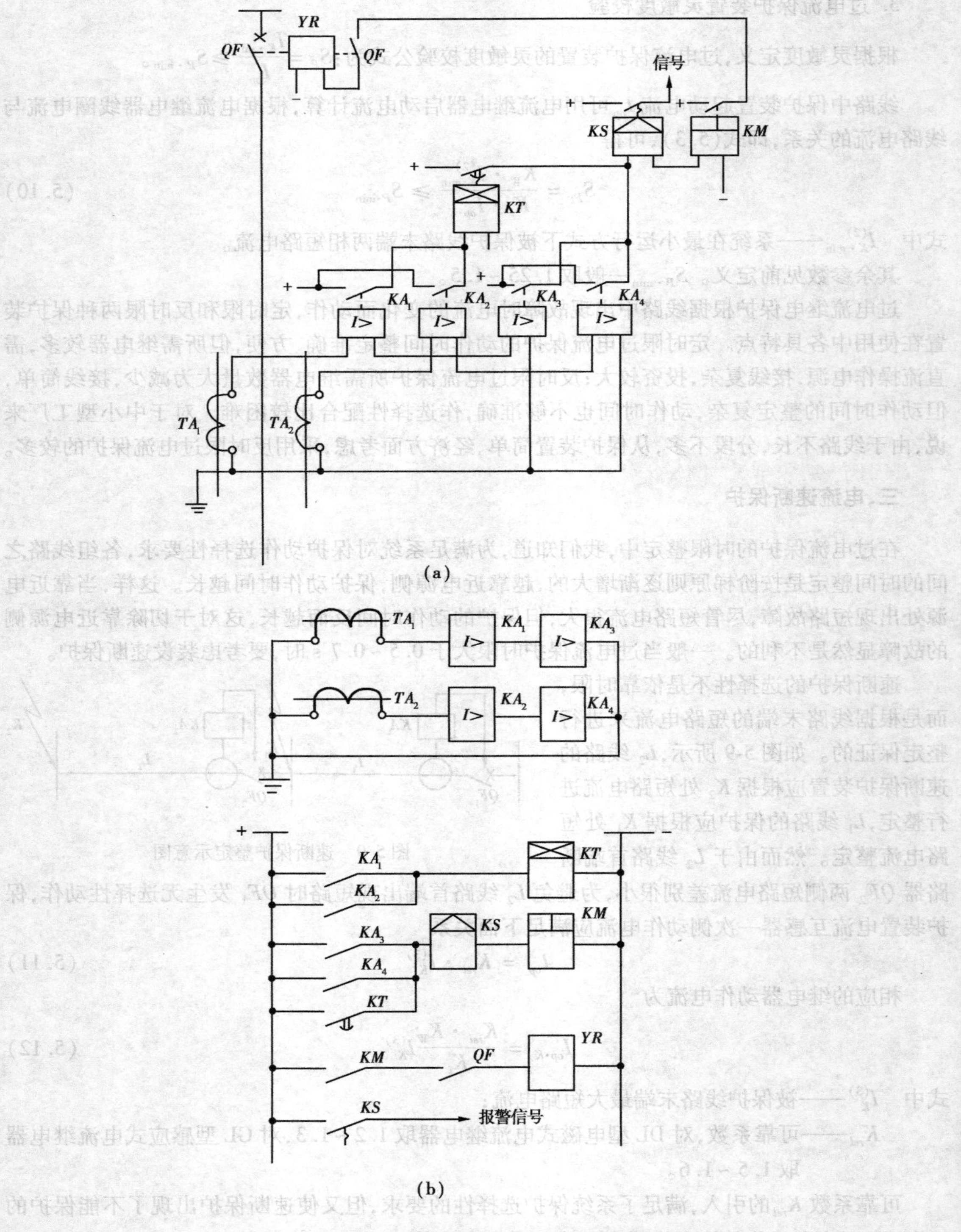

图 5.10 带定时限过电流保护的电流速断保护

(a)原理图 (b)展开图

图中，KA_3、KA_4 为速断保护电流继电器，动作电流值按式(5.12)进行整定，KA_1、KA_2、KT 构成定时限保护部分，完成对速断保护死区的保护，动作电流可按式(5.7)进行整定，时间继电器 KT 前后级的配合仍按定时限保护的阶梯原则进行整定。

速断保护灵敏度用系统最小运行方式下保护装置安装处(即线路首端)的两相短路电流进行校验

$$S_P = \frac{K_W \cdot I_K^{(2)}}{K_i \cdot I_{op \cdot K}} \geqslant S_{p \cdot \min} = 1.25 \sim 1.5 \tag{5.13}$$

四、小电流接地系统的单相接地保护

工厂 6 ~ 10 kV 供电网络一般都采用小电流接地方式。对于小电流接地系统，当出现单相接地时，流经故障点的接地电流是电容电流，其数值不大，且系统线电压的相互关系仍未被破坏，系统仍允许运行。但由于各非故障相对地电压升高$\sqrt{3}$倍，为防止非故障相对地绝缘击穿而导致两相接地短路，扩大故障，因而应将单相接地故障作用于测量监测装置，以便发出故障报警信号，使值班人员能检查处理。工厂中常见的单相接地保护装置为绝缘监测装置和零序电流保护装置两种。

1. 绝缘监测装置

工厂中常见的小电流接地系统的绝缘监测装置是用三个单相三绕组电压互感器或一个三相五芯柱三绕组电压互感器构成。接线如图 5.11 所示。

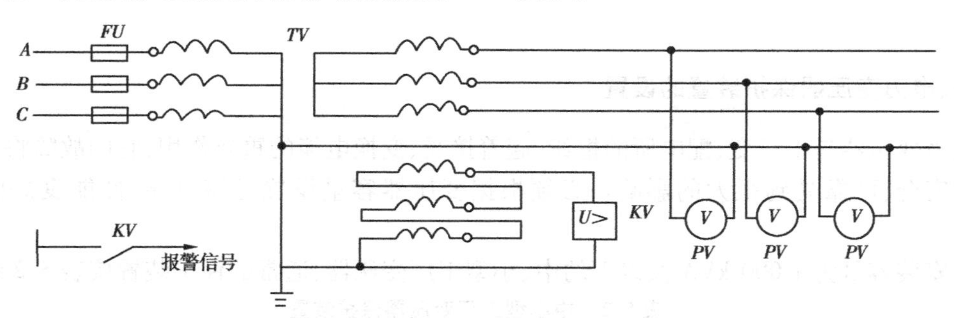

图 5.11　绝缘监测装置原理图

在正常运行时，系统三相电压对称，三个电压表数值相等，接于开口三角形绕组内的电压继电器 KV 不受电压(或只有少量不平衡电压)，继电器不动作。当出现一相对地短路故障时，该相对地电压为零，而其余非故障相对地电压升高，产生零序电压，使电压继电器 KV 动作，发出报警信号，值班人员通过各电压表指示，可以判断故障相别。这种绝缘监测装置简单易行，在工厂中使用得相当广泛。

2. 零序电流保护装置

我们知道，对小电流接地系统，当出现单相对地短路时，故障相与非故障相流过的电容电流大小是不一样的，产生的零序电流也不一样。利用这一特点，可以构成零序电流保护装置。

对架空线路。在线路的各相均装设电流互感器接成零序电流滤过器，如图 5.12(a)。系统正常运行时，各相电流对称，电流继电器线圈电流为零，继电器不动作，当出现单相对地短路故障时，产生零序电流，继电器 KA 起动发出报警信号。对电缆线路，则采用零序电流互感器来实现单相接地保护，如图 5.12(b)。当三相对称时，由于三相电流之和为零，在零序电流互感器铁芯中没有磁通产生，其二次侧也不会感应出电流，继电器不动作。当出现单相接地时，零序电流产生，从电缆头接地线流经电流互感器，在互感器二次侧产生感应电势及电流，使继电器 *KA* 动作，发出信号。应注意的是，电缆头的接地线在装设时必须穿过零序电流互感器铁芯后接地，否则保护装置不起作用。

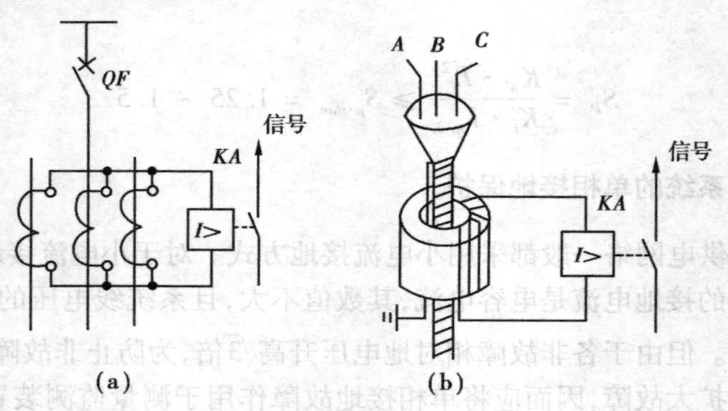

图 5.12　零序电流保护接线

(a)架空线路　(b)电缆线路

5.3　电力变压器保护

一、电力变压器保护装置的设置

电力变压器是工厂变、配电所的枢纽，起着接受、变换电能的重要作用，它的故障将使工厂供电的安全、可靠受到很大的影响。必须根据变压器容量设置足够可靠、性能良好的保护装置。

对安装容量为 1 000 kVA 及以下的中、小型工厂变压器，通常的保护装置按表 5.2 装设。

表 5.2　中小型工厂变压器保护装置

<table>
<tr><th rowspan="2">变压器容量/kVA</th><th colspan="5">保护装置</th><th rowspan="2">备注</th></tr>
<tr><th>过电流保护</th><th>电流速断保护</th><th>瓦斯保护</th><th>单相接地保护</th><th>温度信号</th></tr>
<tr><td><400</td><td>—</td><td>—</td><td>—</td><td>—</td><td>—</td><td>一般采用FU保护</td></tr>
<tr><td>400~750</td><td rowspan="2">一次侧采用断路器时装设</td><td rowspan="2">一次侧采用断路器，且过电流保护时限大于0.5 s时装设</td><td>车间内变压器装设</td><td rowspan="2">低压侧干线 Y/Y_0-12接线变压器装设</td><td>—</td><td rowspan="2">一般用GL型过电流继电器</td></tr>
<tr><td>800</td><td>装设</td><td>装设</td></tr>
<tr><td>1 000~1 800</td><td>装设</td><td>过电流保护时限大于0.5 s时装设</td><td>装设</td><td>—</td><td>装设</td><td></td></tr>
</table>

在表 5.2 中，温度信号用来监视变压器的温度升高和油冷却系统的故障，其余保护将在下面予以讨论。

二、变压器过电流保护和电流速断保护

1. 过电流保护

变压器过电流保护主要是对变压器外部短路故障进行保护，也可作为变压器内部故障的后备保护。过电流保护装置的结构、原理同上节讨论的单端供电网络过电流保护完全相同，保护装置的动作电流整定计算也仍按上节公式(5.7)进行。即

$$I_{op \cdot K} = \frac{K_W \cdot K_{rel} \cdot K_{st \cdot m}}{K_i \cdot K_{re}} I_{T \cdot 1N} \tag{5.14}$$

式中，$I_{T \cdot 1N}$为变压器一次侧额定电流，其余参数与以前定义相同。

动作时限整定也按“阶梯原则”进行，方法与线路保护一样。过电流保护灵敏度用变压器二次侧母线系统在最小运行方式下的两相短路电流，换算到一次侧进行校验。

2. 变压器速断保护

变压器的速断保护主要是对变压器的内部短路故障，如相间短路等进行保护。当过电流保护装置动作时限大于 0.5 s 时，为尽快地切除故障变压器，防止故障进一步扩大，应装设速断保护。

变压器速断保护装置的结构、原理与前面讨论的供电线路速断保护相同。由于速断保护有一定的死区，速断保护必须与过电流保护同时配备。变压器速断保护动作电流按式(5.12)整定。即

$$I_{op \cdot K} = \frac{K_{rel} \cdot K_W}{K_i} I_{K \cdot \max} \tag{5.15}$$

式中，$I_{K \cdot \max}$为变压器二次侧三相短路电流换算到一次侧的电流值，其余参数与前定义相同。

变压器速断保护灵敏度校验用上节式(5.13)进行，但 $S_{p \cdot \min} = 2$。

三、变压器瓦斯保护

变压器瓦斯保护又称气体保护，其作用是对油浸式电力变压器内部故障进行监测，根据故障大小或发出信号或作用于跳闸的一种常见保护装置。油浸式变压器的线圈绕组都是密封在油箱内的，利用油作冷却和绝缘介质。当变压器内部油箱内发生故障时，油箱内的变压器油受热分解而产生气体，利用这一变化气体驱动瓦斯继电器动作，构成变压器瓦斯保护装置。

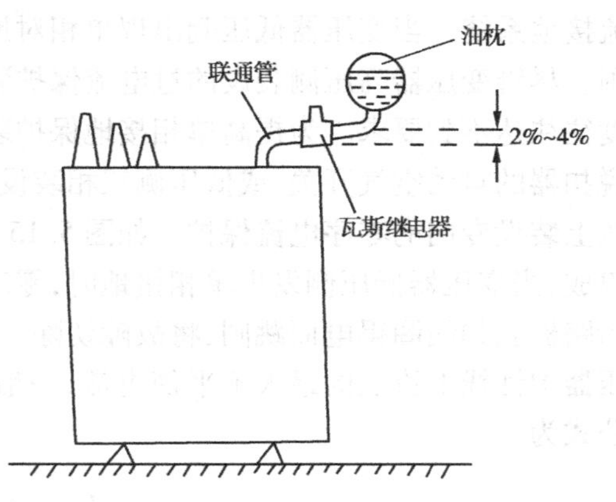

图 5.13　瓦斯继电器安装示意图

瓦斯继电器装设在变压器油箱与油枕之间的连通管上，如图 5.13。油箱内受热分解的气体通过瓦斯继电器流向油枕。瓦斯继电器内有两对触点，分别反映变压器内部的障碍和事故。当变压器内部出现故障时，电流产生的电弧使附近的油气化，产生少量气体并逐渐上升，使联通管

及瓦斯继电器内的油面下降,继电器上面一对触点接通,发出报警信号。当变压器内部发生事故时,强烈的电弧使油箱内油激烈气化,带动油流从变压器油箱冲入油枕,经过瓦斯继电器时,带动下面一对触点接通,并作用于跳闸,这种保护又称为重瓦斯保护。

变压器瓦斯保护的电气原理见图 5.14。由于重瓦斯跳闸信号是靠油流的冲击检测得到的,在气化过程中流经瓦斯继电器的油流往往不稳定,为保证断路器跳闸动作的完成,用中间继电器 *KM* 的一对触点组成“自锁”回路,保证跳闸的可靠完成。

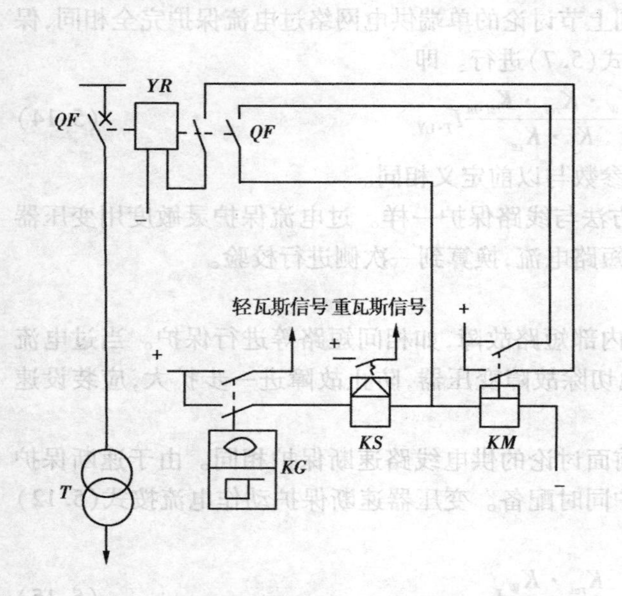

图 5.14　瓦斯保护电气原理图

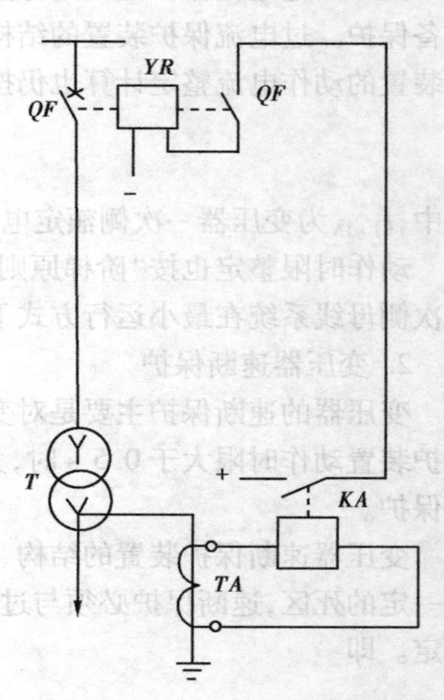

图 5.15　变压器零序过电流保护

变压器瓦斯保护的主要特点是能反应变压器油箱内部的障碍和事故,动作迅速,结构简单,经济,在工厂中使用相当广泛。它的不足是对变压器引出端子以上的故障无法反应。

四、变压器单相接地保护

在工厂 6 ~ 10/0.4 kV 的变配电所中,变压器低压侧基本都是按三相四线制连接,为大电流接地系统。当变压器低压侧出现单相对地短路时,短路电流很大,应设置保护装置动作于跳闸。尽管变压器高压侧装设的过电流保护装置可以兼作低压侧的单相接地保护,但保护灵敏度往往达不到要求。为提高单相接地保护装置的灵敏性,一般可用变压器低压侧装设带过流脱扣器的自动空气开关,或低压侧三相装设熔断器来解决,也可以在变压器低压侧中性点引出线上装设专门的零序电流保护。如图 5.15 所示,保护装置由零序电流互感器和过电流继电器组成,当变压器低压侧发生单相接地时,零序电流经电流互感器反应并驱动电流继电器动作,断路器脱扣线圈得电而跳闸,将故障切除。显然,电流继电器的动作电流应避开正常运行时变压器中性线上流过的最大不平衡电流,一般不超过变压器二次侧额定电流的 25%,整定计算公式为

$$I_{op\cdot K} = \frac{0.25K_{rel}}{K_i} \cdot I_{T.2N} \tag{5.16}$$

式中　K_{rel}——可靠系数,一般取 1.2 ~ 1.3;

K_i——零序电流互感器变比；

$I_{T\cdot 2N}$——变压器二次侧额定电流。

零序过电流保护的动作时限一般取0.5～0.7 s，保护灵敏度按低压侧干线末端发生单相短路电流校验。S_{min}取1.25～1.5。

5.4　工厂低压供电系统保护

工厂低压供电系统的保护，是指工厂380/220 V供电网络的保护。对低压供电系统，一般应装设短路保护和过负荷保护。由于低压线路直接面向用电设备，当事故发生时，保护装置应尽可能迅速地切断故障，以防止事故引起线路或设备的损坏。低压配电系统各级保护之间也要考虑选择性配合，但由于低压供电线路一般不长，当保护的选择性难以完全满足时，要根据设备的重要性决定选择性的配置，对于非重要负荷允许无选择性地切断。低压供电系统的保护装置可用熔断器和低压自动空气开关构成。

一、熔断器保护

熔断器因其价格低廉，结构和使用简单，在工厂供电系统，特别是1 000 V及以下的低压配电装置中使用相当广泛。熔断器一般是串接在被保护设备前或电源引出线中，它主要由熔管和熔体组成，当被保护区出现过载电流或短路电流时，熔断器熔体熔断，切除故障设备或线路，起到保护作用。

熔断器的技术参数主要有熔断器的额定电压和额定电流，由于熔断器在短路事故时要切断巨大的短路电流，所以在选择熔断器参数时还要考虑它的断流能力。

1. 额定电压选择

熔断器的额定电压指熔断器能承受的长期工作电压，其数值要与线路电压相一致。即

$$U_{FU} \geqslant U_N \tag{5.17}$$

式中　U_{FU}——熔断器额定电压；

U_N——熔断器装设处线路额定电压。

2. 额定电流选择

熔断器额定电流分为熔断器熔管额定电流与熔体额定电流，前者指熔断器本身载流部分和接触部分发热所依据的电流，后者指熔体本身发热所依据的电流，在同一熔断器中可配用不同额定电流的熔体，但所配熔体的最大额定电流值不能超过熔断器熔管额定电流。熔断器电流选择的一般原则是

$$I_{FU} \geqslant I_{FE} \geqslant I_{30} \tag{5.18}$$

式中　I_{FU}——熔断器熔管额定电流；

I_{FE}——熔断器熔体额定电流；

I_{30}——线路上最大工作电流，即线路计算电流。

根据熔断器所保护对象的不同，熔断器熔体额定电流还应作进一步考虑。

(1)熔体额定电流I_{FE}应躲过线路上可能出现的尖峰电流。对某些冲击性负载，如大型电动机的启动，要保证线路上出现正常冲击电流时，熔体不致熔断。

对单台电动机,应有

$$I_{FE} \geqslant k \cdot I_{pk} \tag{5.19}$$

式中 I_{pk}——单台电动机起动电流;

k——计算系数,应根据电动机运行情况和负载性质决定。设计规范规定:轻负荷启动时启动时间在3 s以下者,$k=0.25 \sim 0.4$;重负荷起动时间在3~8 s者,$k=0.35 \sim 0.5$;超过8 s的重负荷起动,或频繁起动、反接制动等,$k=0.5 \sim 0.6$。

对具有多台电动机的干线,按回路的起动要求,应有

$$I_{FE} \geqslant k[I_{30} + (k_{st\cdot \max} - 1) \cdot I_{N\cdot M}] \tag{5.20}$$

式中 I_{30}——线路上计算电流;

$k_{st\cdot\max}$——线路中起动电流最大一台电动机的起动电流倍数;

$I_{N\cdot M}$——线路中起动电流最大一台电动机的额定电流;

k——计算系数,与式(5.19)中系数相同。

(2)熔体额定电流要与被保护线路电缆、导线的长期允许工作电流配合,以保证导线、电缆不会因线路短路,特别是长期过负荷损坏甚至起燃。要求满足条件

$$I_{FE} < k_{ol} \cdot I_{al} \tag{5.21}$$

式中 I_{al}——导线、电缆的长期允许工作电流,可从有关手册查取;

k_{ol}——导线、电缆允许的短时过载系数。熔断器仅作短路保护,对电缆和穿管绝缘导线,取2.5;对明敷导线取1.5。熔断器不但作短路保护,而且兼作过负荷保护,则取1。

熔断器在线路中一般作短路保护用,但在下述情况下要考虑兼作过负荷保护:

①居住建筑,重要仓库及公共建筑中的照明线路;

②有可能引起绝缘导线或电缆长时间过负荷的动力线路(裸导线除外);

③有延燃性外层的绝缘导线明敷在可燃建筑物构架上时。

3. 断流能力校验

熔断器的分断能力应满足下式

$$I_{off\cdot fe} > I_{sh}^{(3)} \tag{5.22}$$

式中 $I_{off\cdot fe}$——熔断器额定开断电流;

$I_{sh}^{(3)}$——线路中三相短路冲击电流。

4. 熔断器保护灵敏度校验

熔断器保护灵敏度 S_p 校验公式如下

$$S_p = \frac{I_{K\cdot\min}}{I_{FE}} \geqslant S_{p\cdot\min} = 4 \tag{5.23}$$

式中 $I_{K\cdot\min}$——熔断器保护线路末端系统在最小运行方式下的短路电流。对中性点不接地系统,取两相短路电流 $I_K^{(2)}$,对中性点直接接地系统,取单相短路电流 $I_K^{(1)}$。

5. 熔断器的选择性配合

在熔断器保护装置中,各级线路的保护要考虑相互间的选择性配合。熔断器的熔断时间与通过电流大小有一定的关系,这一关系称为熔断器的保护特性或称安秒特性,它是熔体熔断电流和熔断时间的关系曲线。熔断器动作的选择性按照保护特性曲线可以得到,但应注意的是,熔断器保护特性曲线表示的是某种熔断器动作电流与动作时间的平均值,实际时限相对误

差可能会有 ±30% ~50% 的差别。

如图 5.16 所示，根据保护选择性要求，当线路 L_2 发生短路故障时，FU_2 与 FU_1 的理想熔断时间应相差一个时限阶段 Δt，若 FU_1 理想熔断时间为 t_1，FU_2 理想熔断时间为 t_2，则 $t_1 > t_2$，考虑到实际熔体的熔断时间与标准保护曲线所查得的熔断时间最大可能会有 ±50% 的差别，在最严重情况下，FU_1 熔断时限为负误差，即 $t'_1 = 0.5t_1$，FU_2 熔断时限为正误差，$t'_2 = 1.5t_2$，要使 $t'_1 > t'_2$ 满足保护选择性要求，显然应有 $t_1 > 3t_2$，对应这一条件可从熔体的保护特性曲线上分别得到两熔断器的额定电流值。实际选择中，可使前后两级熔断器熔体的额定值相差 2 个等级以上，即可满足选择性要求。

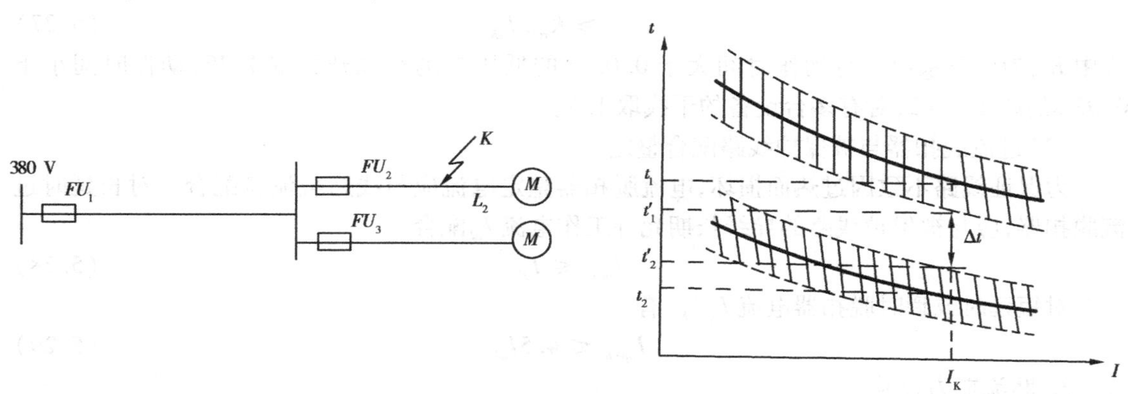

图 5.16　熔断器保护时限整定

二、低压自动空气开关保护

低压自动空气开关又称低压断路器，它是工厂低压保护、操作回路中广泛使用的一种电器设备，既能作线路通断切换的操作电器开关，又能作线路的短路、过载、欠压保护装置。

根据低压自动空气开关所装设的不同脱扣器类型，它的过电流保护方式有以下 3 种：

①具有反时限特性的长延时过负荷保护，其动作时间不小于 10 s；

②具有短延时特性的短路保护，动作时间分别有 0.1 s、0.2 s、0.4 s 三种；

③具有瞬时动作特性的短路保护，动作时间小于 0.1 s。

1. 低压自动空气开关基本参数选择

(1)额定电压

低压自动空气开关额定电压应与线路电压等级一致，即

$$U_{OR} \geqslant U_N \tag{5.24}$$

式中　U_{OR}——低压自动空气开关额定电压；

U_N——线路额定电压。

(2)额定电流

低压自动空气开关主触头额定电流 I_{OR} 与短延时（或瞬时）脱扣器额定电流 $I_{op \cdot k}$、长延时脱扣器额定电流 $I_{op \cdot l}$ 之间应满足下面关系

$$I_{OR} \geqslant I_{op \cdot k} \geqslant I_{op \cdot l} \geqslant I_{30} \tag{5.25}$$

式中　I_{30}——线路中计算电流。

2. 电流脱扣器动作电流整定

(1)长延时过流脱扣器电流

长延时过电流脱扣器在线路中主要做过负荷保护用,其电流 $I_{op\cdot l}$ 应按线路中最大负荷电流,即计算电流整定

$$I_{op\cdot l} \geqslant 1.1 I_{30} \tag{5.26}$$

(2)短延时或瞬时脱扣器电流

作短路保护的短延时或瞬时脱扣器动作电流 $I_{op\cdot K}$ 应避开线路上可能出现的正常工作尖峰电流 I_{pK}

$$I_{op\cdot K} \geqslant K_{rel}. I_{pK} \tag{5.27}$$

式中 K_{rel} 为可靠系数。对动作时间大于 0.02 s 的低压自动空气开关取 1.35,动作时间小于 0.02 s的取 1.7 ~2,对有多台设备的干线取 1.3。

(3)过流脱扣器与被保护线路配合整定

为保证线路不致因过热而损坏,电流脱扣器整定电流应与线路载流量配合。对长延时过流脱扣器,应与被保护线路的导线长期允许工作电流 I_{al} 配合

$$I_{op\cdot l} \leqslant I_{al} \tag{5.28}$$

对短延时或瞬时脱扣器电流 $I_{op\cdot K}$,有

$$I_{op\cdot K} \leqslant 4.5 I_{al} \tag{5.29}$$

3. 断流能力校验

为保证低压自动开关可靠切除故障线路,还必须进行断流能力校验。对动作时间较长,在 0.02 s 以上的框架式低压自动开关(如 DW 型),应用被保护线路的三相短路电流周期分量 $I_K^{(3)}$ 进行校验,即

$$I_{oe} \geqslant I_K^{(3)} \tag{5.30}$$

式中 I_{oe}——低压自动开关极限分断电流。

对动作时间在 0.02 s 及以下的塑壳式低压自动开关(如 DZ 型),用被保护线路三相短路冲击电流 $I_{sh}^{(3)}$(或 $i_{sh}^{(3)}$)进行校验,即

$$I_{oe} \geqslant I_{sh}^{(3)} \quad (\text{或 } i_{oe} \geqslant i_{sh}^{(3)}) \tag{5.31}$$

4. 动作灵敏度校验

低压自动开关在作过电流保护时,要保证其短延时或瞬时脱扣器动作的灵敏性要求,即满足条件

$$S_P = \frac{I_{K\cdot\min}}{I_{op\cdot K}} \geqslant S_{p\cdot\min} \tag{5.32}$$

式中 $I_{op\cdot K}$——短延时或瞬时过电流脱扣器动作电流值;

$I_{K\cdot\min}$——低压自动开关保护线路末端在系统最小运行方式下的短路电流。对中性点不接地系统,为两相短路电流 $I_K^{(2)}$,对中性点直接接地系统,为单相短路电流 $I_K^{(1)}$;

$S_{p\cdot\min}$——低压自动开关保护的最低灵敏系数,取为 1.5。

5. 选择性配合

在低压配电系统中,前后两级的低压自动开关保护要进行选择性配合,根据不同脱扣器动作电流,各级配电系统的选择性配合见表 5.3。

表 5.3　脱扣器时限与配电系统级数的配合

级数	第一种组合		第二种组合	
	上一级整定	下一级整定	上一级整定	下一级整定
0	0.2 s	瞬动	0.1 s	瞬动
1	0.4 s	0.2 s	0.2 s	0.1 s
2	长延时	0.4 s	0.4 s	0.2 s
3	—	—	长延时	0.4 s

5.5　静电电容器无功补偿装置的保护

为提高工厂供电系统的功率因数,工厂中广泛采用静电电容器作为无功功率补偿装置。静电电容器成组地并联在配电母线上,一般采用三角形接线。这是因为电容器的无功功率 $Q_C = WCU^2$,对于具有相同电容量的电容器,采用三角形接法加在电容器上的电压是采用星形接法时加在电容器上电压的$\sqrt{3}$倍,使获得的无功功率提高了 3 倍。此外,若电容器采用星形接法,则当某一相电容器断线时,使该相失去补偿,造成三相负荷不平衡,而对三角形连接,任一相电容器断线,三相线路仍可得到无功补偿。

但是,静电电容器采用三角形接线并联在线路上后,若一相电容器发生短路故障,将立即造成供电线路的两相直接短路,短路电流很大,会引起电容器爆炸。因此对静电电容器补偿装置要加设必要的保护措施。

一、静电电容器组常见故障及保护设置

中小型工厂 6 ~ 10 kV 供配电网络中并联电容器组常见事故及故障有下列几种:

(1)电容器组内部故障及其引出线上发生短路;

(2)电容器组和断路器之间连接线上发生短路;

(3)电容器组回路内出现单相接地故障。

因此,在静电电容器补偿装置附近应装设上述事故及故障的保护装置。保护装置相应的设置原则为:

(1)对电容器内部事故及其引出线上短路,一般将电容器分组(每组不多于 5 台),在每组上装设熔断器保护。当电容器台数不多时,也可在每台电容器上装设单独的熔断器保护。

(2)对于低压电容器组或总容量不超过 400 kVar 的高压电容器,可采用带熔断器的负荷开关保护;对容量较大的电容器组,则应采用高压断路器作为控制、保护设备,装设瞬时或短延时的过电流继电保护装置作相间短路保护。

(3)当电容器组安装在绝缘支架上,或单相接地电流小于 10 A 时,可不装设单相接地保护,否则要加设单相接地保护。

(4)电容器组从系统切除后,由于电容器上电荷仍未消失,仍存在较高电压,必须装设放电装置,以便安全维修。对高压电容器组,多用电压互感器作为放电设备,对低压电容器组,可用信号灯或专设放电电阻进行放电。

电容器无功补偿装置保护设置见图 5.17。

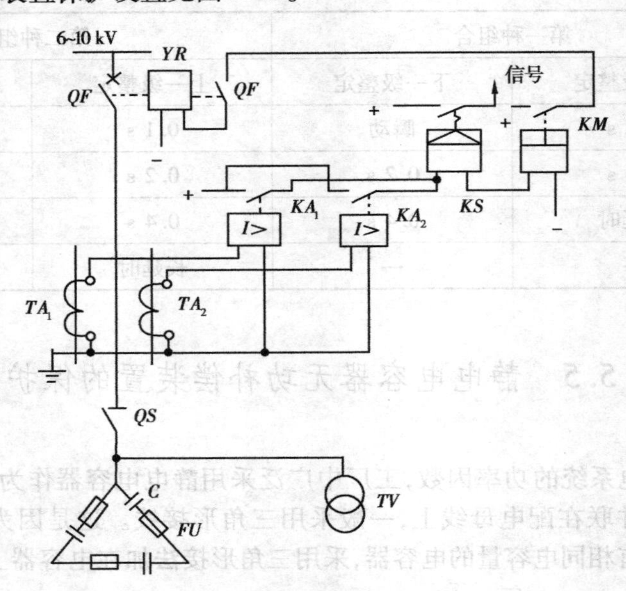

图 5.17　无功补偿装置保护设置

二、保护装置的整定计算

1. 用熔断器对单个电容器或电容器组进行保护时，熔断器熔体电流 I_{FE} 为

$$I_{FE} = KI_{N \cdot C} \tag{5.33}$$

式中　$I_{N \cdot C}$——电容器额定电流；

K——计算系数。对高压跌开式熔断器取 1.2～1.3；限流式熔断器，对单台电容器，取 1.5～2.0，对电容器组取 1.3～1.8。

2. 作相间短路保护的过电流继电保护装置，动作电流 I_{op} 为

$$I_{op} = \frac{K_{rel} \cdot K_W}{k_i} \cdot I_{N \cdot C} \tag{5.34}$$

式中　K_{rel}——可靠系数，取 2～2.5；

K_W——保护装置接线系数；

k_i——电流互感器变比。

由于电容器在合闸时冲击电流很大，电流互感器选择时一次侧电流一般为电容器额定电流的 2 倍左右。

3. 过电流保护灵敏度校验

电容器过电流保护的灵敏度，应按电容器端子处短路电流校验，校验公式为

$$S_P = \frac{K_W \cdot I_{K \cdot \min}^{(2)}}{k_i \cdot I_{op}} \geqslant S_{p \cdot \min} \tag{5.35}$$

式中　$I_{K \cdot \min}^{(2)}$——系统最小运行方式下电容器的两相短路电流；

$S_{p \cdot \min}$——保护装置最低灵敏系数，取为 2。

4. 电容器补偿装置放电电阻计算

凡未装设电压互感器或信号灯作放电装置的电容器,应加设专门放电电阻,其阻值为

$$R = 15 \times 10^6 \frac{U^2}{Q_C}(\Omega) \tag{5.36}$$

式中 U——线路相电压(kV);

Q_C——电容器组容量(kVar)。

5.6 工厂供电系统二次回路接线图

工厂供电系统的接线分为一次回路和二次回路两种。一次回路由变压器、开关电器、避雷器、互感器、母线等主要设备构成,表示接受电能、分配电能的关系,相应的接线图称为一次回路接线图。二次回路是指监视、测量仪表、继电保护装置、控制和显示装置构成的线路,它主要是反映一次回路的工作状态,控制和调整一次设备,并在一次回路发生故障时切除故障。反映二次接线间关系的图称为二次回路图。

一、二次回路的图纸

二次回路的接线图按用途可分为原理接线图、展开接线图和安装接线图3种形式。

1. 原理接线图

原理接线图表示继电保护、监视测量和自动装置等的工作原理,它按各种装置的工作性质以元件的整体形式表示各二次设备间的电气连接关系。通常在二次回路的接线原理图上还将相应的一次设备画出,构成整个回路的整体明确概念,便于了解各设备间的相互工作关系和工作原理。图5.18是6~10 kV线路的继电保护和测量回路原理图。

从图中可以看出,原理图概括地反映了过电流保护装置、测量仪表的总体概念及相互关系,但不注明设备的内部接线和具体的外部接线,对较复杂的回路难以分析和找出问题。因而仅有原理图,还不能对二次回路进行检查维修和安装配线。

2. 展开接线图

展开图按二次回路的功能、所使用的电源分别画出各自的交流电流回路、交流电压回路、操作电源回路中各元件的线圈和接点。同一设备的电流线圈、电压线圈或触点可分别画在不同回路中。为避免混淆,对同一设备元件的不同线圈和触点应用相同的文字标号标志。

在绘制展开图的过程中,一般在各回路的右侧配以文字说明,以便了解回路性质及各电气元件的作用。对同一回路的各元件及触点,应按电流通过的顺序从左到右排列,不同交流回路按A、B、C相序排列,控制回路按继电器的动作顺序由上至下排列。图5.19是图5.18原理图的展开形式。

比较原理图与展开图,可以看出展开图接线清晰、回路次序明显,易于阅读,特别是对于复杂线路工作原理的分析帮助更大,它是工作原理图的重要补充。

3. 安装接线图

安装接线图是进行现场施工安装不可缺少的图纸,是制作和向生产厂家加工订货的依据。它反映的是二次回路中各电气元件的外形轮廓、安装位置、内部接线及元件间线路的连接关系。在绘制安装图时应按一定的比例尺绘制。为使安装图的绘制简明清晰,各电气元件间的

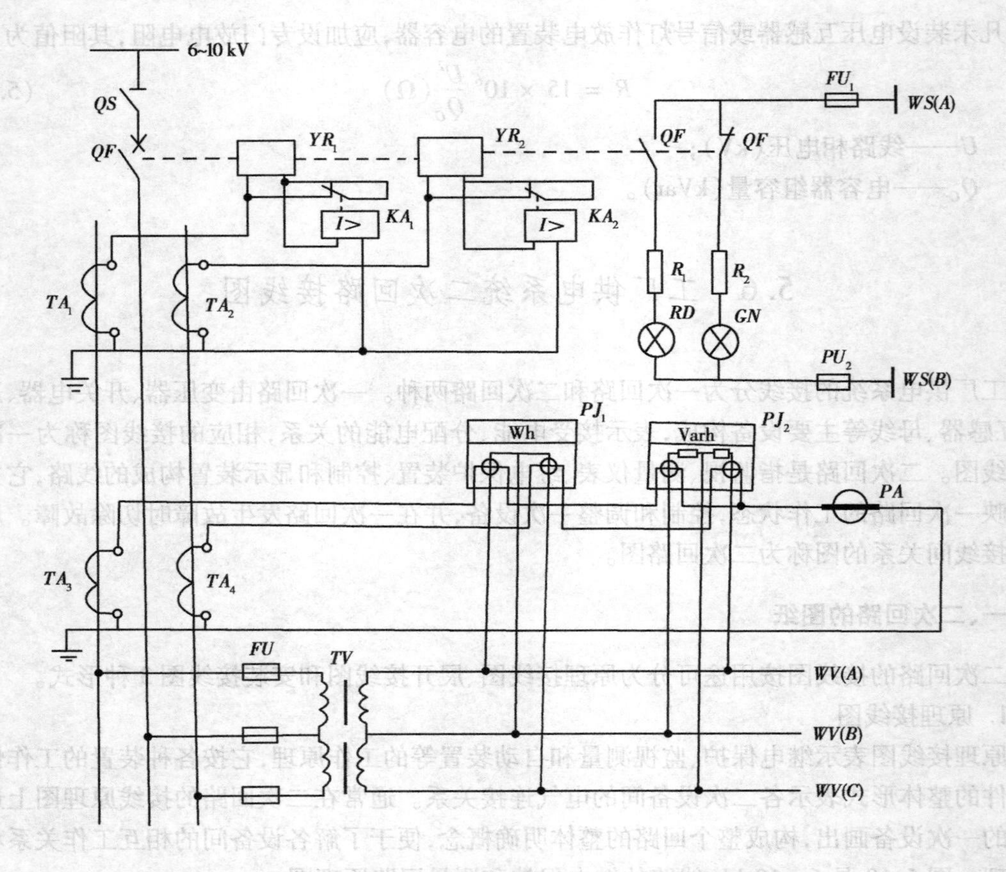

图 5.18　6～10 kV 线路继电保护及测量回路原理图

实际连线可不绘,但要按接线情况进行标注。

二、二次接线图中的标志方法

为便于安装施工和投入运行后的检修维护,在展开图中应对回路进行编号,在安装图中对设备进行标志。

1. 展开图中回路编号

对展开图进行编号的目的主要是为方便维修人员对线路进行检查以及正确地连接,根据展开图不同的回路,如电流、电压、交流、直流等,回路的编号也要进行相应分类。具体进行编号的原则如下:

(1)回路的编号由 3 个或 3 个以内的数字构成。对交流回路要加注 A、B、C、N 符号区别相别,对不同用途的回路都规定了编号的数字范围,各回路的编号要在相应数字范围内。不同用途的直流回路和交流回路数字编号范围可参见附表 5.1,附表 5.2。

(2)二次回路的编号,应根据等电位原则进行。即在电气回路中,连接在一点的全部导线属于同一电位,应采用同一编号,当回路经继电器线圈或开关触点等隔离开后,应视为两端不再是等电位,要分别进行不同编号。

(3)在每条回路中要以某一元件为主要降压元件(如继电器、接触器线圈等),在该元件的左、右分别按规定标以奇、偶不同的编号。

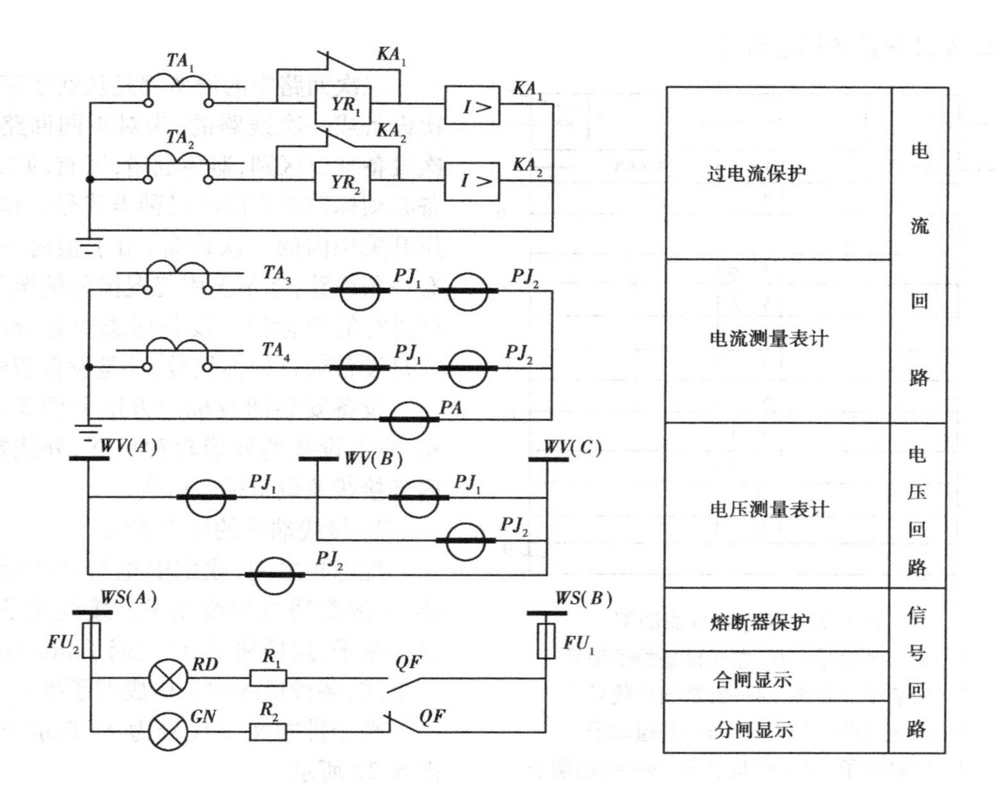

图 5.19　6～10 kV 线路继电保护及测量回路展开图

(4)展开图中小母线用粗线条表示,并按规定标注文字符号或数字编号。

图 5-20 是对展开图进行标志编号的示例。

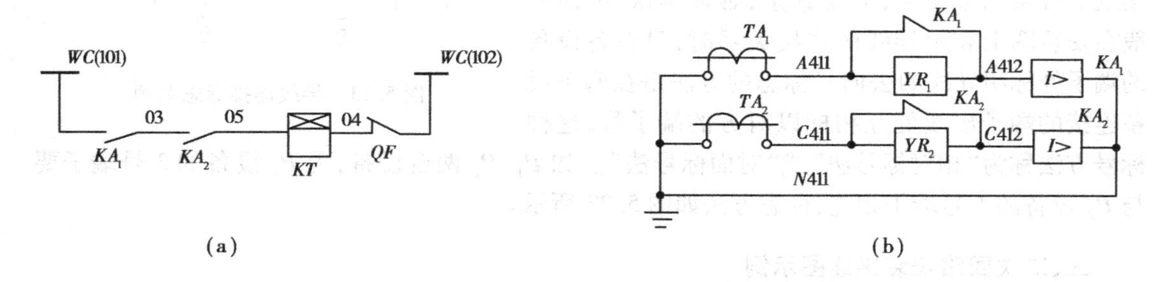

图 5.20　展开图编号示例

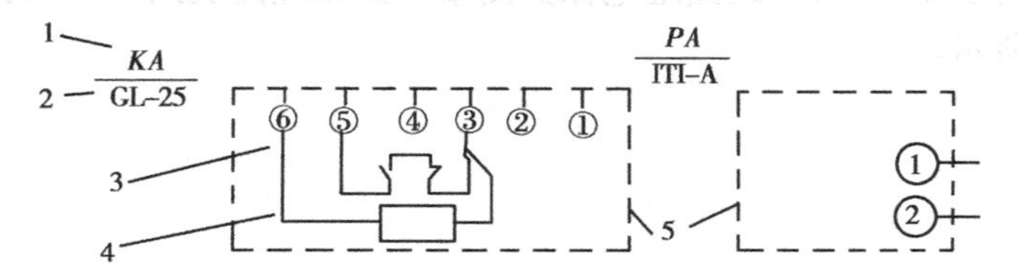

图 5.21　安装图中设备标志方法

1—种类代号　2—设备型号　3—设备端子号

4—设备内部接线　5—设备外围轮廓线

2. 安装图设备标志编号

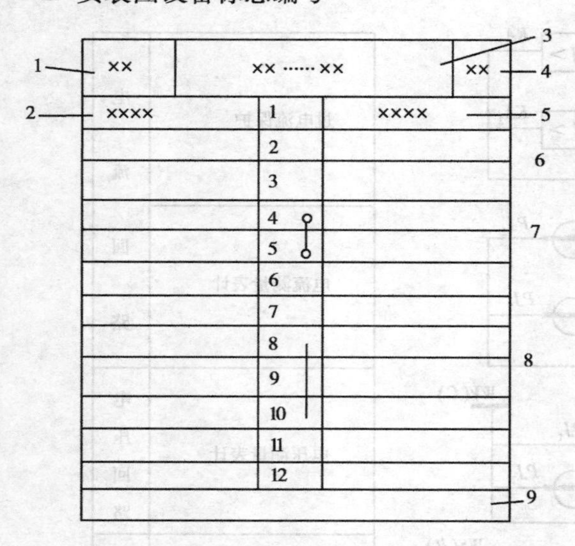

图 5.22 端子排标志图例

1—端子排代号 2—左连设备端子编号

3—安装项目名称 4—安装项目代号

5—右连设备端子编号 6—普通端子

7—连接端子 8—试验端子 9—终端端子

二次回路中的设备都是从属于某些一次设备或一次线路的，为对不同回路的二次设备加以区别，避免混淆，所有的二次设备必须标以规定的项目种类代号。作为高压开关柜内的二次设备，由于柜内一般只有一条线路，在不至引起混淆的情况下，允许进行简单标注。设备标志内容分两项，一是设备项目种类代号，二是设备型号。

设备安装图及标志方法如图 5.21 所示，它由设备的外形轮廓尺寸，外线端子，内部接线及设备标志组成。

3. 接线端子的标志方法

配电柜之间，或配电柜与外部设备相连，一般都通过接线端子。接线端子分为普通端子、连接端子、试验端子和终端端子等形式，各种接线端子构成端子排。

端子排的文字代号为 X，表示方法如图 5.22 所示。

4. 导线连接的表示方法

安装接线图既表示各设备的安装位置，又要表示各设备间的连接，如果直接绘出这些连接线，将使图纸上线条纵横交错，非常繁杂，难以辨认，因而一般在安装图上表示导线的连接关系时，只在各设备的端子处标明导线的去向。标志的方法是在两个设备连接的端子出线处互相标以对方的端子号，这种标号方法称为“相对标号法”或“对面标号法”。如 P_1、P_2 两台设备，现 P_1 设备的 3 号端子要与 P_2 设备的 1 号端子相连，标志方法如图 5.23 所示。

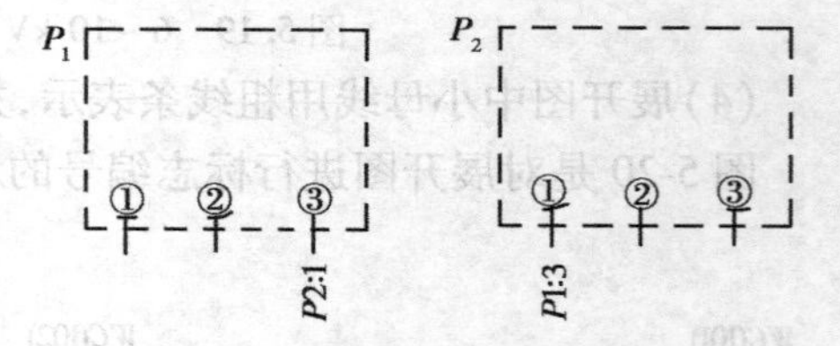

图 5.23 导线连接标志图例

三、二次回路安装接线图示例

根据图 5.18 所示 6 ~ 10 kV 线路继电保护测量回路原理图及图 5.19 展开图，对应的安装接线图如图 5.24 所示。

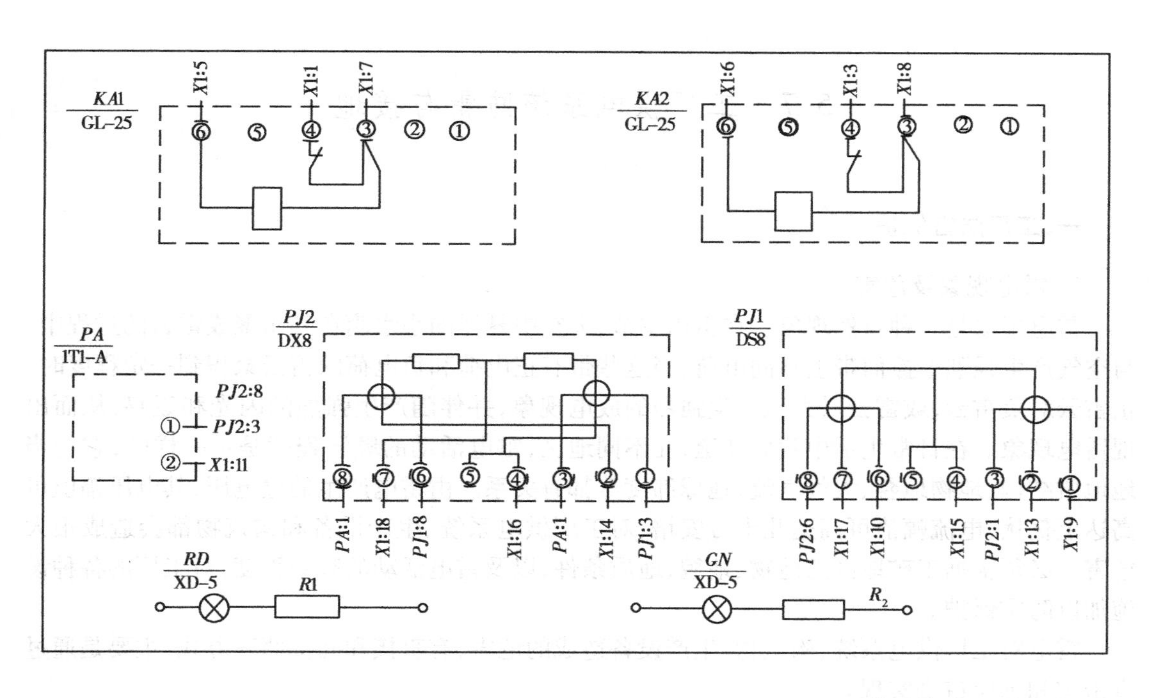

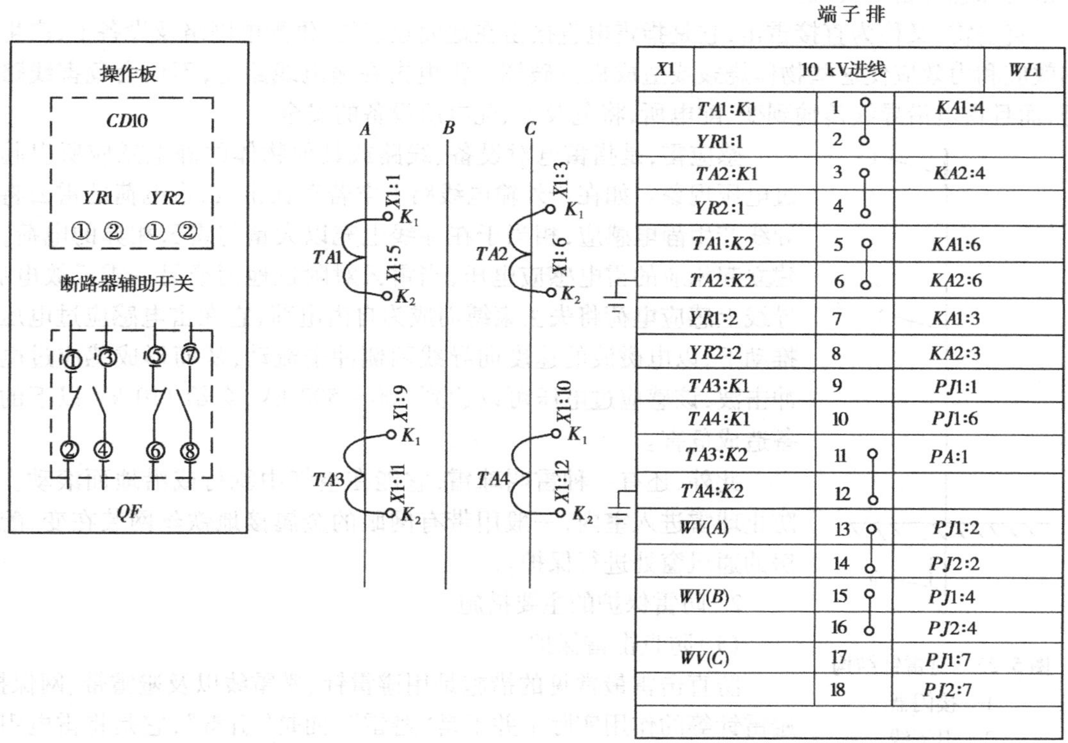

X1	10 kV进线	WL1
TA1:K1	1	KA1:4
YR1:1	2	
TA2:K1	3	KA2:4
YR2:1	4	
TA1:K2	5	KA1:6
TA2:K2	6	KA2:6
YR1:2	7	KA1:3
YR2:2	8	KA2:3
TA3:K1	9	PJ1:1
TA4:K1	10	PJ1:6
TA3:K2	11	PA:1
TA4:K2	12	
WV(A)	13	PJ1:2
	14	PJ2:2
WV(B)	15	PJ1:4
	16	PJ2:4
WV(C)	17	PJ1:7
	18	PJ2:7

图 5.24　6 ~ 10 kV 线路二次回路接线图

5.7 工厂供电系统防雷与接地

一、工厂防雷保护

1. 雷电现象及危害

雷电现象是一种自然现象。在雷雨季节,天空中悬浮的小水滴在其积聚成雷云的过程中,与空气产生强烈摩擦而带上不同电荷,当这些带有正电荷和负电荷的雷云聚积到一定程度时,正雷云对负雷云,或雷云对大地产生强烈的放电现象,并伴随产生强烈的闪光和轰鸣,从而出现雷电现象。在日常生活中我们知道,在不同地区,雷电活动的频繁程度是不一样的,它与当地地质结构、地物地貌、大气气流、地球纬度等都有关系。由雷电产生的过电压,其电压幅值可高达上亿伏,电流幅值可高达几十万安培,对工厂供电系统、生产设备和构筑物都会造成很大危害。必须根据工矿地区的地物、地貌、地质条件,以及雷电活动的频繁程度,对工厂的各种设施加以防雷保护。

雷电对工厂供电系统、构筑物、生产设备造成的危害,有直接和间接两种方式,主要是通过直击雷和感应雷来实现。

直击雷,又称为直接雷击,它是指雷电直接击在地面建筑物、供配电网络及设备上,产生的热效应和力效应使这些物体烧毁或造成机械破坏。雷电击在输电线路上,不仅会危害线路本身,而且雷电沿导线传输到变、配电所,将危及变、配电所设备的安全。

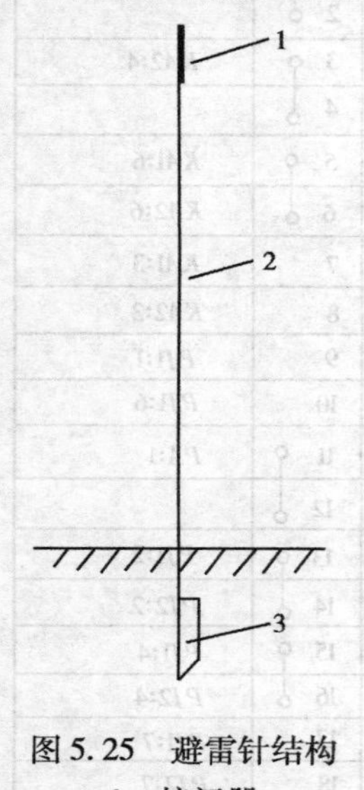

图 5.25 避雷针结构
1—接闪器
2—引下线
3—接地体

感应雷,是指雷电对设备、线路或其他物体的静电感应所引起的过电压现象。如在户外输电线路上空若存在雷云,带电荷的雷云将对导线产生静电感应,相当于在导线上充以大量与雷云相异的电荷,并建立起相应的雷电感应电压,当雷云对附近地面或另一雷云放电后,导线上感应电荷将失去束缚而成为自由电荷,它在雷电感应过电压的推动下,以电磁波的速度向导线两侧冲击流动,从而形成感应过电压冲击波,该感应过电压可以达到 300 ~ 500 kV,会给 110 kV 以下的设备造成危害。

此外,还有一种雷叫球雷,它能在空气中飘行或沿地面滚动。为防止球雷进入室内,一般用带有网眼的金属接地铁丝网装在变、配电房的通风窗处进行保护。

2. 防雷保护的主要措施

(1)防直击雷保护

防直击雷最常见的措施是用避雷针、避雷线以及避雷带、网保护。避雷针等的作用实际上并不是“避雷”,而是“引雷”,它是将雷电引向自身并安全导入大地,从而保护附近的构筑物和设备免受雷击。

避雷针主要由接闪器、引下线和接地体 3 部分组成,如图 5.25 所示。避雷针的保护范围,用对直击雷的保护空间来表示。必须指出的是,避雷针并不能给被保护对象提供绝对的安全保护,只能大大减少雷击损害的风险。避雷针保护范围计算我国过去是按“折线法”来进行的，现根据国际电工委员会 IEC 防雷标准文件规定，正逐步采用“滚球法”确定计算。

“滚球法”是用一定半径的假想球体，沿需要防直击雷的部位滚动，当球体只触及避雷针接闪器和地面，而不触及需要保护的部位时，则该部位就在避雷针的保护范围内。显然，采用“滚球法”的保护范围与假定的滚球半径有关，我国最新编制的《建筑物防雷设计规范》对滚球半径(h_r)作了如下规定：对第一类防雷建筑物，滚球半径取 20 m；第二类防雷建筑物取 30 m；第三类取 60 m。

1)单支避雷针保护范围

图 5.26 表示单支避雷针保护范围，确定范围大小方式如下：

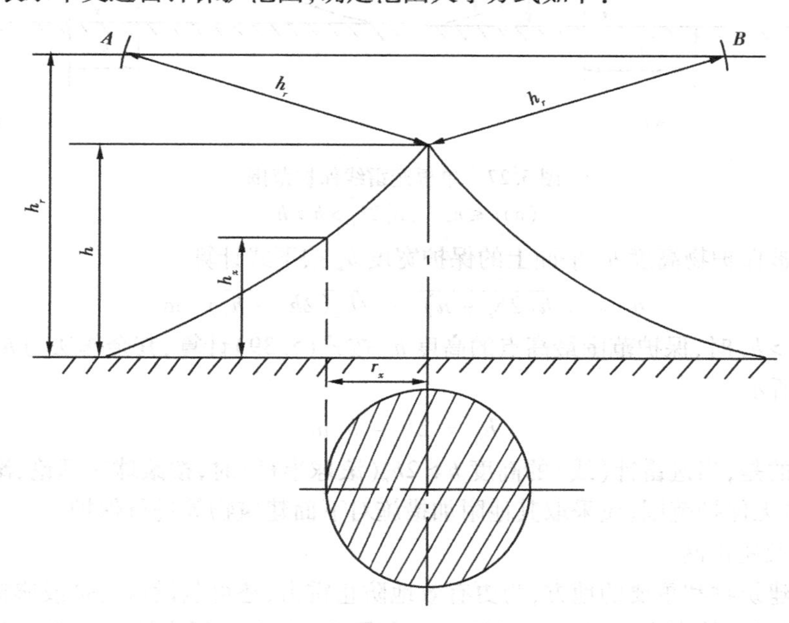

图 5.26　单支避雷针保护范围

当避雷针高度 $h \leqslant h_r$ 时，在距地面 h_r 处作一平行于地面的直线，然后以针尖为圆心，h_r 为半径作弧，相交于平行线 A、B 两点，再以 A、B 为圆心，h_r 为半径作弧线，与地面和针尖相切，从该弧线起到地面止的整个锥形空间就是保护范围。

避雷针在 h_x 高度平面上的保护半径由下式确定

$$r_x = \sqrt{h(2h_r - h)} - \sqrt{h_x(2h_r - h_x)} \quad \text{m} \tag{5.37}$$

当避雷针高度 $h > h_r$ 时，在避雷针上取高度 h_r 为一点代替单支避雷针针尖为圆心，其余作法同前 $h \leqslant h_r$ 的作法。

2)架空避雷线保护范围

避雷线一般用截面不小于 25 mm^2 的镀锌钢绞线，架设在架空线的上边，经引下线和接地体与地连接，以保护架空线免受雷击。架空避雷线的保护范围按“滚球法”，以下面方法确定：

当避雷线高度 $h \leqslant h_r$ 时，如图 5.27(a)，在距地面 h_r 处作一平行线，以避雷线为圆心，h_r 为半径作弧线，相交于平行线上 A、B 两点，再以 A、B 为圆心，h_r 为半径作两条弧线，两弧线相交并与地面相切，从该弧线起到地面为止的整个空间就是避雷线的保护范围。

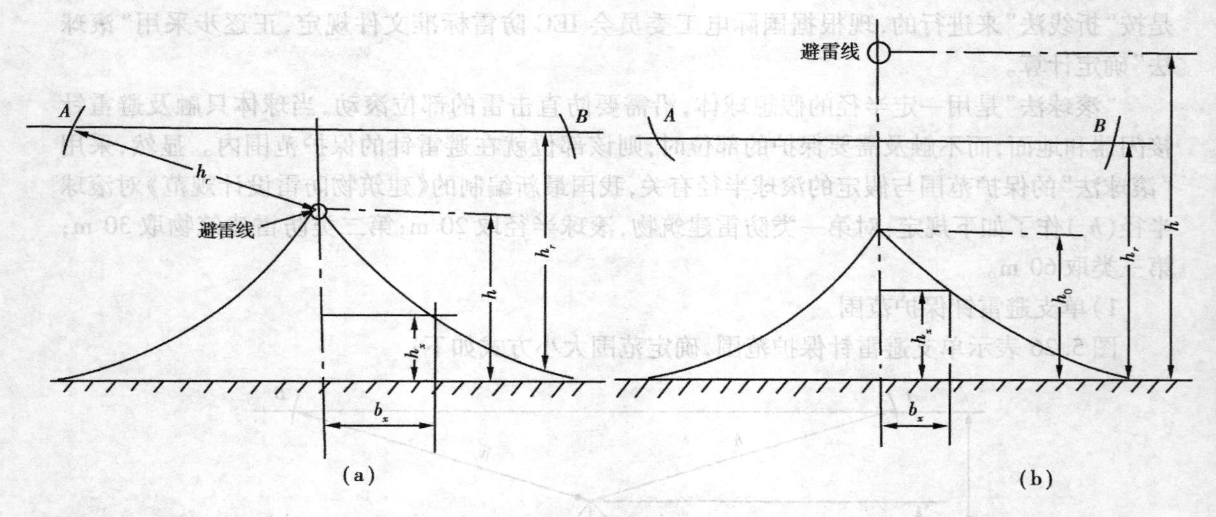

图 5.27　单根避雷线保护范围

(a) $h \leqslant h_r$　(b) $2h_r > h > h_r$

避雷线在被保护物高度 h_x 平面上的保护宽度 b_x 按下式计算

$$b_x = \sqrt{h(2h_r - h)} - \sqrt{h_x(2h_r - h_x)} \ \text{m} \tag{5.38}$$

当 $2h_x > h > h_r$ 时，保护范围最高点的高度 h_0 按式(5.39)计算，其余作法与 $h \leqslant h_r$ 时相同，如图 5.27(b)所示。

$$h_0 = 2h_r - h \ \text{m} \tag{5.39}$$

值得注意的是，当避雷针(线)的高度 $h > 2h_r$(滚球半径)时，按滚球法理论，滚球与地面不再相交，则下方无保护范围，应采取其他附加措施对下面建筑物等进行保护。

3) 避雷带及避雷网

对较高层建筑物和重要的地方，为更有效地防止雷击，还可装设避雷带或避雷网。避雷带沿建筑物周围装设，约高出屋面 100 ~ 150 mm，每隔 1 ~ 1.5 m 用支持卡固定。避雷网除沿屋顶周围装设外，还用圆钢或扁钢纵横连接成网，其网格不大于 5 × 5 m^2。避雷带、避雷网的引下线不应少于 2 根，按间距不大于 12 m 沿建筑物四周布置引下与接地装置可靠连接。

4) 防雷装置的安装要求

进行防直击雷的保护装置主要由接闪器、引下线和接地装置组成。接地装置的安装技术要求将在本节第二部分进行介绍，接闪器与引下线的安装要求见表 5-4。其中当避雷针采用钢管材料时，钢管壁厚不应小于 3 mm。

表 5.4　防雷装置安装要求

	避雷针		避雷带(网)	引下线
	针长 <1 m	针长 1 ~ 2 m		
圆钢∅	12 mm	16 mm	8 mm	8 mm
钢管∅	20 mm	25 mm	—	—
扁钢	—	—	4 × 12 mm	4 × 12 mm

此外，如果引下线和接地体与附近金属设施距离不够，它们之间会产生放电现象，导致设备的破坏，这种情况称为“反击”。为防止反击现象的产生，防雷装置要与附近金属设施保持一定距离，或将可能导致反击现象的金属物体与防雷装置作等电位连接。

当防雷装置与附近金属物体之间不相连时，二者之间距离应满足关系

$$S_K \geqslant 0.75K_C(0.4R_{sh} + 0.1h) \quad \text{m} \tag{5.40}$$

式中 R_{sh}——避雷装置冲击接地电阻(Ω)；

h——引下线计算点到地面的高度(m)；

K_C——计算系数。对单根引下线取1，两根引下线及接闪器未成闭环的多根引下线取0.66，避雷带(网)的多根引下线取0.44。

当防雷装置与附近金属物体相连时，二者之间距离应满足式(5.41)

$$S_K > 0.075K_CL \quad \text{m} \tag{5.41}$$

式中 L——引下线计算点到连接点的长度(m)。

(2)对感应雷电冲击波的保护

为保护工厂供电系统免受沿供电线路传来的感应过电压危害，一般应在主要电器设备附近和架空线路进出口处装设避雷器。根据放电后熄弧方式的不同，避雷器分为保护间隙，管式避雷器和阀型避雷器3种。原则上，避雷器应装设在雷电冲击波侵入的方向，且距被保护设备距离愈近愈好。

1)对6~10 kV变配电所的保护

6~10 kV变、配电所防雷保护装置如图5.28所示。为防止雷电波的侵入，变配电所每回线和每组配电母线应装设阀形避雷器 F_2，对带有电缆引出线的架空线路，应在线路终端的电缆盒附近装设阀形避雷器，并将避雷器的接地线与电缆金属外皮相连。如 F_3，防止雷电流经过接地线时对电缆外皮进行放电，即“反击”现象的产生。在变压器母线上要装设阀形避雷器 F_1，对变压器进行保护。

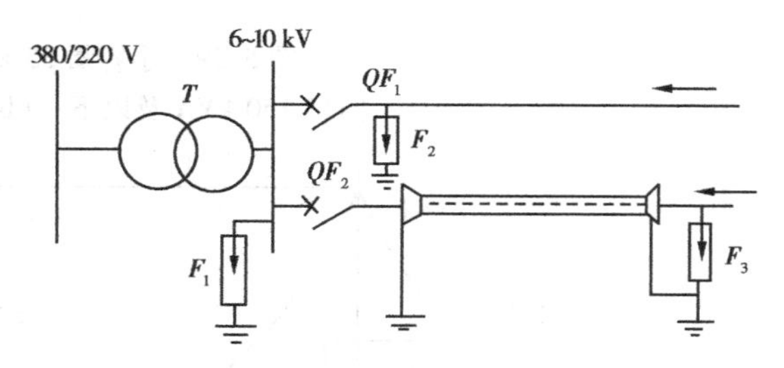

图5.28 6~10 kV变电所防雷保护

2)对容量较小的35 kV变电所保护

对中小型工厂来说，35 kV变电所的容量一般不大，在防雷保护方面，可采用简化的进线保护接线方式。对容量在3 150 kVA及以下的变电所，可按图5.29(a)装设防雷保护，对1 000 kVA及以下的变电所，可参考图5.29(b)设置保护。

在图5.29(a)中，F_1 为变压器保护阀形避雷器，距变电所150~240 m范围内的架空进线装设了避雷线，在避雷线的末端以及150~200 m处，分别装设管形避雷器 F_2、F_3(也可用保护间隙代替)，以防雷电波沿线路侵入变电所。在图5.29(b)中，F_1 为变压器保护的阀形避雷器，在距变电所150~200 m处，装设了保护间隙 F_2，以防止雷电波的侵入。

二、接地保护

1. 接地概念

电气设备的任何部分与土壤间作良好的电气连接，称为接地。直接与大地接触的金属导

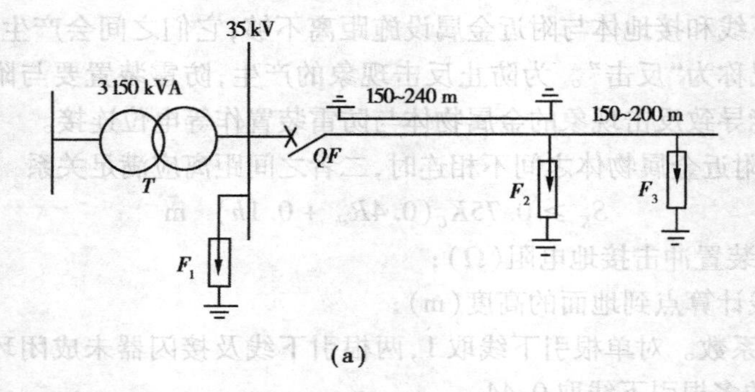

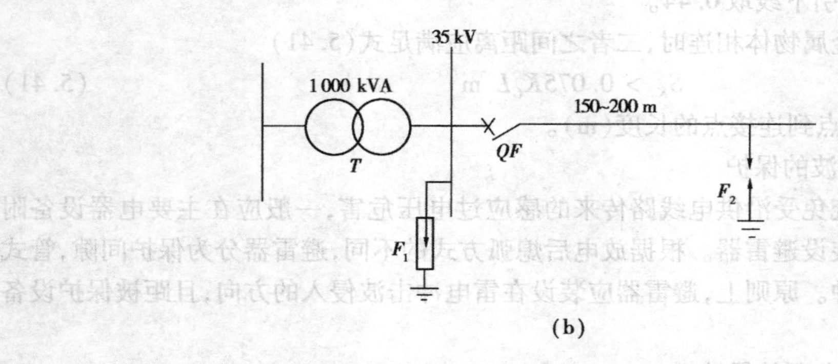

图 5.29　小容量 35 kV 变电所保护
(a)3 150 kVA 及以下　(b)1 000 kVA 及以下

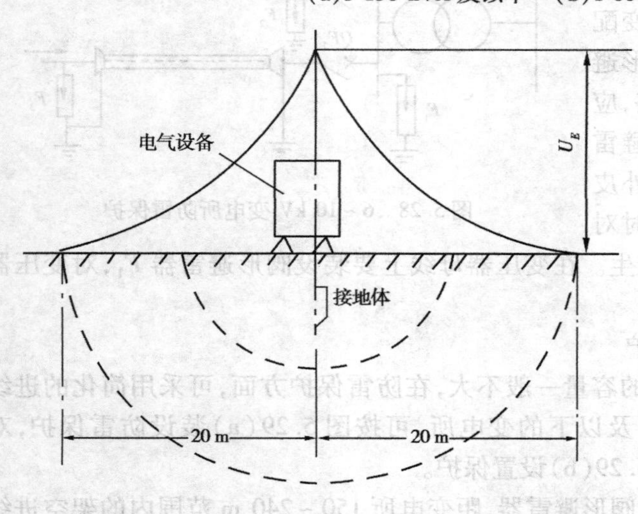

图 5.30　接地电位分布图

体，称为接地体，连接接地体和电气设备的导线称为接地线。接地线中的电流通过接地体向地中作半球形扩散，该电流称为接地电流。由于大地中电阻的存在，接地电流向地中扩散的过程中，也就存在着不同的电位差。所以，接地体处的电位并不是零电位，即不是真正的“电气地”。试验证明，只有在远离接地体 20 m 以外的地方，才是真正的“地”，即零电位。电气设备的接地部分到 20 m 以外零电位之间的电位差，称为接地的对地电压 U_E，接地体周围的电位分布如图 5.30 所示。

接地体的对地电压 U_E 与接地电流 I_E 之比称为接地电阻 R_E。即

$$R_E = \frac{U_E}{I_E} \tag{5.42}$$

接地电阻是恒量接地装置质量的重要技术指标，它主要由大地的土壤电阻、接地体及接地线决定，不管是前面介绍的防雷接地还是电气设备接地，接地电阻的大小国家都有严格规定。

2. 接地的种类

工厂供电系统和设备接地的方式有以下几种：

(1)工作接地

在正常和事故情况下，为保证电气设备可靠地运行，将电气设备的某一部分进行接地，称为工作接地。如变压器、发电机、电压互感器的中性点接地等，都属该类接地。

(2)保护接地

电气设备的不带电金属外壳可能会由于绝缘损坏或其他难以预见的原因带电，为防止带电外壳危及人身安全的接地，称为保护接地。根据供电系统的中性点及电气设备的接地方式，保护接地可分为 3 种不同类型：即 IT 类、TN 类以及 TT 类。

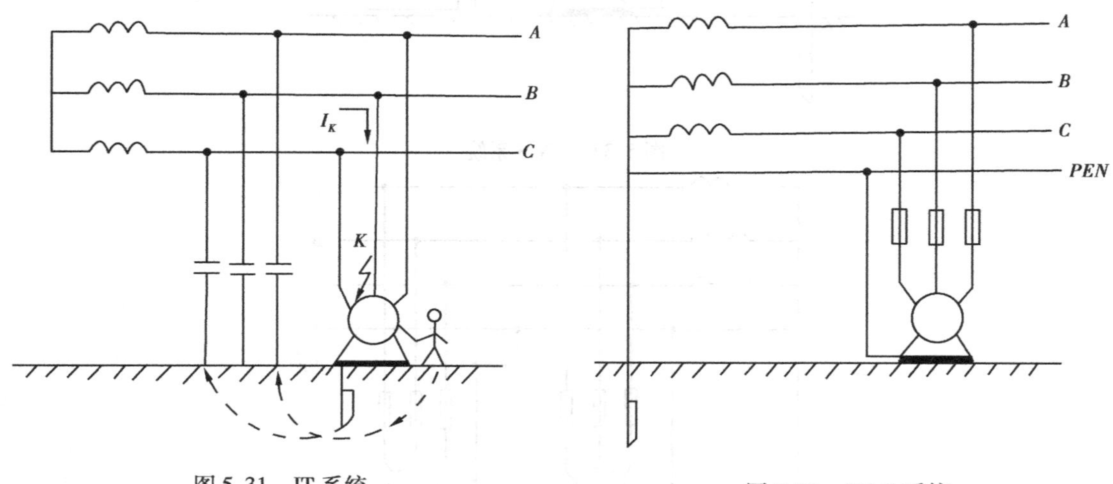

图 5.31　IT 系统

图 5.32　TN-C 系统

1)IT 系统　IT 系统是对电源的小电流接地系统的保护接地方式，电气设备的不带电金属部分直接经接地体接地，如图 5.31 所示。当电气设备因故障金属外壳带电时，接地电容电流分别经接地体和人体两条支路通过，只要接地装置的接地电阻在一定范围内，就会使流经人体支路的电流被限制在安全范围。

2)TN 系统　TN 系统是对电源大电流接地系统的保护接地方式。工厂的低压配电系统大都采用三相四线制的中性点直接接地方式，根据电气设备的不同接地方法，TN 系统又分为以下 3 种形式：

TN-C 系统　配电线路中性线 *N* 与保护线 *PE* 接在一起，电气设备不带电金属部分与之相连，如图 5.32 所示。在这种系统中，当某相相线因绝缘损坏而与电气设备外壳相碰时，形成较大 的单相对地短路电流，引起熔断器熔断切除故障线路，从而起到保护作用。该接线保护方式适用于三相负荷比较平衡且单相负荷不大的场所，在工厂低压设备接地保护中使用相当普遍。

TN-S 系统　配电线路中性线 *N* 与保护线 PE 分开，电气设备的金属外壳接在保护线 PE 上，如图 5.33 所示。在正常情况下，PE 线上没有电流流过，不会对接在 PE 线上的其他设备产生电磁干扰，适用于环境条件较差，安全可靠要求较高以及设备对电磁干扰要求较严的场所。

TN-C-S 系统　该系统是 TN-C 与 TN-S 系统的综合，电气设备大部采用 TN-C 系统接线，在设备有特殊要求场合局部采用专设保护线接成 TN-S 形式，如图 5.34 所示。

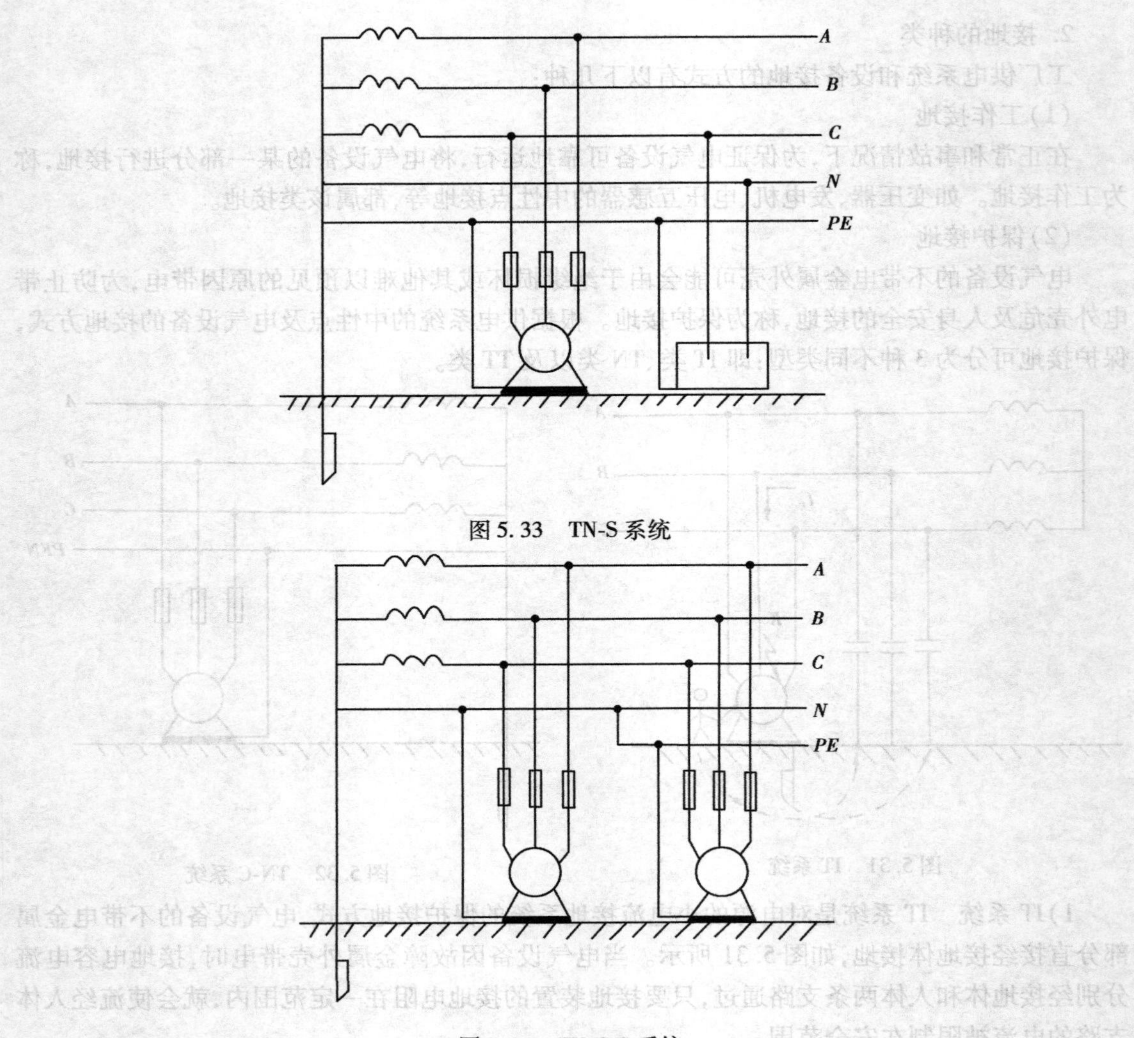

图 5.33　TN-S 系统

图 5.34　TN-C-S 系统

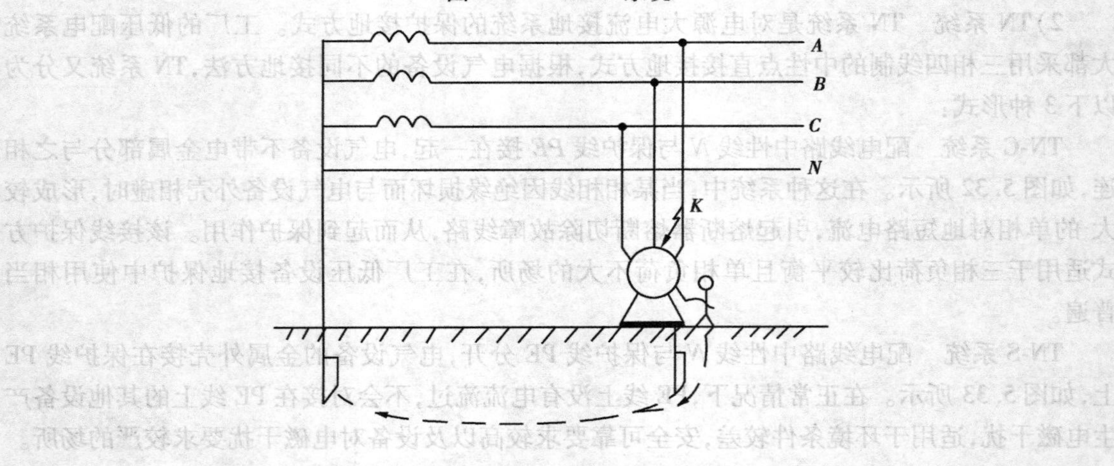

图 5.35　TT 系统

3) TT 系统　TT 系统是针对大电流接地系统的保护接地。如图 5.35 所示，配电系统的中性线 N 引出，但电气设备的不带电金属部分经各自的接地装置直接接地，与系统接地线不发生关系。同 IT 系统类似，当发生某相绝缘损坏与电气设备外壳碰接时，故障电流经接地体和人体两条支路通过，严格限制接地装置接地电阻，使之远远小于人体电阻，可以使通过人体支路的电流很小，限制在安全范围内。

(3) 防雷接地

避雷保护装置所用的接地称为防雷接地。由于防雷接地导泄雷电流入地，电流密度相当大，因而对防雷接地的接地装置有特殊要求。

(4) 重复接地

在电源中性点直接接地系统中，为确保保护线或中性线安全可靠，除在电源中性点处进行接地外，还必须在保护线的其他地方（一点或多点）装设其他的接地装置，进行重复接地。

3. 接地装置的选择

接地装置的选择主要指接地线和接地体的选择。为节约金属材料，减少施工费用，可采用自然导体作接地线和接地体。

自然接地线包括工厂内部建筑物的金属结构（如梁、柱、桁架等）、电气设备的金属外壳、电缆外皮及各种工业管道（可燃及有爆炸危险混合物的管道除外）。当自然接地线能满足电气连接可靠、接地电阻符合要求时，可不必另设人工接地线，否则应采用人工接地线。人工接地线的材料一般用圆钢或扁钢，只有当采用钢导体有困难或对移动式设备等不可能采用钢导体时，才采用其他有色金属作人工接地线。接地线的截面要保证有一定的机械强度并连接可靠，所用截面大小一般不超过下列数值：钢 100 mm^2；铝 35 mm^2；铜 25 mm^2。

自然接地体包括地下水管、非可燃和无爆炸危险的地下金属管道、建筑物的金属结构以及钢筋混凝土基础的钢筋。由于自然接地体一般都比较长，与地的接触面大，在地下纵横交错，接地电阻小，有时能达到专门接地体所不能达到的效果。在使用自然接地体有困难或接地电阻不能达到要求的地方，可采用人工接地体。人工接地体多采用垂直埋入地下的钢管、角钢以及水平放置的扁钢、圆钢等组成。水平接地体的形式有很多，如人字形、口字形、十字形、米字形等构成接地网。不同接地形式的选择，应根据对接地电阻的要求及施工条件等决定。

4. 工频接地电阻计算

工厂供电系统中各种电气设备对接地装置的接地电阻值要求是不同的，在设计、安装时都应首先给予满足，以保证电气设备和操作人员的安全。各种电气设备对接地电阻的要求值参见附表 5.3。

在接地电阻的计算中，通常忽略接地线的电阻值，而只计算在一定土质条件下接地体的接地电阻。接地电阻的计算步骤为：

(1) 实测接地体埋设处土壤的电阻系数 ρ_0，考虑到在不同季节土壤电阻率是变化不定的，应对实测 ρ_0 值进行修正计算，得计算土壤电阻率 ρ

$$\rho = \psi\rho_0 \tag{5.43}$$

其中　ψ——季节换算系数，由表 5.5 决定。

表 5.5　土壤电阻率换算系数

土壤性质	深度	含水量最大 ψ_1	中等含水量 ψ_2	干燥 ψ_3
粘　土	0.5～0.8	3	2	1.5
粘　土	0.8～3	2	1.5	1.4
陶　土	0～2	2.4	1.36	1.2
砂砾盖于陶土	0～2	1.8	1.2	1.1
园　田	0～2	—	1.32	1.2
黄　沙	0～2	2.4	1.56	1.2
杂以黄沙的沙砾	0～2	1.5	1.3	1.2
泥　炭	0～2	1.4	1.1	1.0
石灰石	0～2	2.5	1.51	1.2

(2)选择接地体,计算单根接地体的接地电阻 $R_{E\cdot 1}$

$$R_{E\cdot 1} = K\rho \tag{5.44}$$

式中　K——不同单根接地体的简化计算系数,可由表5.6查取。

(3)计算多根垂直管形接地体电阻

当多根垂直接地体并联时,接地体间存在屏蔽效应,总的垂直接地体电阻为

$$R_{E\cdot n} = \frac{R_{E\cdot 1}}{n \cdot \eta} \tag{5.45}$$

式中　n——多根垂直接地体数目。

η——利用系数,由接地体数目、材料结构决定。可从附表5.4中查取。

表 5.6　各种接地体简化计算系数 K

接地体形状	规格/mm	计算外径/mm	长度/mm	K 值
管　子	∅38	48	250	34×10^{-4}
	∅50	60	250	32.6×10^{-4}
角　钢	40×40×4	33.6	250	36.3×10^{-4}
	50×50×5	42	250	34.85×10^{-4}
槽　钢	80×43×5	68	250	31.8×10^{-4}
	100×48×5.3	82	250	30.6×10^{-4}

(4)考虑水平连接体扁钢的影响

用来连接各垂直接地体的扁钢可使接地电阻减少10%左右,因而整个接地体总的电阻值为

$$R_E = R_{E\cdot n} \times 90\% \tag{5.46}$$

接地装置电阻值 R_E 应小于设计规范所要求的各种电气设备的允许接地电阻值,若达不到要求,应设法采取措施降低土壤电阻率,如进行局部土壤置换处理,或进行土壤化学处理等。

5. 冲击接地电阻

冲击接地电阻是指防雷接地装置的接地电阻值。防雷装置接地电阻的计算方法与工频接地电阻的计算方法相同。由于防雷接地装置是导泄雷电流入大地,其瞬时的冲击波相当大,可以达到击穿土壤的程度,使土壤电阻率显著降低。当然,击穿的程度与土壤电阻率直接相关。在实际中,由于冲击接地电阻不易测量,因而往往用工频接地电阻作为标准来检查冲击接地电阻值是否达到规范要求。冲击接地电阻与工频接地电阻之间的近似关系见表5.7。

表5.7 冲击电阻与工频电阻的关系

冲击电阻/Ω	不同土壤电阻率下工频电阻值			
	10^4 Ω·cm 以下	10^4 ~ 5×10^4 Ω·cm	5×10^4 ~ 10^5 Ω·cm	10^5 Ω·cm 以上
5	5	5~7.5	7.5~10	10~15
10	10	10~15	15~20	20~30
20	20	20~30	30~40	40~60
30	30	30~45	45~60	60~90

思考题

5.1 工厂供电系统对保护装置的基本要求是什么?

5.2 试分析并画出两相一继电器式和两相三继电器式接线方式中各电流继电器中流经电流的矢量大小。

5.3 什么是电流互感器的接线系数?

5.4 什么是定时限过电流保护?什么是反时限过电流保护?它们有什么区别及特点?

5.5 在过电流保护装置中,为什么要进行动作电流和动作时间的整定?

5.6 在带时限的过电流保护装置动作电流整定时,为什么既要考虑电流继电器的启动电流值,又要考虑它的返回电流值?

5.7 定时限过电流保护装置的动作电流、动作时间是怎样整定的?反时限过电流保护装置的动作电流、动作时间又是怎样整定的?

5.8 在整定反时限过电流保护装置动作时间时,要考虑与动作电流值的配合,为什么?

5.9 在过电流保护中,为什么还要考虑加设电流速断保护?电流速断保护的“死区”是什么?如何克服?

5.10 过电流保护与速断保护的灵敏度校验是否相同?若不同,二者有何区别?

5.11 工厂供电网络中单相接地保护的作用是什么?

5.12 采用零序电流保护装置进行单相接地保护时,电缆的接地线为什么必须穿过电流互感器铁芯后的接地?

5.13 工厂1 000 kVA及以下电力变压器应设置哪些保护?

5.14 什么是变压器的瓦斯保护?它的主要保护特点怎样?

5.15 什么是熔断器熔管的额定电流?什么是熔体的额定电流?二者有何区别和联系?

5.16 熔断器在作线路短路保护时,为什么要避开线路上可能出现的尖峰电流值?

5.17 什么是熔断器的安秒特性？如何根据这一特性进行熔断器保护各级间的选择性配合？

5.18 低压自动空气开关的过电流保护方式有几种？它们各自的特点如何？

5.19 静电电容器补偿装置为什么要加设保护措施？其保护的设置应怎样考虑？

5.20 静电电容器补偿装置中放电元件的作用是什么？

5.21 什么是工厂供电系统的二次回路图？它与一次回路图有何区别？

5.22 在二次回路的展开图中，如何对回路图进行编号？

5.23 在安装图上一般如何表示导线的连接关系？

5.24 避雷针的主要功能是什么？它的结构主要由哪几部分构成？

5.25 什么是"滚球法"？如何用"滚球法"确定避雷针（线）的保护范围？

5.26 避雷针、避雷线、避雷带（网）从结构上有什么区别？它们各适用于什么场所？

5.27 避雷器的主要功能是什么？

5.28 对工厂变、配电所应怎样设置防雷保护措施？

5.29 什么叫接地？什么是接地电阻、接地电流和接地电压？接地的种类有哪些？

5.30 保护接地中的IT、TN和TT系统是什么意思？它们在接地形式上有何区别？

5.31 如何对工频接地电阻进行计算？

5.32 什么叫冲击接地电阻？冲击接地电阻值为何小于工频接地电阻值？

习　题

5.1 某工厂10 kV供电线路，已知线路中最大负荷电流为200 A，采用电流互感器变比为300/5 A，线路首端三相短路电流值为7.8 kA，末端短路电流值为4.5 kA，试选择过电流保护装置，作整定计算并校验保护装置灵敏度。

5.2 如图5.9前后两级10 kV线路，已知线路首端短路容量为200 MVA，架空输电线路阻抗为0.38 Ω/km，L_1 段线路长为500 m，计算电流为250 A，L_2 段线路长为300 m，计算电流为140 A，试对该线路的两级保护装置进行设计、计算（L_2 线路保护装置动作时间取为0.5 s）。

5.3 某工厂10/3 kV变压器，容量为3 200 kVA，变压器一次侧三相短路电流为7.7 kA，二次侧三相短路归算到10 kV侧的三相短路电流为2.4 kA，采用电流互感器变比为300/5 A，求该变压器保护装置的整定值。

5.4 某380 V电动机，额定电流为55 A，起动电流为350 A，电动机端子处三相短路电流为18 kA，试选择该电动机的RTO型保护熔断器参数。

5.5 某车间变电所SLJ—320/10型变压器，$U_d\%=5.5$，已知变压器二次侧计算电流为320 A，可能出现的尖峰电流值为600 A，试选择该变压器0.4 kV侧低压自动空气开关型号，并进行参数整定。

5.6 某工厂户外变电所的铁构架高度为10 m，在相距50 m处有一高80 m的烟囱，上装有避雷针，试计算该避雷针能否对变电所进行保护。

5.7 某厂变电所位处粘土地带，在地下1 m深处中等含水量时实测土壤电阻率为0.6×10^4 Ω·cm，试设计该变电所接地装置（$R_E\leqslant4$ Ω）。

第6章　工厂节约用电技术

6.1　节约用电的意义、方法和主要途径

一、节约用电的意义

电能是发展国民经济的重要物质基础,是人类文明的必要条件。随着科学技术的发展和人们生活水平的提高,对电能的需求量越来越大,但据有关方面预估,近期我国能源产量的增长率不会高于工农业总产值的增长率,因此我国的能源方针是开发与节约并重,为2000年实现工农业总产值翻两番的目标,目前是把节能放在优先地位,当然节约用电的意义就更重要了。

电能是所有能源中最重要且又容易转换、输送、分配和控制的二次能源。工业用电占全国发电量的70%以上,在工业生产中电气设备和电力线路的电能损耗占工厂电能消耗的20%~30%。损耗中的很大部分是由于设备的选择,设备的运行状态,以及负荷的配置,供电系统不符合经济运行条件所引起。另一方面,由于缺电,大量用电设备停开,全国约有20%左右的生产能力未能发挥出来,影响全年工业总产值近2 000亿元。所以工厂节约用电不仅能降低工业品的成本,更重要的是节省的电能能创造它本身价值几十倍以上的工业产值,故工厂节约用电的意义是十分重大的。

二、节约用电的科学管理方法

1. 工厂供电采用科学管理方法,成立节能办公室

工厂要成立一个精干的节能办公室,厂级主要领导要亲自抓全厂节约用电工作。全厂各种用电要进行统一管理,建立一整套供电管理制度,产品能耗实行定额管理,实施节电奖励办法。

为缓解我国电能紧张状况,工厂实行计划供用电。各地区电业局要给该地区各工厂下达用电指标和规定用电的时间,各工厂要严格按地区下达指标和规定的时间计划用电。对于工厂内部,要对各车间用电下达指标,严格限制非生产用电,生活用电要装电度表,防止电能的浪费。

2. 合理分配负荷,提高供电能力

合理分配负荷,是为了降低负荷高峰,提高供电系统的供电能力。由于电力负荷日益增加,必须在地区内进行电力负荷的调整,各工厂用电高峰要相互错开,各厂休时间最好错开。在一个工厂内部也要进行负荷调整,各车间的大用电设备用电时间要互相错开,如大中型异步电动机的起动时间要错开。各车间上下班时间最好不要一致,实行高峰让电等。由于降低了负荷高峰,提高了变压器的负荷率和功率因数,从而提高了系统的供电能力并且节约了电能。

3. 实行经济运行,降低系统损耗

所谓经济运行,是指传送相同能量,供电系统电能损耗最少,工厂经济效益最高的一种运行方式。在工厂供电系统中,长期大马拉小车的设备要用功率合适的设备来替换,一般电机运行在75%左右的额定负载(电力变压器运行在50%~60%)时效率最高。有的用电设备可用两台小功率的代替一台大功率的设备,如电机或变压器,根据负荷的不同可投入一台或两台运行,这样可减少电机的基本损耗。另外对各种用电设备要经常维护和检修,确保生产的正常进行,间接地节省了电能。如电机的轴承是否有油润滑,不润滑的轴承增加电机的机械损耗;电机的风路是否被阻挡,风路被阻挡的电机长时间运行,电机就容易被烧坏;供电线路的接头是否有松动,松动处导线接触电阻要增大,造成线路损耗增大等。

三、节约用电的主要途径

1. 供用电系统选用高效节能用电设备

工厂的用电设备应采用高效节能型先进设备,这是工厂节能的一项基本措施。节能型先进设备可能售价稍高于老产品,但运行效率高,设备投资一般在2~3年内就可收回,而从节电观点考虑,社会效益是巨大的。工厂中,特别是老工厂里有许多用电设备都是不节能的旧设备,根据节能方针都应该用高效节能的设备更换。如电力变压器,采用冷轧硅钢片做的低损耗变压器SL_7、S_7、S_8或S_9型去替换用热轧硅钢片的SL_2旧型号变压器。新型号变压器比旧型号变压器的空载损耗要低40%左右,短路损耗要低14%左右,表6.1是几种不同型号和规格的变压器全年节电比较表。又如异步电动机,新型Y系列电动机与老型号JO_2系列电动机相比,效率提高了0.413%。据有关资料预算,各工厂都用Y系列电机代替JO_2系列电机,全国一年就可节电2~3亿kW·h。再如用异型节能荧光灯取代白炽灯和旧式荧光灯,各工厂在照明用电方面将节约60%~70%电能。因为11WH型节能荧光灯产生的光通量相当一只60 W白炽灯,在12 m^2以下的居室内完全可以满足一般照明要求。

表6.1 不同型号和规格变压器的损耗值

型号 / 数据 / 容量/kVA	SL_2		SL_7		全年损耗比较/kW·h		
	空载/kW	短路/kW	空载/kW	短路/kW	SL_2	SL_7	节电/kW·h
1 000	3.7	14.5	1.8	11.6	72 790	48 140	24 650
630	2.45	10	1.3	8.1	49 315	33 990	15 325
400	1.75	6.7	0.92	5.8	33 985	24 244	9 741

2. 改造工厂现有供用电设备,减少损耗

许多工厂近年来产品种类和产品的数量都不断增加,用电量大大超过供电系统当时的设计容量,造成供电设备的损耗增大,必须对系统进行技术改造。为了减少线路上的损耗,可参见第四章有关线规的选择原则,将截面积偏小的导线换大或采取加并一根导线的方式;将迂回线路改直;将绝缘老化,漏电较大的导线换为新线;若电源变压器容量偏小,可新增加一台适量的变压器并联供电,这样有利于变压器的经济运行;若新车间增加过多,配电所是否还是在负荷中心处,否则要考虑搬迁配电所到负荷中心处,减少线路上的损耗;现在生活区的大功率家用电器剧增,供电线路急需更换。

在有些工厂,有不少用电设备是不节能电器,应采用现在先进技术来降低设备的损耗。如 SL_2 型电力变压器铁心是用热轧硅钢片制造,若用冷轧硅钢片取代热轧硅钢片,变压器空载损耗可减少40%。又如三相异步电动机的负载若是一个经常变化的负载,可采用晶闸管调压电源来控制异步电动机定子端电压,当负载变轻时,由负载的变化量来使晶闸管的导通角自动减小,从而降低了异步电动机定子端电压,达到了减小定子铁耗目的(异步电动机定子铁耗大小与端电压平方基本成正比例变化)。例如用于油井抽油用的异步电动机,在抽油过程电机是重负载运行,而不抽油过程电机是轻载运行,轻载时自动将电压适量降低,可节省大量电能。另外油井(或水井)的深度不同,拖动抽油机的电动机功率大小不同,可用改变电动机端电压大小来改变电机功率(也有用改变异步电动机定子绕组匝数多少来改变电机功率大小)。再如交流电焊机,安装无载自动断电装置,可减少电焊机的空载损耗。

3. 用电设备经济运行

由于设备容量选择不合适,设备在运行中电能损耗大,效率低,属于不经济运行。各种用电设备,应根据负荷的大小来选择电气设备的容量,设备应运行在效率最高区域,这种选择电气设备的方法是节约用电的一种基本方法。当然,有些负荷是变化的,应根据负荷变化情况,采用变化的供电措施来使用电设备经济运行。

变压器的基本铁损耗与负荷率的大小无关,但变压器若长期负荷率偏低,变压器的运行效率就低。为了使变压器能经济运行,当负荷率长期低于额定负荷率的30%时,应该用小容量变压器来更换大容量变压器。

变压器的铜损耗与负荷电流的平方成正比例变化,对于长期超负荷运行的变压器,运行效率仍然低。要提高变压器的效率,对于长期超负荷运行的配电变压器,工厂应根据现有的最大负荷(可考虑近期发展后的负荷),新增加一台配电变压器并联供电。工厂负荷重时,两台同时供电,当负荷轻时,可将一台变压器从电网切除,这样可使变压器运行在效率最高区域。采用多台变压器并联供电还提高了供电的可靠性,在条件许可的工厂,可采用微型计算机来控制全厂的供电,可保证供电变压器随时都能运行在经济运行状态。

工厂里选用了大量的异步电动机,要异步电动机经济运行,首先要根据负荷的大小和运行的场所来选择电动机的型号和容量,一般选电机的额定容量是负载的1.3倍左右。第二要正确采用电动机的起动方法,异步电动机全压起动的起动电流为额定电流的4~7倍,为了不影响同一供电变压器上的其他用电设备和减小线路上的线损,一般异步电动机不采用直接起动。第三,若电动机的负载是一个较大范围变化的负载,异步电动机在运行过程中可改变定子绕组的接法,如负荷大时用△接法,负荷轻时变为Y型接法,这样可以减小电机的铁耗和提高电网的功率因数。

对于转速恒定的同步电动机,可改变同步电动机励磁电流大小来改善电网功率因数。当电网功率因数变低时,可将同步电动机励磁电流增大,同步电动机运行在过励状态,向电网输送无功电流,使电网功率因数增高。当电网无功负载较轻时,将同步电动机的励磁减小,使同步电动机运行在欠励状态,同样达到改善电网功率因数目的。对于绕线式异步电动机,在生产工艺许可条件下,可将电机转子绕组改接成励磁绕组,使异步电动机同步化运行,可提高电机的功率因数,达到节电目的。

对于消耗电网无功功率较多的用电设备,可采用人为的无功补偿方法,使电网功率因数提高，减少线路损耗。如在异步电动机定子方并联电容器可提高电机定子方功率因数；又如给日光灯电路并联电容也是为了改善电网功率因数，减少输电线路上的损耗。

6.2 提高工厂功率因数的方法

工厂中绝大多数用电设备，如感应电动机，电力变压器，电焊机以及交流接触器等，它们都要从电网吸收大量无功电流来产生交变磁场。在电网输送一定的有功电流时，若无功电流增大，电网的功率因数就会降低，输电线路上的损耗就要增大。因此，功率因数是衡量工厂供电系统电能利用程度的一个重要技术经济指标。《全国供用电规则》规定："用电力率(功率因数)低于0.7时，电业局不予供电。新建及扩建的电力用户其用电力率一律不应低于0.90"(目前要求:0.90~0.95)。

一、工厂中功率因数的定义及对供电系统的影响

1. 瞬时功率因数

工厂里用电设备的种类不同，用电负荷大小的变化和供电电压高低的变化，都会影响工厂供电系统的功率因数。在某一瞬间，用功率因数表测得的功率因数值，或用电压表，电流表和功率表在同一时刻读到的数值，通过计算得到的功率因数值都叫瞬时功率因数。计算公式为

$$\cos\varphi = \frac{P}{\sqrt{3}UI} \tag{6.1}$$

式中 P——功率表的读数，单位为kW；

U——电压表的读数，单位为kV；

I——电流表的读数，单位为A；

2. 均权平均功率因数

指某一规定的时间内，功率因数的平均值。

3. 自然功率因数

由用电设备本身性质决定的(不装人工补偿装置)功率因数叫自然功率因数。

4. 总功率因数

设置人工补偿装置后，电网的功率因数称为总功率因数。

在供电系统中，当传送一定的有功功率时，若负载所需的无功功率增大，则电网的功率因数将下降，负载端的端电压要降低，输电线上损耗增大，供电质量变坏。另外对发电厂里的发电机将引起电枢反应的去磁作用增强，发电机要发出相同功率的电能，必须加大励磁电流，造成发电机的温度升高和效率降低。

二、提高工厂功率因数的方法

1. 提高工厂的自然功率因数

不添置任何补偿设备，采取科学措施减少用电设备无功功率的需要量，使供电系统总功率因数提高称为提高自然功率因数。它不需增加设备，是最理想最经济改善功率因数的方法。

工厂里感应电动机消耗了工厂总无功功率的60%左右，变压器消耗了约20%的无功功

率，其余无功功率消耗在整流设备和各种电感性负载上。提高工厂功率因数的主要途径是如何减少感应电动机和变压器上消耗的无功功率。

感应电动机产生的电磁转矩大小与电机定子绕组两端的相电压的平方成正比例关系，但电压越高，感应电动机消耗的无功功率就越大，要提高电网功率因数，必须在保证产品质量的前提下，合理调整生产加工工艺过程，适量降低定子绕组相电压，减少电动机消耗的无功功率，达到改善功率因数的目的。如额定运行时定子绕组为三角形接法的感应电动机，若拖动的机械负荷是重载，轻载交替变化，则可在轻载时将电机定子绕组自动改接成星形接法，则电机定子绕组电压降为额定电压的$1/\sqrt{3}$，电动机消耗的无功功率就大大减少。

合理选择感应电动机的额定容量，避免大功率电动机拖动小负载运行，尽量使电动机运行在经济运行状态。因为感应电动机消耗的无功功率大小与电动机的负载大小关系不大，一般感应电动机空载时消耗的无功功率约占额定运行时消耗的无功功率的60% ~80%，故一般选择电动机的额定功率为拖动负载的1.3倍左右。

合理配置工厂配电变压器的容量和变压器的台数，是提高工厂功率因数的重要方法。工厂里的大用电设备不一定同时用电，但配电变压器所需的无功电流和基本铁耗与变压器负载的轻重关系不大。因此，当变压器容量选择过大而负荷又轻时，变压器运行很不经济，系统功率因数恶化。若工厂配电变压器选用两台或多台变压器并联供电（也可选一台变压器供电，其额定容量约为负荷的1.6倍左右），根据不同负荷来决定投入并联变压器的台数，达到供电变压器经济运行，减少系统消耗的无功功率。

用大功率晶闸管取代交流接触器，可大量减少电网的无功功率负担。晶闸管开关不需要无功功率，开关速度远比交流接触器快，并且无噪声，无火花，拖动可靠性增强。如钢厂有些生产机械要求每小时动作1 500 ~3 000次，使用交流接触器一星期就要损坏，改用晶闸管开关则寿命大大延长，维修工作量大大减少，促进了钢产量的增产（接触器的开断时间是毫秒级，晶闸管是微秒级）。

在不要求调速的生产工艺过程，选用同步电动机代替感应电动机，采用晶闸管整流电源励磁，根据电网功率因数的高低自动调节同步电动机的励磁电流。当电网功率因数较低时，使同步电动机运行在过励状态，同步电动机向电网发送出无功功率，这是改善工厂电网功率因数的一个最好方法（在转速较低的拖动系统中，低速同步电动机的价格比感应电动机价格低，而且外形尺寸相对还要小些）。

2. 人工补偿功率因数

（1）需补偿的无功功率的计算　根据《全国供用电规则》，要求工厂供电的功率因数达0.85 ~0.95以上，仅靠提高自然功率因数的办法通常是达不到的，因此工厂需装设无功功率补偿装置，对功率因数进行人工补偿。需补偿的无功功率可根据实际消耗的平均有功功率和已达到的自然平均功率因数$\cos\varphi_1$，以及需要提高到的功率因数$\cos\varphi_2$来计算，计算公式为

$$Q_B = P_{av}(\tan\varphi_1 - \tan\varphi_2) \tag{6.2}$$

式中　Q_B——需补偿的无功功率，单位为kVA；

P_{av}——实际消耗的平均有功功率，单位为kW；

$\tan\varphi_1$——补偿前自然平均功率因数角φ_1对应的正切值；

$\tan\varphi_2$——补偿后功率因数角φ_2对应的正切值；

公式（6.2）对应的功率三角形如图6.1。

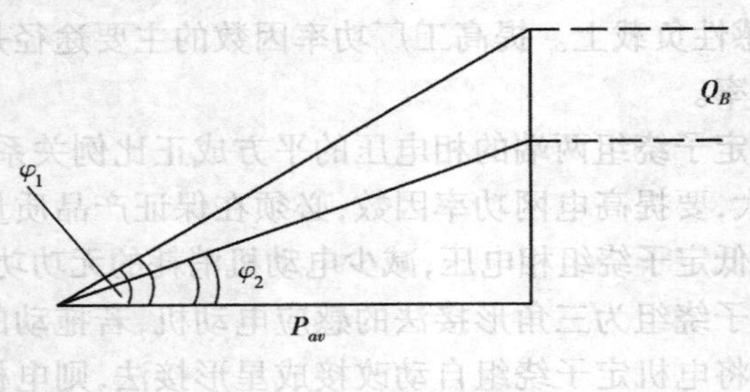

图 6.1　功率三角形

（2）补偿措施　采用同步调相机（又称同步补偿器）能均匀地调节电网功率因数，同步调相机实质是同步电动机不带机械负荷，运行在过励或欠励状态。当电网无功负荷重时，增大调相机励磁电流，调相机过励运行，向电网发出无功功率，在深夜，负荷轻，电网电压升高，可调小调相机励磁电流，调相机运行在欠励状态，吸收电网多余无功功率。若在调相机的励磁系统安装晶闸管自动控制的励磁装置，根据系统功率因数高低，自动减小或增大励磁电流，调相机能使系统功率因数保持在 0.95 以上。同步调相机由于价格较贵，一般适用于工厂变电所集中补偿，对于单个负载的补偿一般采用静电电容补偿。

目前国内外工厂广泛采用静电电容器补偿功率因数，单台静电电容能发出的无功功率较小，但容易组成所需的补偿容量。我国生产的 BW 系列电容，单台容量，6 ~ 10 kV 为 12 kVA/台，0.5 kV以下的单台容量可做到 4 kVA/台，电容器发出单位无功功率消耗的有功功率很小，约为0.03 ~0.04 kW/kVA，而且安装拆卸简单。但在使用电容器时应注意环境温度应在 −40℃ ~ +40℃之内；电容器的额定电压应为电网电压的 1.1 倍以上；当将电容器从电网上切除时，由于有残余电荷，为了工作人员的安全，对切除的电容器要立即放电（最好采用电阻自动放电装置）；另外还要注意电网的频率要与电容器的额定频率接近，因电容器的输出无功功率与电网频率关系是

$$Q'_{BC} = Q_{BC} \cdot \left(\frac{f_s}{f_{N \cdot C}}\right)^2 \tag{6.3}$$

式中　Q'_{BC}——电容器的实际输出无功功率；

Q_{BC}——铭牌上规定的电容器无功功率；

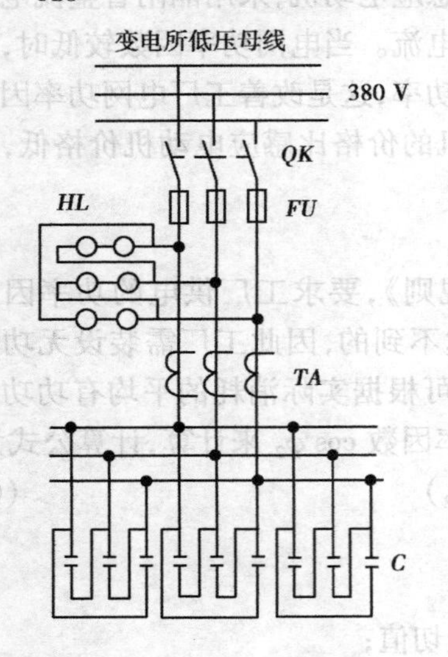

图 6.2　低压集中补偿电容器组电路图

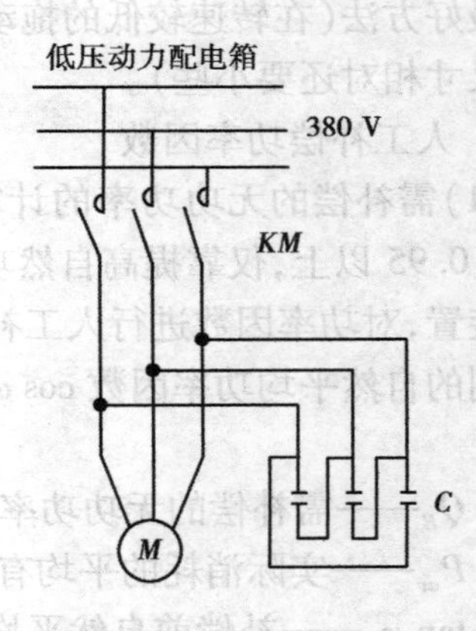

图 6.3　异步电动机旁补偿低压电容器组电路图

f_s——电网频率；

$f_{N\cdot C}$——电容器的额定频率。

(3)静电电容器的补偿方式及安装位置

静电电容器的补偿方式分3种:个别补偿;分组补偿和集中补偿。个别补偿是在电网末端负荷处补偿,可以最大限度地减少线路损耗和节省有色金属消耗量。对感应电动机的个别补偿是以空载时补偿到功率因数接近1为准。个别补偿电容器利用率低,易受环境条件变化的影响,适用于长期稳定负荷且需无功功率较大的负载。分组补偿是在电网末端多个用电设备供用一组电容器补偿,分组补偿的电容器利用率高,比起单个补偿可节省电容器的总容量。集中补偿是将电容器安装在工厂变电所变压器的低压侧或高压侧,一般安装在低压侧,这样可以提高变压器的负荷能力。最好的补偿方法是根据工厂实际情况采用电容器集中与分散相结合的补偿方法。

图6.2是低压集中补偿的电容器组电路图。低压电容器柜安装在变电所低压配电室内,这样运行维护方便。一般利用220 V、15~25 W的白炽灯的灯丝电阻或用专门的放电电阻来放电。

图6.3是直接接在异步电动机旁的个别补偿的低压电容器组电路图,这种补偿通常是利用电机绕组电阻来放电。

6.3 提高工厂负荷率的方法

工厂负荷率是指工厂配电变压器年平均负荷 P_{av} 与最大负荷 P_{max} 的比值 K_L,也叫负荷系数。

$$K_L = \frac{P_{av}}{P_{max}} \tag{6.4}$$

提高工厂负荷率是指在工厂供电变压器容量一定的情况下,合理使用工厂各用电设备,使供电变压器长期保持经济运行,在日耗电量一定的情况下,工厂多创产值。

要变压器经济运行,首先就要将配电变压器安置在厂里负荷的中心位置,以减少输电线上的电能损耗。

各用电设备要选用节能型电气设备,产品加工工艺要有合理的工艺流程。

实行负荷调整,降低负荷高峰,填补负荷低谷,提高供电能力。“削峰填谷”措施就是合理安排厂里各部门的用电时间,特别是大功率用电器要错开时间用电,这样配电变压器的输出电流就能保持一个恒定值,线路电能损耗降低,配电电压就能保证为额定电压,从而提高了供电的质量。

合理加强无功功率补偿,提高系统的功率因数,也是提高工厂负荷率的方法之一。

6.4 工厂经济运行电压的确立方法

我国电力系统输配电电压等级较多,通常高压输电为10~220 kV,低压配电有0.22~

0.66 kV,工厂用电是将地区高电压经降压变压器变为厂内用电设备通用的电压,但工厂用电器种类多,能否合理选用运行电压是工厂节电的重要问题。

工厂供电电压的选择要根据工厂负荷的大小和距离地区变电站的远近来确定。选用较高的电压可以减小输电线上的电能损耗,节约有色金属,但增加了线路及设备的投资费用。如线路的绝缘要加强,变压器和开关设备费用要增加等。一定的电压等级有一定的最佳供电容量和输送距离,表6.2是一些不同电压推荐的输送容量和输送距离。

表6.2 线路的输送容量及输送距离

额定电压/kV	传输方式	输送功率/kW	输送距离/km
0.22	架空线	小于50	0.15
0.22	电 缆	小于100	0.2
0.38	架空线	100	0.25
0.38	电 缆	175	0.35
3	架空线	100~1 000	1~3
6	架空线	2 000	3~10
6	电 缆	3 000	小于8
10	架空线	3 000	5~15
10	电 缆	5 000	小于10

供电电压还与导线截面积的大小,负荷功率因数及单个负载的功率大小等因数有关。为了减小变压器的损耗,工厂供电系统中应尽量减少中间变压环节。

工厂厂区高压配电电压的选择:

通常中小型工厂所在的地区的高电压等级受地区电网电压的限制,一般只有6~10 kV一种电压,因此只有本地区具有两种以上不同高电压时工厂才能自己选择供电变压器一次侧电压。由于3 kV电压配电不经济,现在一般不选用。

供电变压器二次侧电压等级应根据主要用电设备的电压等级来选择。

感应电动机的额定电压根据电动机的容量大小来决定,一般中心高大于355 mm的感应电动机定子电压为6 kV(也有3 kV和10 kV的),中心高为355 mm及以下的感应电动机有高压电机也有低压电机,多数为380V的低压电机。同容量的感应电动机,额定电压为380V与额定电压为3 kV或6 kV的电机相比较,效率分别约要高1%或2%,且价格也较低。但从线路损耗来讲,低压电机的供电线路损耗相对要大,输电导线截面积也要大,有色金属使用量较大。

对于配电变压器,电压为6 kV与10 kV的效率和价格相同,但35 kV的变压器相对10 kV的变压器价格要高20%~30%。在传输相同功率情况下,10 kV比6 kV要节省有色金属,且线路损耗要少约40%。在供电系统中所用开关和熔断器设备的价格相差不多。

鉴于以上情况,一般中小型工厂的高电压源采用10 kV电源,配电变压器选用10/0.4 kV。厂区内采用380/220 V三相四线制的低压供电,这样动力用电和照明用电可同用一台变压器(应注意的是三相负载应对称,否则线损会增大)。工厂中若有6 kV电压的电动机,可根据电动机的总容量再配置10 kV/6 kV的配电变压器单独供电。

另外工厂中若需直流电源，如拖动直流电动机，可用0.4 kV交流电源经可控硅整流装置整流后，获得可调直流电源。若需低压安全电源，可根据容量的大小选择降压变压器获得。

6.5 常用用电设备节电技术

一、电能平衡的基本知识

电能是由一次能源转换成的二次能源。电能的特点是发电、传输和用电都是在同一瞬间完成。电厂利用一次能源发电，然后经升压变压器，输电网，降压变压器将电能输送到各个工厂，再经工厂配电变压器和厂内输电线将电能送给各用电器。在整个传送过程中，级级有电能损耗，在发电厂利用的一次能源约有70%在转换和输配电环节中损失掉，若能在任何一个环节节约一个百分点，都会取得巨大经济效益。如最大负荷为100万kW的电网，若能将电网损耗降低1%，每年可多供电5 000万kW·h左右。电能传输和使用示意框图如图6.4所示。

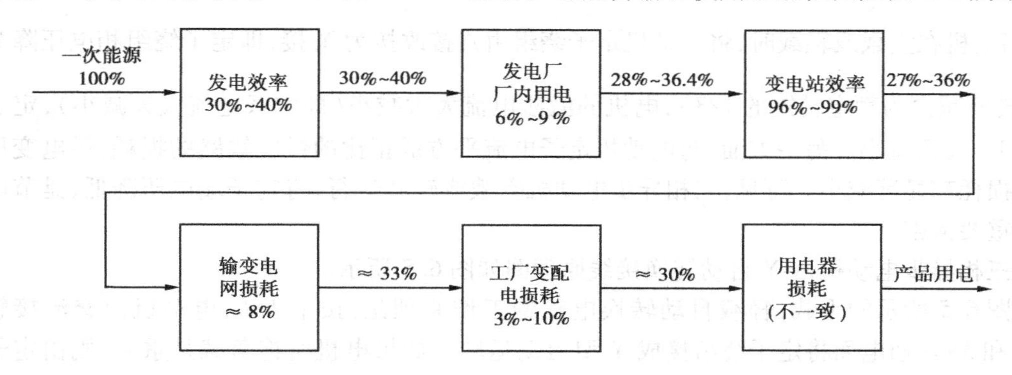

图6.4 电能传输和使用示意框图

由图6.4可知，各工厂将各自的用电设备用电损耗减少1%，将对整个国民经济的发展是一个巨大的贡献。

二、电动机节电技术

(一)在电力拖动中，电动机要能经济运行，首先要对电动机型号和容量进行合理选择，选择原则主要按以下条件。

1. 容量大于250 kW，不要求调速的稳定负荷，应选择同步电动机。

2. 容量大于200 kW的负荷，应尽可能选高压电动机(条件是厂内已有高压电源)。除特殊情况外，一般不选用直流电动机。

3. 电动机的额定容量与所拖动的负荷大小关系是，负荷容量为电动机额定容量的40% ~ 90%内，最好不大于90%。

4. 负荷为经常轻重交替变化时，应选电机定子绕组额定运行时为△接的电动机。当负荷小于额定值的33%，并持续一定时间时，应采用△变Y型运行。

5. 容量大于100 kW的交流异步电动机应尽量采取就地无功功率补偿。

6. 电动机在运行时若出现 5 min 以上的空载运行，应即时采取降低定子端电压或停机的节电措施。

7. 多台电动机并列运行时，应根据负荷轻重和工艺特性，按经济运行原则确定投入运行的台数。

8. 对于年运行小时在 2 000 以上，应尽量选用新型节能电动机（如 YX 系列电机）。

9. 在要求调速的工艺过程，应选用调速电动机（如变频调速电动机；变极电动机；高滑差电动机等）。

10. 在化工、井下等特殊场所，应选用特殊电动机（如防爆电动机，无刷励磁电动机、防腐电动机等）。

（二）几种常用电动机节能方法

1. 三相异步电动机重载，轻载的△-Y 自动切换

三相异步电动机所需激磁的无功电流较大，一般为额定电流的 30% ~60%，电机容量愈小，无功电流相对百分数愈大，因此电动机在空载和轻负载时的功率因数很低，而电动机定子铁耗只与绕组端电压的平方成正比，与电机所带负荷的大小关系不大，为了提高电动机运行效率，当电机在空载或轻载时，将电动机定子绕组由△接改接为 Y 接，即定子绕组相电压降为 $\frac{1}{\sqrt{3}}U_N$（转矩减少为额定转矩的 1/3），电机的激磁电流大大减小（即空载电流大大减小），定子铁耗按 U^2 关系减小。另一方面，与电动机定子电流平方成正比的供电线路的损耗，供电变压器的铜损耗都显著减小。可见，三相异步电动机空载或轻载运行，将定子端电压降低，是节电的一个重要措施。

三相异步电动机△-Y 自动转换接线原理图如图 6.5 所示。

图 6.5 所示的重载，轻载自动转换电路的工作原理是：按下 1*SB*，电动机由交流接触器 1*KM* 和 3*KM* 通电而将定子绕组接成 Y 型启动运转。如果电机所拖负载是重载，则由定子电流信号使电流继电器 *KA* 动作，*KA* 的常开触头闭合，2*KM* 带电动作，电动机自动改接为△运行（*KA* 常闭触头断开，3*KM* 断电）。

负载的增大（Y 接时），引起异步电动机的转差率增大，使转子电流增大，转子铜损耗增大。同时电机定子电流增大，使电机总损耗增大，当损耗大到与定子绕组为△接时损耗相等时，立即应将 Y 接改为△接，否则负载继续增加将使损耗超过△接时损耗，造成"倒节电"运行。

据有关资料介绍，电动机△-Y 切换点是按负荷率低于 40% 或定子电流为 1/2 额定电流时为切换点，使用该种运行方法，电动机节电效果显著。

2. 异步电动机的功率因数调节器

根据统计资料，我国大多数中小型异步电动机平均负荷率都在 20% ~65% 之间，特别是机械行业和纺织行业，轻载运行更为严重。电动机的激磁电流（即空载电流）一般为 30% ~60% 的额定电流，不随负载的大小而变化，当电机的负荷愈轻，定子功率因数就愈坏，运行效率就愈低，但输电线上的损耗并不会减少多少。因此，为了提高电机运行时的功率因数，在负荷减少时（即电机的负载转矩减小时），适量减少电机定子绕组的端电压，达到减少激磁电流，提高电机运行时的功率因数，同时也减少了输电线上的损耗（因为异步电动机的电磁转矩的大小正比于电机绕组电压的平方，在电机额定电压以下，激磁电流大小基本正比于电机定子绕组端电压）。

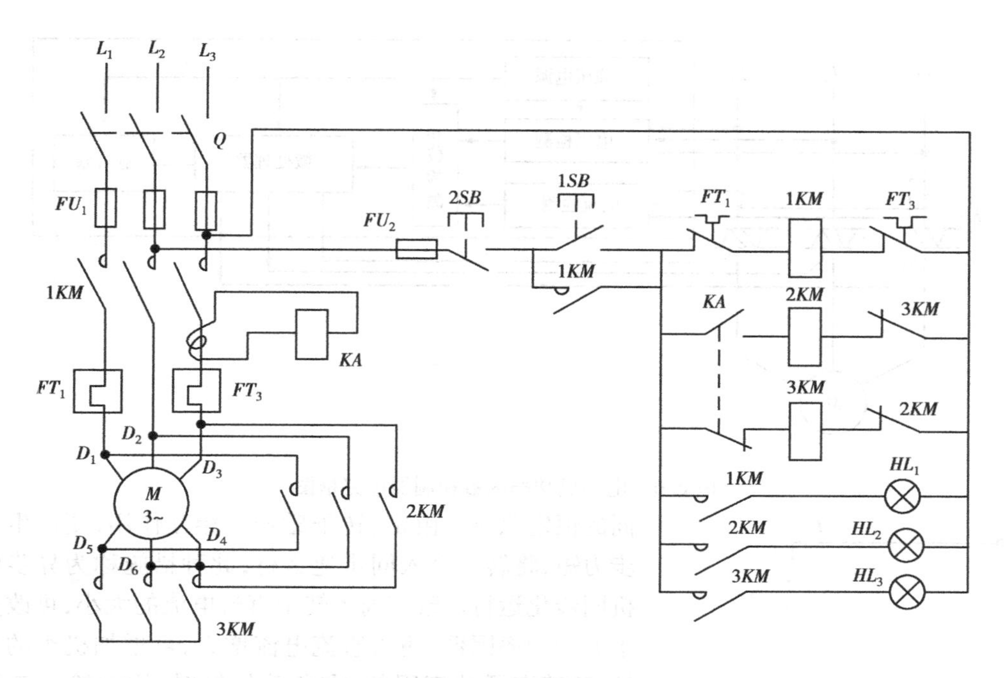

图 6.5　三相异步电动机△-Y 自动转换电路

KM—交流接触器　*SB*—控制按钮　*FU*—熔断器　*HL*—指示灯　*KA*—电流继电器

FT—热继电器　*Q*—电源开关　D_1D_4,D_2D_5,D_3D_6—电动机定子绕组

为了电动机在不同负荷率 K_L 下的功率因数都接近电动机的额定功率因数,因此施加在电机定子绕组的端电压的高低应随负荷的变化而变化,通常按经验公式(6.5)计算

$$U = \sqrt{K_L} \cdot U_{1N} \tag{6.5}$$

式中　U_{1N}——电动机额定线电压。

随电动机负荷率变化而自动调压的节电器叫电动机功率因数控制器(Power Factor Controller,简称 PFC)。功率因数控制器主要由电压检测器,电流检测器,相位检测器和微处理器,以及显示器等组成。示意框图如图 6.6 中虚框所示。功率因数控制器的工作原理是:将电机定子线路中的线电压信号和线电流信号输入到相位检测器中检测相位,再将检测到的定子电压和电流之间的相位信号输入微处理器(相位信号即为电机的功率因数),微处理器根据功率因数高低发出相位可移的脉冲信号,脉冲信号去触发接在定子线路中的双向可控硅 *KS* 使其导通。由于触发脉冲的相位是根据电动机负荷的轻重不同而不同,使双向可控硅导通的时间长短不同。负荷重,导通时间长,定子绕组两端电压高;负荷轻,导通时间短,定子绕组两端电压低。采用功率因数控制器还可以改善电动机的起动性能,即降压起动。减少起动电流倍数,使电机平稳加速,起动电流可降到 2 倍额定电流,延长了电机的寿命,同时也减少了线路损耗。图 6.6 表示了电动机功率因数控制器电路示意框图。

3. 绕线式异步电动机同步化运行

为了增大电动机的起动转矩,减小起动电流,绕线式异步电动机在起动过程中,在转子回路要串入适量起动电阻。在正常运行时(转子转速接近同步转速),将转子绕组改接成“两并一串”方式,如图 6.7 所示接线。给转子绕组通入直流电流 I_f,转子就产生了与定子极对数相

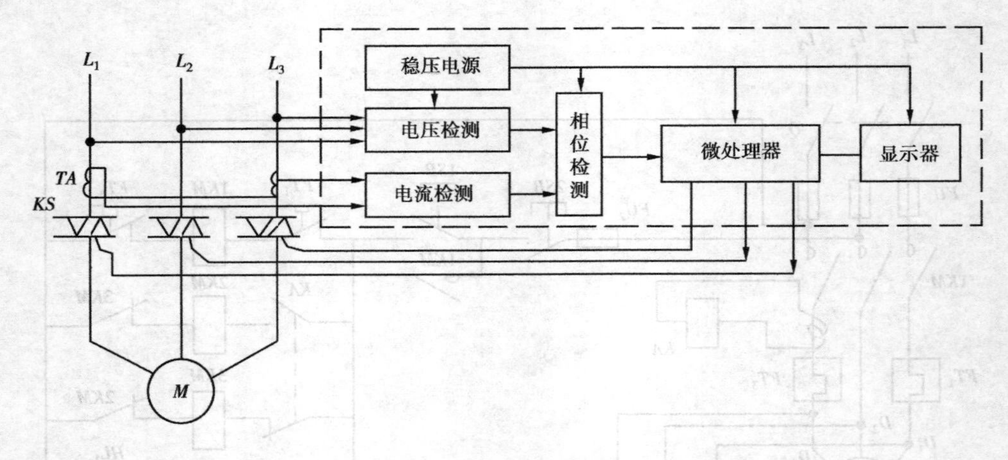

图 6.6　电动机功率因数控制器电路框图

图 6.7　“两并一串”接线图

同的恒定磁场。由定、转子磁场的相互作用，便产生了同步力矩，将转子牵入同步速运行，此种措施称为异步电动机同步化运行。改变通入转子直流电流的大小，可改变定子方的功率因数，输入直流电流增大，可增加机组的稳定性，改善定子功率因数，在负荷较轻时，增大输入直流电流，使定子功率因数超前，向电网输出无功功率供给相邻异步电动机激磁，同时还减少了线路的损耗。工厂中不要求调速的中、大型异步电动机，在平均负荷转矩不超过额定值 80%；最大转矩不超过 90% 的运行状态，改成同步化运行都具有明显的经济效益。表 6.3 表明了一台 1 000 kW 三相绕线式异步电动机在异步运行和同步运行时的主要数据对比。

表 6.3　1 000 kW 三相绕线式异步电动机在异步运行和同步运行时主要数据对比

运行方式	无功功率 /kVA	定子电流 /A	定子电压 /V	功率因数	转子电压 /V	转子电流 /A	有功功率 /kW
异步负载运行	670	93.8	6 360	0.81	—	—	787
同步负载运行	-101	71.2	6 520	-0.994	20.9	703	797
	-198	73.5	6 520	-0.984	21.5	748	806
	-284	75.4	6 530	-0.962	23.0	797	802
	-381	78.4	6 540	-0.930	24.8	850	803

异步电动机同步化运行时通入转子绕组直流电流大小，可按保持异步运行状态与同步运行状态时的转子铜损耗不变，转子平均温升相等原则计算，即

$$I_f^2 \cdot r_2 + 2 \cdot \left(\frac{I_f}{2}\right)^2 \cdot r_2 = 3I_{2N}^2 \cdot r_2$$

$$I_f = \sqrt{2}I_{2N} \tag{6.6}$$

励磁直流电压

$$U_f = I_f \cdot r_2 + \frac{I_f}{2} \cdot r_2 = \frac{3}{2} \cdot I_f \cdot r_2 =$$

$$\frac{3}{2}(\sqrt{2}I_{2N}) \cdot r_2 = \frac{3}{2} \cdot \sqrt{2} \cdot I_{2N} \cdot r_2 \tag{6.7}$$

又因

$$I_{2N} \cdot r_2 = \frac{1}{\sqrt{3}} \cdot E_{20} \cdot S_N$$

所以

$$U_f = \frac{3}{2} \cdot \sqrt{2} \cdot \frac{1}{\sqrt{3}} \cdot E_{20} \cdot S_N = 1.23E_{20} \cdot S_N \tag{6.8}$$

式中 E_{20}——转子绕组开路感应电势，单位为 V；

S_N——额定转差率；

r_2——转子绕组的一相电阻，单位为 Ω。

异步电动机同步化运行时，由于 $I_f > I_{2N}$，使电刷和集电环之间的电流密度增大，为了不造成过热，应将电刷加宽 50% 到 100%。并选配适当型号的电刷，如钢质集电环应采用 TS-64 型电刷；铜质集电环采用 TS-1/4 型电刷。

图 6.8 是绕线式异步电动机同步化运行的一种简单控制电路。

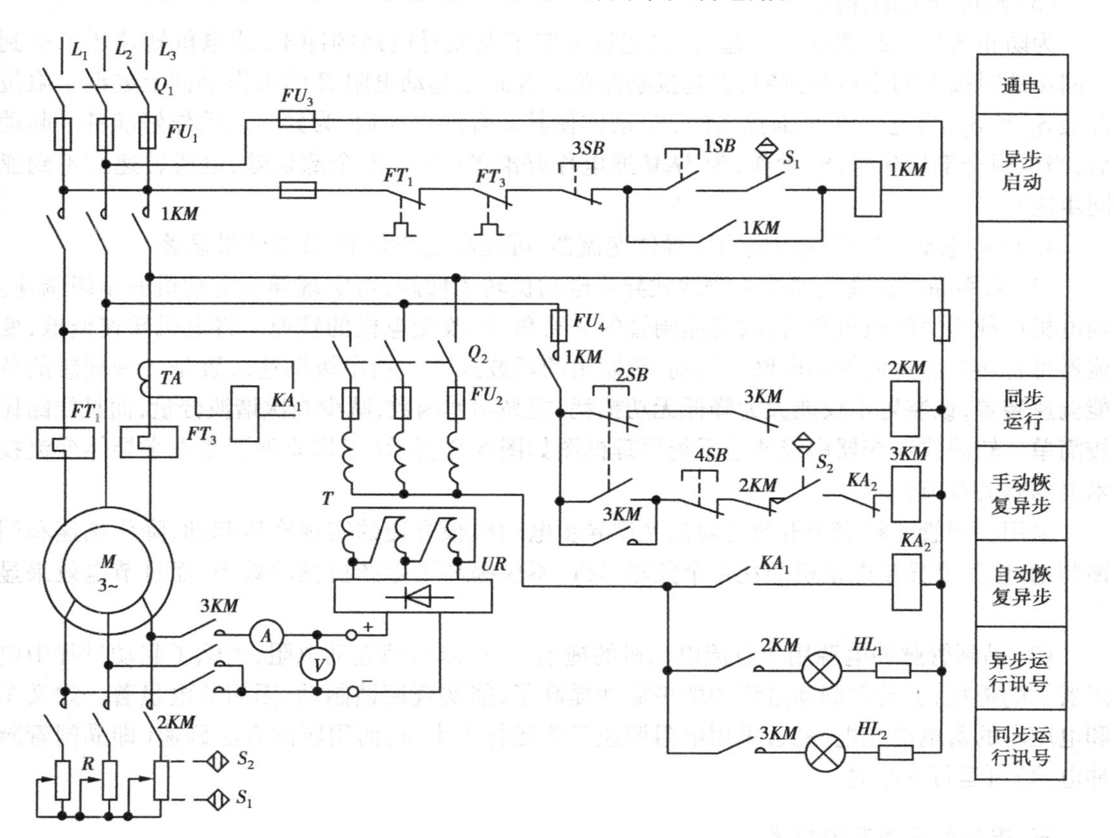

图 6.8 绕线式异步电动机同步化运行控制线路图

图 6.8 的动作原理如下：

(1)异步起动　转子回路外串电阻 R 首先置于最大处(可用频敏变阻器代替 R)，接通电源开关 Q_1 和整流变压器开关 Q_2，按下起动按钮 $1SB$，使接触器 $1KM$ 及 $2KM$ 吸合，电动机开始异步起动。当转速慢慢升高后，逐渐减小起动电阻 R 阻值，转速升到额定转速后(即电机转速稳定后)，将起动电阻 R 全部切除，限位开关 S_2 动作，其触点接通，为接触器 $3KM$ 通电作好准备。

(2)同步运行

当电机转速稳定后，按下 $2SB$ 使 $2KM$ 断电 $3KM$ 吸合，转子接入直流励磁，电动机转子被牵入同步速运行。此时的工作特性与同步电动机相同。

(3)手动恢复异步运行

已运行在同步速的异步电动机，如要恢复异步运行，可按下 $4SB$ 按钮。则 $3KM$ 断电使 $2KM$ 通电吸合，电动机恢复异步运行状态。

(4)自动恢复异步运行

当电机所带负载转矩过大而失步或励磁电流不足等原因引起定子电流迅速增大时，电流继电器 KA_1 动作，其触点接通中间继电器 KA_2，使 $3KM$ 断电 $2KM$ 带电，电动机自动恢复异步运行状态。

(5)限位开关的作用

为防止未接入起动电阻 R 起动，引起过大定子电流对电网的冲击；或电机转速还未达到亚同步速时按下同步运行按钮，引起投励振荡。因此在起动电阻 R 的操作手柄上装设了限位开关 S_1 和 S_2，当电阻 R 全部接入时，S_1 动作使其动合触点接通，为异步起动作好准备。起动后，当电阻全部切除时，S_2 动作，为 $3KM$ 通电作好准备(若 R 不全部切除，电机转速达不到亚同步速)。

4. 电机拖动中广泛应用电力半导体变流器，可提高生产效率，节能效果显著

(1)采用晶闸管变流器接入绕线式异步电动机转子回路，可实现异步电动机的串级调速。当电机负载为恒转矩负载时，改变晶闸管的导通角，可改变电机的转速。将电机转速调低，变流器可将转差能量回馈到电网。目前，研制出的斩波式逆变器串级调速装置是一种理想的节能调速装置，该装置不仅能大大降低无功损耗，提高功率因数，减少高次谐波分量，而且线路比较简单。斩波式逆变器串级调速系统原理框图如图 6.9 所示(工作原理请参看半导体变流技术书的有关章节)。

采用晶闸管变频变压电源可对鼠笼型异步电动机很方便的实现降压起动，降压调速和回馈制动，鼠笼型异步电动机能在 4 个象限运行，不仅提高了生产机械的效率，而且节电效果显著。

(2)晶闸管脉冲电源用于直流电动机的拖动中，可以取消起动电阻，消除了起动过程中电阻器上的损耗，起动和制动过程中的平稳性提高了，能实现回馈制动，因而节电显著。如叉车和电瓶车的蓄电池充电一次，采用电阻调速只能运行 4 小时，而用斩波方法调速(即晶闸管脉冲电源)可运行 6 小时。

三、电加热设备节电技术

电加热设备在工厂中主要是指各种电炉、烘房以及工厂照明等用电器，该类设备是将电能

转变成热能或光能。我国许多中小型工厂里电加热设备容量小，效率低，耗电多，现在应广泛吸收运用国内外的先进电源；先进炉窑节能技术，用大容量，高产出，低电耗的炉窑，替换小容量，耗电量大的小炉窑。

对于电炉，烘房等电热设备，首先炉体要用绝热性能好的材料来做。如用硅酸铝陶瓷纤维做炉窑的保温墙壁，这样的炉窑耗电少，效率高。

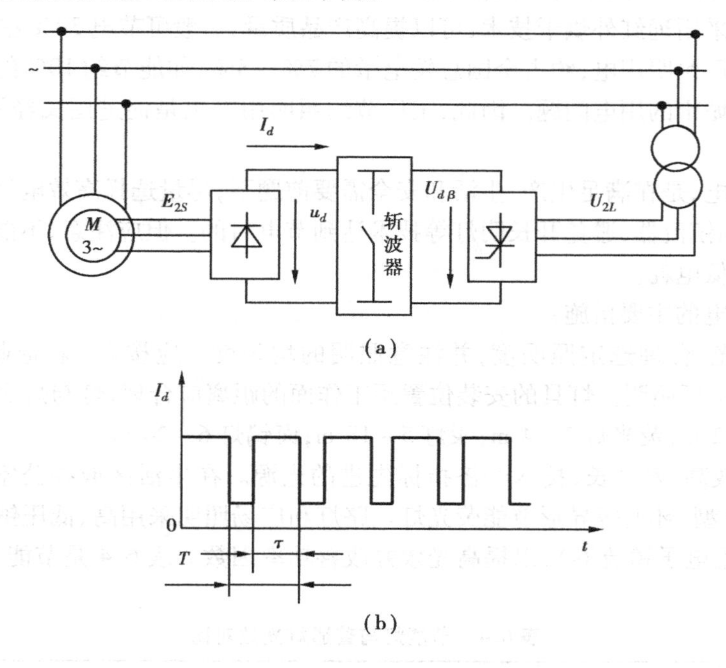

图 6.9　斩波式逆变器串级调速系统原理框图

(a)原理框图　(b)斩波后的转子电流波形图

各类电炉，烘房的电源，现在应采用可控硅调压电源。可控硅导通角的控制采用单片机自动控制，最好不要用通断式加电方式，根据炉温的微小变化，单片机自动改变触发脉冲的相位来控制可控硅导通角的大小，时时调整电加热器两端的电压，这样的电加热设备的温度控制精度高，用电省。如烧制马赛克的电炉，根据加工工艺的要求，将电炉分成 4 个温度段(各段工作温度不一致)，每段各用一个可控硅电源供电。各段的温度控制由一个热电耦和一个温控仪组合控制可控硅的导通角，该种方法比常规用电网电压，采用交流接触器通断方式供电，温度控制的精度大大提高(由于有热惯性，通断方式供电的温度控制精度低)。控制精度可达千分之一二，烧制的马赛克质量提高了，耗电量降低了。可控硅电源供给电炉用电的电路框图如图 6.10 所示。

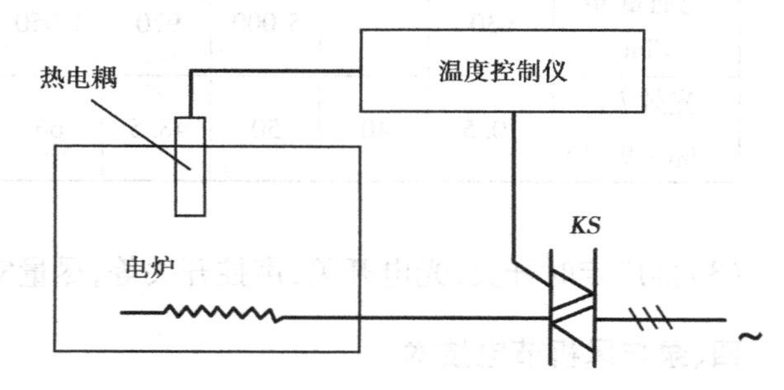

图 6.10　温度自动控制的电炉原理框图

对于金属熔炼，感应加热及机械零件淬火工艺，采用晶闸管中频电源技术，可以提高生产效率，节省电能和减少占地面积，并且改善了工人的工作环境。晶闸管中频电源装置是一种将三相工频电能转变为单相中频电能的装置，实际上是一个交流—直流—交流的变流器。目前国产的中频电源频率有几百赫兹到几十千赫兹，功率有几十千瓦到几千千瓦。加热原理是：将中频电流当做激磁电流，产生变化频率很高的磁场，要加热的工件在中频磁场中感应中频电势，工件内部便产生中频频率的涡流，因此中频感应加热的效率高，省电。

对于烘干房采用远红外烘干技术，可以提高产品质量，一般可节电 30% 左右。

对于全国工厂照明用电，约占全国总发电量的 7% ~8%，如能节约 10% 的照明用电，可解决一个中等工业城市的用电问题。因此，工厂节约照明用电也是促进国民经济发展的一个巨大动力。

节约照明用电，是在满足生产、生活和安全需要前题下，尽量选择高效电光源，减少配电损耗，采用损耗低的镇流器，避免开长明灯等技术达到节电目的。但应注意，不能降低照明度，损害视觉健康来降低电耗。

节约照明用电的主要措施：

(1)避免眩光，合理选定照明度，并注意照明的均匀度。应按《工业企业照明设计标准 TJ34-79》来设计工厂照明。灯具的安装位置距工作面的距离应合理，灯与灯之间距离应合理。如白炽灯 2.5 ~12 m；荧光灯 2 ~4 m；汞灯 5 ~18 m；卤钨灯 6 ~24 m。

(2)选用光效高，寿命长，技术经济指标先进的光源。在生活区或办公室采用 H 型荧光灯，双 D 型，双 U 型，环型等异形节能荧光灯。路灯和广场照明采用高、低压钠灯，选用低损耗镇流器(尽量选用电子镇流器)，以提高光效并改善功率因数。表 6.4 是节能灯与普通灯光效对比表。

表 6.4　节能灯与普通灯光效对比

灯型 / 参数	普通白炽灯	银钛节能灯泡	特种灯丝灯泡	普通荧光灯	双D型荧光灯	双U型荧光灯	双曲型荧光灯	H型荧光灯	U型荧光灯	环型荧光灯
功率 P_N /W	60		100	20	16	18	18	11	16	18
光通量 Φ /lm	630		5 000	970	1 050	1 250	990	770	802	900
光效 h_Φ /(lm · W^{-1})	10.5	40	50	48.5	66	69	55	70	50	59

(3)推广定时开关，光电开关，声控开关等，尽量实现人走灯灭。

四、泵与风机节电技术

据资料统计，拖动风机、水(油)泵的电动机每年耗电量接近全国用电的三分之一左右，约为工业用电的一半。可见风机、水泵是一个耗电大户。但工厂中，使用风机、水泵存在许多不合理之处，主要表现有：

1. 设备陈旧，运行效率低，电机与风机、水泵选型配套不合理，电机留有过大余量。

2. 采用挡板或阀门调节风量或流量,增大了节流功率损耗。

3. 输送管道设计不合理,管道阻力大,能量损耗大。

(一)节电措施

1. 更换或改造效率低的陈旧设备,采用高效风机水泵。如 DG6-25×2~12 型多级锅炉给水泵的效率比老产品提高 12.7%;IH125-100-250 型单级单吸耐腐蚀离心泵,效率比老产品提高 10%,单台平均年节电可达 49 000 kW·h。Y8-39 系列和 Y10-21~32 系列锅炉引风机,其效率均比老产品提高 10%~15%。

2. 根据工况负荷大小选择节能风机、水泵。拖动风机、水泵的电动机的功率,型号应和风机、水泵配置合理,使设备运行在高效率区间。

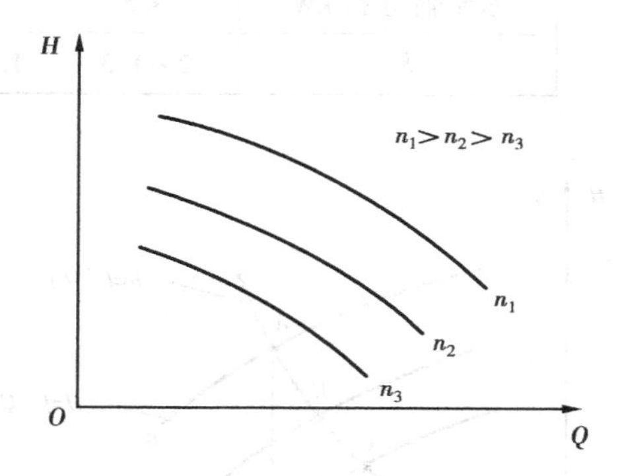

图 6.11 风机的 $H=f(Q)$ 特性曲线

H—风压,单位为 mmH_2O($1\ mmH_2O$ 为 $1\ kgf/m^2=9.8\ Pa$) Q—风量,单位为 m^3/min

风机的特性曲线 $H=f(Q)$ 如图 6.11 所示。

风机轴上输入功率

$$P_F = \frac{Q\cdot H\times 9.8}{60\eta_F} = \frac{Q\cdot H}{6\,120\eta_F}\quad \text{kW} \tag{6.9}$$

式中 η_F—风机效率。

拖动风机的电动机轴上输出功率

$$P_M = \frac{P_F}{\eta_C} = \frac{Q\cdot H}{6\,120\eta_F\cdot\eta_C}\quad \text{kW} \tag{6.10}$$

式中 η_C——传动机构的效率,直接传动时为 1.0,皮带传动时为 0.9~0.95,齿轮转动时为 0.9~0.97。离心式风机 Q、H 和 P_F 与电机转速的关系为

$$\left.\begin{aligned} Q &\propto n \\ H &\propto n^2 \\ P_F &\propto n^3 \end{aligned}\right\} \tag{6.11}$$

水泵的流量 Q_P,全扬程 H_Σ 和水泵的轴上输入功率 P_P 与转速间的关系同风机的关系一样,公式(6.11)也适用于水泵。拖动电动机的轴上输出功率为

$$P_M = \frac{P_P}{\eta_C} = \frac{Q_P\cdot H_\Sigma\cdot\gamma}{102\eta_P\cdot\eta_C}\quad \text{kW} \tag{6.12}$$

式中 $P_P=\dfrac{Q_P H_\Sigma \gamma}{102\eta_P}$——水泵轴功率(kW)

Q_p——液体的流量(m^3/s)

H_Σ——泵的全扬程(m)

γ——液体的重度(kgf/m^3)

η_P——泵的效率

考虑电动机要运行在效率最高点附近,并有一定的过载能力,选择电动机容量可按下式计算

$$P_{MN}=K_1\cdot P_M$$

式中　K_1——泵配套电机功率备用系数，根据水泵轴功率大小选择。见表6.5。

表6.5　水泵配套电机的功率备用系数 K_1

水泵轴功率/kW	<5	5~10	10~50	50~100	>100
K_1	2~1.3	1.3~1.15	1.15~1.10	1.1~1.05	1.05

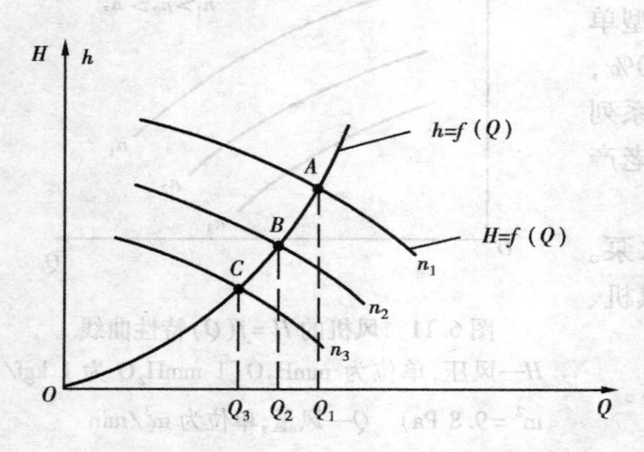

图6.12　风机与负载配合节电图

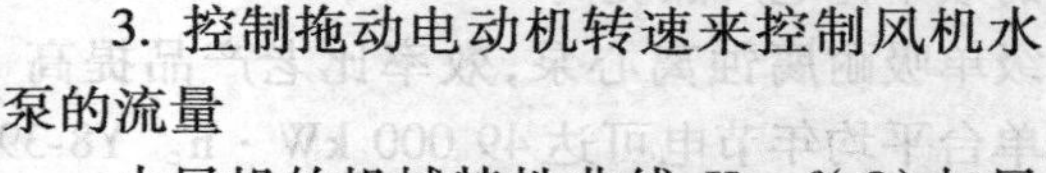

3. 控制拖动电动机转速来控制风机水泵的流量

由风机的机械特性曲线 $H=f(Q)$ 与风阻的阻力特性曲线 $h=f(Q)$ 的交点，便是风机的运行点，风机的转速不同，运行点不同，风量（流量）大小不同，如图6.12所示。

由图6.12可见风阻 $h \propto Q^2$，风机的风量（流量）$Q \propto n_1$，因此调节电动机的转速即可调节风机的风量，是风机水泵节电的最好方法。

风量的调节控制方法通常有：

（1）调节电动机定子端电压调速；

（2）绕线式异步电动机转子回路串可变电阻调速；

（3）电磁滑差电机调速；

（4）绕线式异步电动机串级调速；

（5）改变定子电源频率的变频调速；

（6）改变电机极对数的变极调速（有级调速）。

4. 合理设计管道，降低管道阻力

风机水泵的管网的阻力 h 与流量的关系为

$$h = R \cdot Q^2 \tag{6.13}$$

h——管网阻力，单位为 mmH_2O 柱（kgf/m^2）；

R——风阻系数。

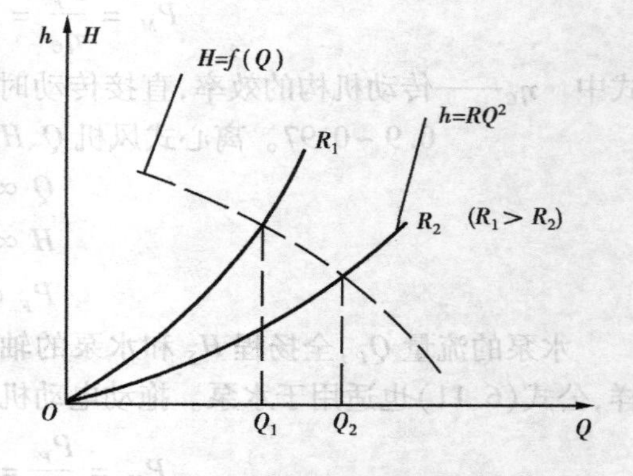

图6.13　风阻与风机特性的关系

若采用挡板调风量，将使风阻增大，风压增大，电动机的功率增大。风阻特性曲线与风机特性曲线的关系如图6.13所示。合理设计管网，是风机水泵节电的一个重要措施。

6.6　工厂供电系统经济运行管理方法

根据国务院发布《节约能源管理暂行条例》的精神，省、自治区，直辖市和地方人民政府都要有节能领导办公室，并要由主要负责人来抓节能工作。节能领导办公室要指导好各工厂的节能技改工作，因此工厂供电要能经济运行，必须有科学管理机构和必要的管理方法。

一、科学管理机构

工厂供电系统和各电气设备要能经济运行,必须有一个完整的科学管理机构,该管理机构的工作必须要由一个厂长亲自抓。该管理机构可由以下部门组成,如图 6.14 所示。

二、科学管理方法

根据国家经委和计委《关于进一步加强节约用电的若干规定》的主要精神,节约用电的科学管理方法主要有:

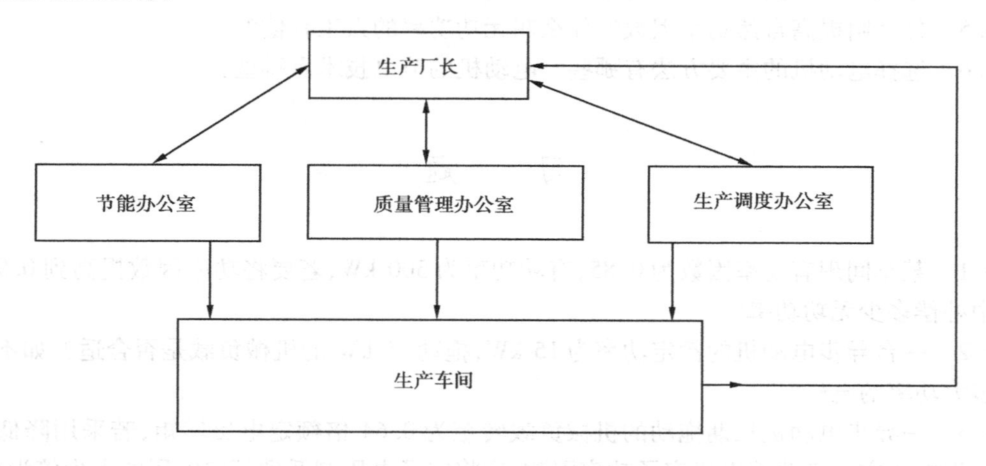

图 6.14 工厂节能管理机构框图

1. 加强对全厂职工进行节约用电意义的宣传与教育,开展群众性节电活动,节能有奖。

2. 加强管理人员和全厂电工的技术培训,提高管理水平。

3. 全厂用电进行科学管理,有条件工厂应采用微机管理。厂内各级用电应建立严格管理方法,为保证全厂供电经济运行,必须做以下工作。

(1)定时抄送各级必要的仪表数据,如有功功率数据,无功功率表数据,电压表、电流表数据。

(2)管理人员应及时将各数据输入微机(或人工计算),微机自动处理数据并打印表格或曲线(有条件的工厂可采用微机自动定时检测各仪表数据并自动调整全厂供电)。管理人员应立即对供电进行调整,保证经济运行。如根据 $\cos\varphi$ 的高低,可调整无功功率补偿的容量,有功功率过大,应调整某些生产环节,限制大功率异步电动机的启动。

4. 推广节电技术措施,改造或更新高效节能设备,保证各用电设备经济运行。

5. 加强供电设备和用电设备的维护管理工作,保证设备正常运转,也是提高工效和节电的重要方法。

思 考 题

6.1 节约用电对国民经济建设有何重大意义？

6.2 为什么要实行计划供用电？如何实行计划供用电？

6.3 为什么要提高工厂供电系统的功率因数？工厂里提高功率因数有哪些主要方法？

6.4 什么叫工厂负荷率？如何提高工厂负荷率？

6.5 什么叫提高自然功率因数？什么叫无功功率的人工补偿？

6.6 选择电动机的主要方法有哪些？电动机的节电技术有哪些？

习 题

6.1 某车间现有功率因数为0.85，有功功率为500 kW，若要将功率因数提高到0.95，问需集中补偿多少无功功率？

6.2 一台异步电动机的额定功率为15 kW，拖动15 kW的机械负载是否合适？如不合适应换多大功率的电机？

6.3 一异步电动机长期拖动的机械负载转矩为0.64倍额定电磁转矩，若采用降低电动机定子端电压方法来改善电机定子功率因数，应将定子电压调低到额定电压的多少倍为合适？

附　　录

附录1　工厂供电系统常用电气图形符号

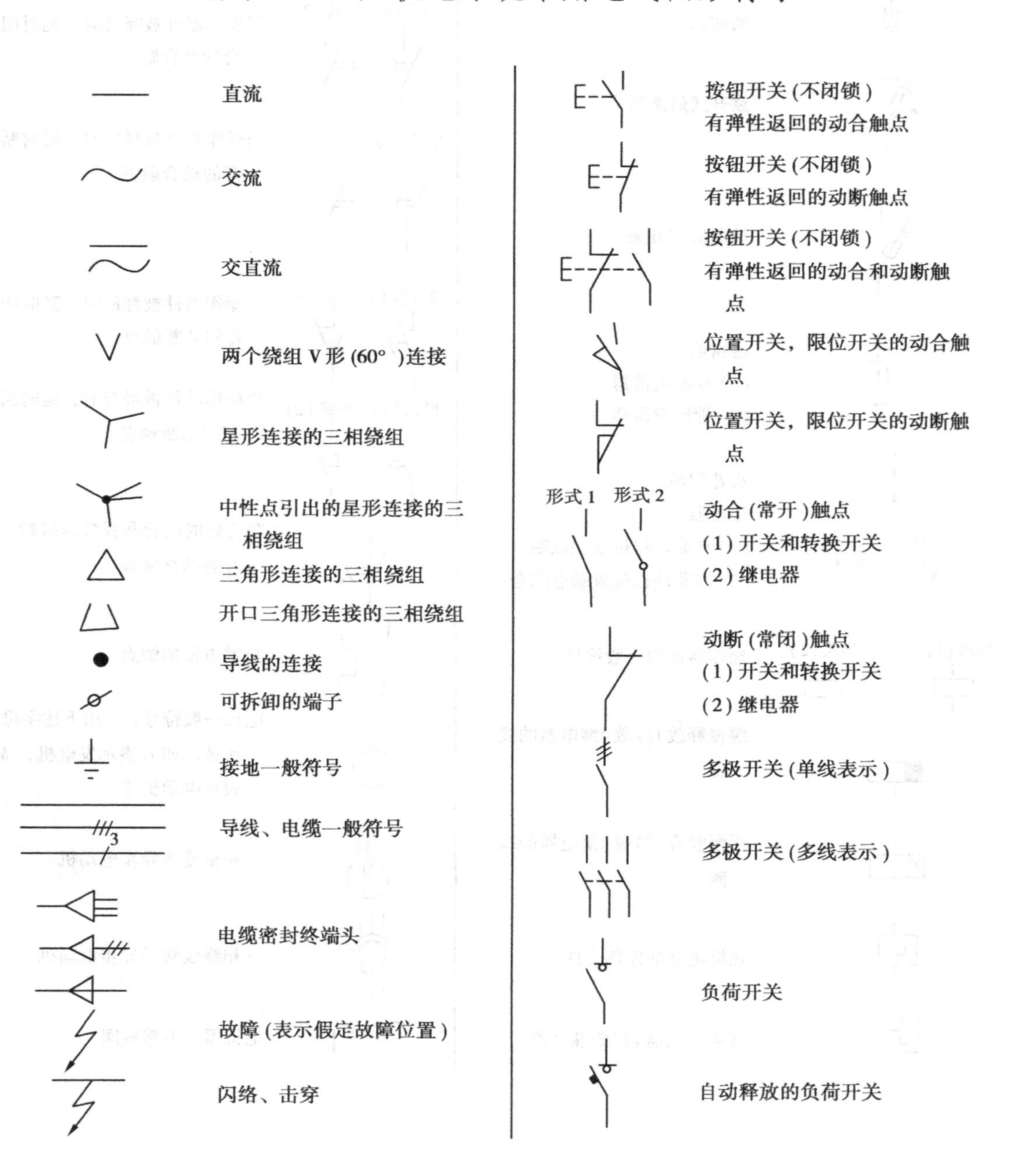

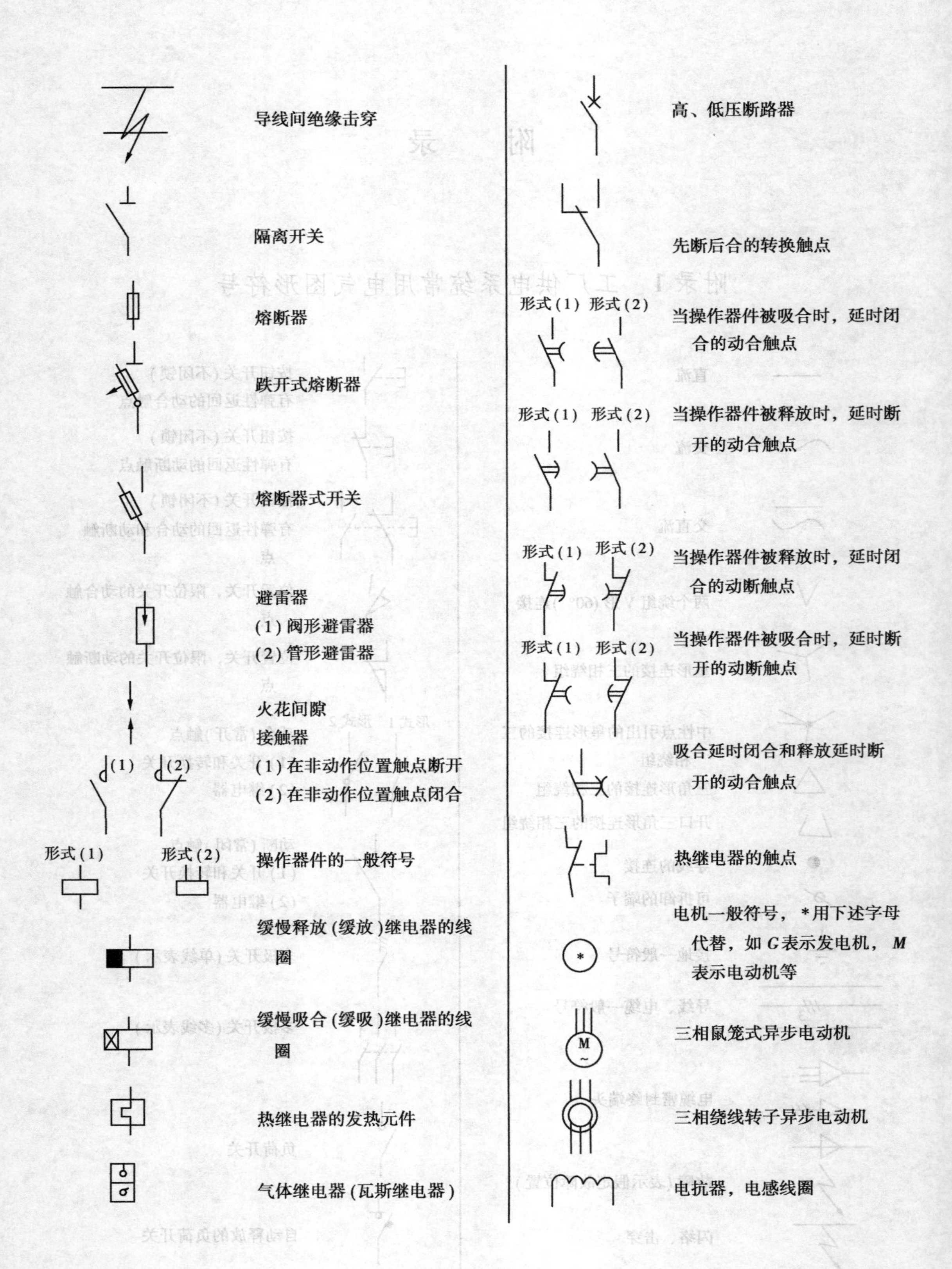

导线间绝缘击穿
隔离开关
熔断器
跌开式熔断器
熔断器式开关
避雷器
(1) 阀形避雷器
(2) 管形避雷器
火花间隙
接触器
(1)
(2)
(1) 在非动作位置触点断开
(2) 在非动作位置触点闭合
形式 (1)
形式 (2)
操作器件的一般符号
缓慢释放 (缓放) 继电器的线圈
缓慢吸合 (缓吸) 继电器的线圈
热继电器的发热元件
气体继电器 (瓦斯继电器)
高、低压断路器
先断后合的转换触点
形式 (1) 形式 (2)
当操作器件被吸合时，延时闭合的动合触点
形式 (1) 形式 (2)
当操作器件被释放时，延时断开的动合触点
形式 (1) 形式 (2)
当操作器件被释放时，延时闭合的动断触点
形式 (1) 形式 (2)
当操作器件被吸合时，延时断开的动断触点
吸合延时闭合和释放延时断开的动合触点
热继电器的触点
*
电机一般符号，*用下述字母代替，如 G 表示发电机，M 表示电动机等
M
~
三相鼠笼式异步电动机
三相绕线转子异步电动机
电抗器，电感线圈

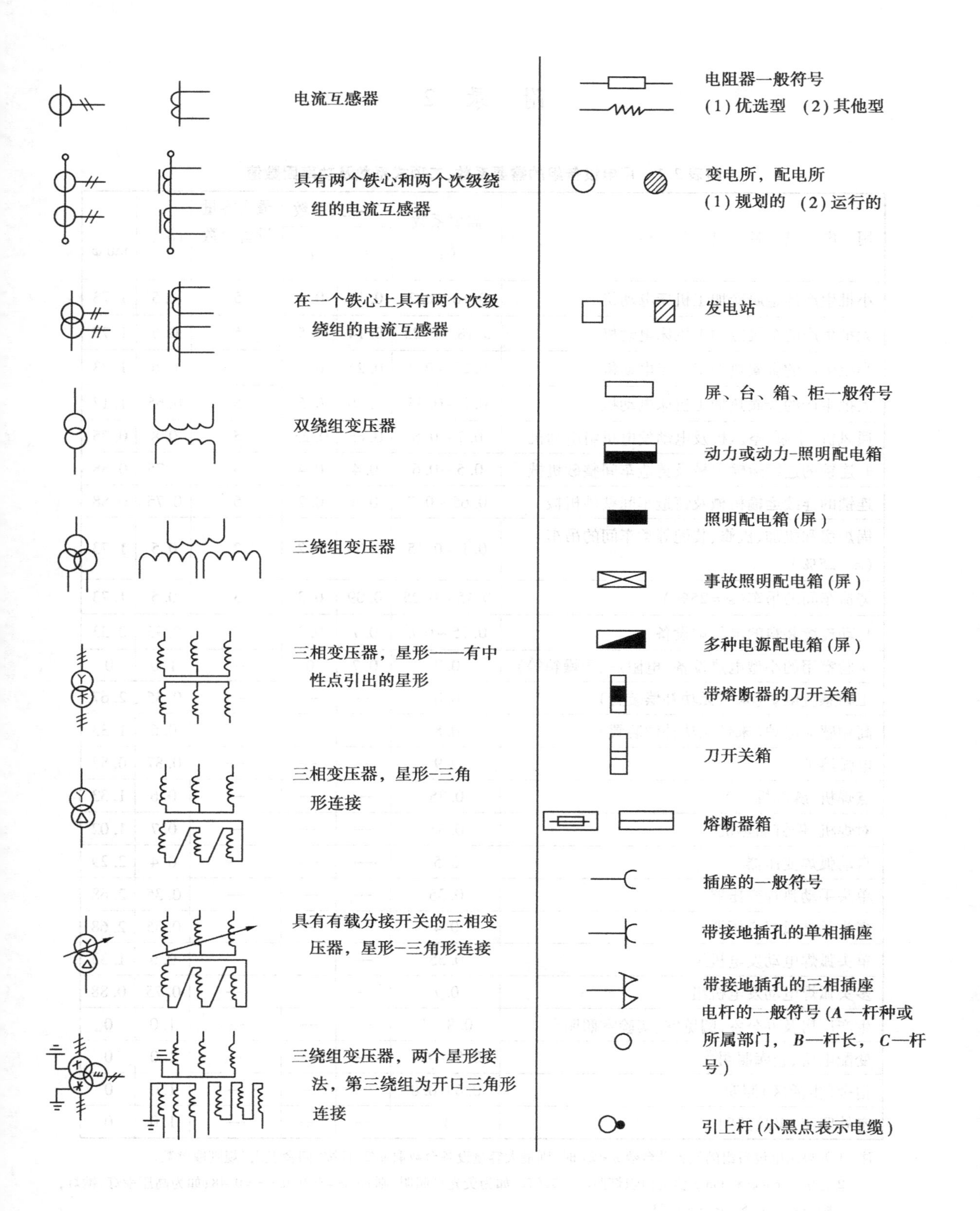
电流互感器
具有两个铁心和两个次级绕组的电流互感器
在一个铁心上具有两个次级绕组的电流互感器
双绕组变压器
三绕组变压器
三相变压器，星形——有中性点引出的星形
三相变压器，星形-三角形连接
具有有载分接开关的三相变压器，星形-三角形连接
三绕组变压器，两个星形接法，第三绕组为开口三角形连接
电阻器一般符号
(1) 优选型 (2) 其他型
变电所，配电所
(1) 规划的 (2) 运行的
发电站
屏、台、箱、柜一般符号
动力或动力-照明配电箱
照明配电箱 (屏)
事故照明配电箱 (屏)
多种电源配电箱 (屏)
带熔断器的刀开关箱
刀开关箱
熔断器箱
插座的一般符号
带接地插孔的单相插座
带接地插孔的三相插座
电杆的一般符号 (A—杆种或所属部门，B—杆长，C—杆号)
引上杆 (小黑点表示电缆)

附 录 2

附表 2.1 用电设备组的需要系数、二项式系数及功率因数值

用电设备组名称	需要系数 K_d	二项式系数		最大容量设备台数 x①	$\cos\varphi$	$\tan\varphi$
		b	c			
小批生产的金属冷加工机床电动机	0.16～0.2	0.14	0.4	5	0.5	1.73
大批生产的金属冷加工机床电动机	0.18～0.25	0.14	0.5	5	0.5	1.73
小批生产的金属热加工机床电动机	0.25～0.3	0.24	0.4	5	0.6	1.33
大批生产的金属热加工机床电动机	0.3～0.35	0.26	0.5	5	0.65	1.17
通风机、水泵、空压机及电动发电机组电动机	0.7～0.8	0.65	0.25	5	0.8	0.75
非连锁的连续运输机械及铸造车间整砂机械	0.5～0.6	0.4	0.4	5	0.75	0.88
连锁的连续运输机械及铸造车间整砂机械	0.65～0.7	0.6	0.2	5	0.75	0.88
锅炉房和机加、机修、装配等类车间的吊车($\varepsilon=25\%$)	0.1～0.15	0.06	0.2	2	0.5	1.73
铸造车间的吊车($\varepsilon=25\%$)	0.15～0.25	0.09	0.3	3	0.5	1.73
自动连续装料的电阻炉设备	0.75～0.8	0.7	0.3	2	0.95	0.33
实验室用的小型电热设备(电阻炉、干燥箱等)	0.7	0.7	0	—	1.0	0
工频感应电炉(未带无功补偿装置)	0.8	—	—	—	0.35	2.67
高频感应电炉(未带无功补偿装置)	0.8	—	—	—	0.6	1.33
电弧熔炉	0.9	—	—	—	0.87	0.57
点焊机、缝焊机	0.35	—	—	—	0.6	1.33
对焊机、铆钉加热机	0.35	—	—	—	0.7	1.02
自动弧焊变压器	0.5	—	—	—	0.4	2.29
单头手动弧焊变压器	0.35	—	—	—	0.35	2.68
多头手动弧焊变压器	0.4	—	—	—	0.35	2.68
单头弧焊电动发电机组	0.35	—	—	—	0.6	1.33
多头弧焊电动发电机组	0.7	—	—	—	0.75	0.88
生产厂房及办公室、阅览室、实验室照明②	0.8～1	—	—	—	1.0	0
变配电所、仓库照明②	0.5～0.7	—	—	—	1.0	0
宿舍(生活区)照明②	0.6～0.8	—	—	—	1.0	0
室外照明、事故照明②	1	—	—	—	1.0	0

注:①如果用电设备组的设备总台数 $n<2x$ 时,则最大容量设备台数取 $n/2$,且按“四舍五入”规则取整数。

②这里的 $\cos\varphi$ 和 $\tan\varphi$ 值为白炽灯照明的数值。如为荧光灯照明,则 $\cos\varphi=0.9$, $\tan\varphi=0.48$;如为高压汞灯、钠灯,则 $\cos\varphi=0.5$, $\tan\varphi=1.73$。

附表 2.2　部分工厂的全厂需要系数、功率因数及年最大有功负荷利用小时参考值

工厂类别	需要系数	功率因数	年最大有功负荷利用小时数	工厂类别	需要系数	功率因数	年最大有功负荷利用小时数
汽轮机制造厂	0.38	0.88	5 000	量具刃具制造厂	0.25	0.60	3 800
锅炉制造厂	0.27	0.73	4 500	工具制造厂	0.34	0.65	3 800
柴油机制造厂	0.32	0.74	4 500	电机制造厂	0.33	0.65	3 000
重型机械制造厂	0.35	0.79	3 700	电器开关制造厂	0.35	0.75	3 400
重型机床制造厂	0.32	0.71	3 700	电线电缆制造厂	0.35	0.73	3 500
机床制造厂	0.2	0.65	3 200	仪器仪表制造厂	0.37	0.81	3 500
石油机械制造厂	0.45	0.78	3 500	滚珠轴承制造厂	0.28	0.70	5 800

附表 2.3　并联电容器的无功补偿率

补偿前的功率因数	补偿后的功率因数				补偿前的功率因数	补偿后的功率因数			
	0.85	0.90	0.95	1.00		0.85	0.90	0.95	1.00
0.60	0.713	0.849	1.004	1.333	0.76	0.235	0.371	0.526	0.85
0.62	0.646	0.782	0.937	1.266	0.78	0.182	0.318	0.473	0.80
0.64	0.581	0.717	0.872	1.206	0.80	0.130	0.266	0.421	0.75
0.66	0.518	0.654	0.809	1.138	0.82	0.078	0.214	0.369	0.69
0.68	0.458	0.594	0.749	1.078	0.84	0.025	0.162	0.317	0.64
0.70	0.400	0.536	0.691	1.020	0.86	—	0.109	0.264	0.59
0.72	0.344	0.480	0.635	0.964	0.88	—	0.056	0.211	0.54
0.74	0.284	0.425	0.580	0.909	0.90	—	0.000	0.155	0.48

附表 2.4　BW 型并联电容器的主要技术数据

型　　号	额定容量/kVA	额定电容/μF	型　　号	额定容量/kVA	额定电容/μF
BW0.4—12—1	12	240	BWF6.3—30—1W	30	2.4
BW0.4—12—3	12	240	BWF6.3—40—1W	40	3.2
BW0.4—13—1	13	259	BWF6.3—50—1W	50	4.0
BW0.4—13—3	13	259	BWF6.3—100—1W	100	8.0
BW0.4—14—1	14	280	BWF6.3—120—1W	120	9.63
BW0.4—14—3	14	280	BWF10.5—22—1W	22	0.64
BW6.3—12—1TH	12	0.964	BWF10.5—25—1W	25	0.72
BW6.3—12—1W	12	0.96	BWF10.5—30—1W	30	0.87
BW6.3—16—1W	16	1.28	BWF10.5—40—1W	40	1.15
BW10.5—12—1W	12	0.35	BWF10.5—50—1W	50	1.44
BW10.5—16—1W	16	0.46	BWF10.5—100—1W	100	2.89
BWF6.3—22—1W	22	1.76	BWF10.5—120—1W	120	3.47
BWF6.3—25—1W	25	2.0			

注：①额定频率均为 50 Hz。

②并联电容器全型号表示和含义：

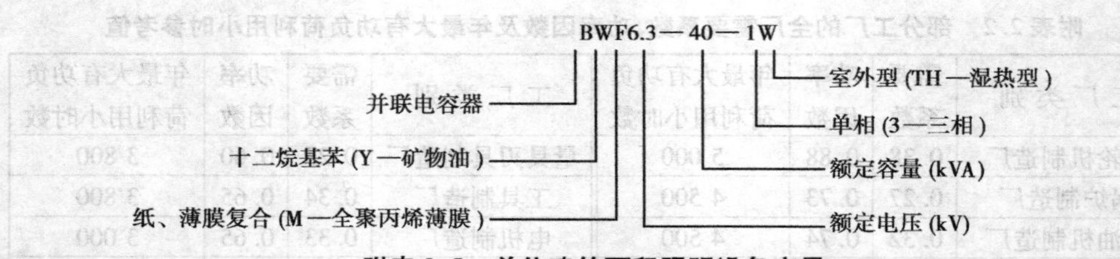

附表 2.5　单位建筑面积照明设备容量

建筑名称	单位照明容量/(W·m^{-2})	建筑名称	单位照明容量/(W·m^{-2})
金工车间	6	各种仓库	4~9
装配车间	9	生活间	8
工具修理车间	8	锅炉房	5~8
金属结构车间	10	机车库	8
焊接车间	8	汽车库	5~7
锻工车间	7	住宅	4
热处理车间	8	学校	11~15
铸钢车间	8	办公楼	8~10
铸铁车间	8	单身宿舍	5~7
木工车间	11	食堂	5~9
实验室	10	托儿所	5
煤气站	7	商店	8~12
压缩空气站	5	浴室	6~8

附表 2.6　矩形母线的电阻和感抗

母线尺寸/mm	阻抗/(mΩ·m^{-1})					
	65℃时的电阻		当相间几何均距 D_{av}(mm)时的感抗(铜及铝)			
	铜	铝	100	150	200	300
25×3	0.268	0.475	0.179	0.200	0.295	0.244
30×3	0.223	0.394	0.163	0.189	0.206	0.235
30×4	0.167	0.296	0.163	0.189	0.206	0.235
40×4	0.125	0.222	0.145	0.170	0.189	0.214
40×5	0.100	0.177	0.145	0.170	0.189	0.214
50×5	0.08	0.142	0.137	0.156 5	0.18	0.200
50×6	0.067	0.118	0.137	0.156 5	0.18	0.200
60×6	0.055 8	0.099	0.119 5	0.145	0.163	0.189
60×8	0.041 8	0.074	0.119 5	0.145	0.163	0.189
80×8	0.031 3	0.055	0.102	0.126	0.145	0.170
80×10	0.025	0.044 5	0.102	0.126	0.145	0.170
100×10	0.020	0.035 5	0.09	0.112 7	0.133	0.157
2(60×8)	0.020 9	0.037	0.12	0.145	0.163	0.189
2(80×8)	0.015 7	0.027 7	—	0.126	0.145	0.170
2(80×10)	0.012 5	0.022 2	—	0.126	0.145	0.170
2(100×10)	0.01	0.017 8	—	—	0.133	0.157

附表 2.7　触头的接触电阻　　单位 mΩ

额定电流/A	50	70	100	140	200	400	600	1 000	2 000	3 000
自动空气开关	1.3	1.0	0.75	0.65	0.6	0.4	0.25	—	—	—
刀开关	—	—	0.5	—	0.4	0.2	0.15	0.08	—	—
隔离开关	—	—	—	—	—	0.2	0.15	0.08	0.03	0.02

附表 2.8　自动空气开关过电流线圈的阻抗　　单位 mΩ

线圈的额定电流/A	50	70	100	140	200	400	600
电阻(65℃时)	5.5	2.35	1.30	0.74	0.36	0.15	0.12
电　　抗	2.7	1.3	0.86	0.55	0.28	0.10	0.094

附表 2.9　电流互感器一次线圈电阻及电抗(二次侧开路)　　单位 mΩ

型号	交流比	5/5	7.5/5	10/5	15/5	20/5	30/5	40/5	50/5	75/5	100/5	150/5	200/5	300/5	400/5	500/5	600/5	750/5
LQG0.5	电阻	600	266	150	66.7	37.5	16.6	9.4	6	2.66	1.5	0.667	0.575	0.166	0.125		0.04	0.04
	电抗	4 300	2 130	1 200	532	300	133	7.5	48	21.3	12	5.32	3	1.33	1.03		0.3	0.3
C-49Y	电阻	480	213	120	53.2	30	13.3	7.5	4.8	2.13	1.2	0.532	0.3	0.133	0.075		0.03	0.03
	电抗	3 200	1 420	800	355	200	88.8	50	32	14.2	8	3.55	2	0.888	0.73		0.22	0.2
LQC-1	电阻		300	170	75	42	20	11	7	3	1.7	0.75	0.42	0.2	0.11	0.05		
	电抗		480	270	120	67	30	17	11	4.8	2.7	1.2	0.67	0.3	0.17	0.07		
LQC-3	电阻		130	75	33	19	8.2	4.8	3	1.3	0.75	0.33	0.19	0.88	0.05	0.02		
	电抗		120	70	30	17	8	4.2	2.8	1.2	0.7	0.3	0.17	0.08	0.04	0.02		

附表 2.10　导体在正常和短路时的最高允许温度及热稳定系数

导体种类和材料			最高允许温度/℃		热稳定系数 C
			正常 θ_0	短路 θ_k	
母线	铜		70	300	171
	铜(接触面有锡层时)		85	200	164
	铝		70	200	87
油浸纸绝缘电缆	铜　芯	1~3 kV	80	250	148
		6 kV	65	220	145
		10 kV	60	220	148
	铝　芯	1~3 kV	80	200	84
		6 kV	65	200	90
		10 kV	60	200	92
橡皮绝缘导线和电缆		铜芯	65	150	112
		铝芯	65	150	74
聚氯乙烯绝缘导线和电缆		铜芯	65	130	100
		铝芯	65	130	65
交联聚乙烯绝缘电缆		铜芯	80	230	140
		铝芯	80	200	84
有中间接头的电缆(不包括聚氯乙烯绝缘电缆)		铜芯		150	
		铝芯		150	

附录3　电器设备及成套配电装置型号含义

附表 3.1(1)　电流互感器的型号含义

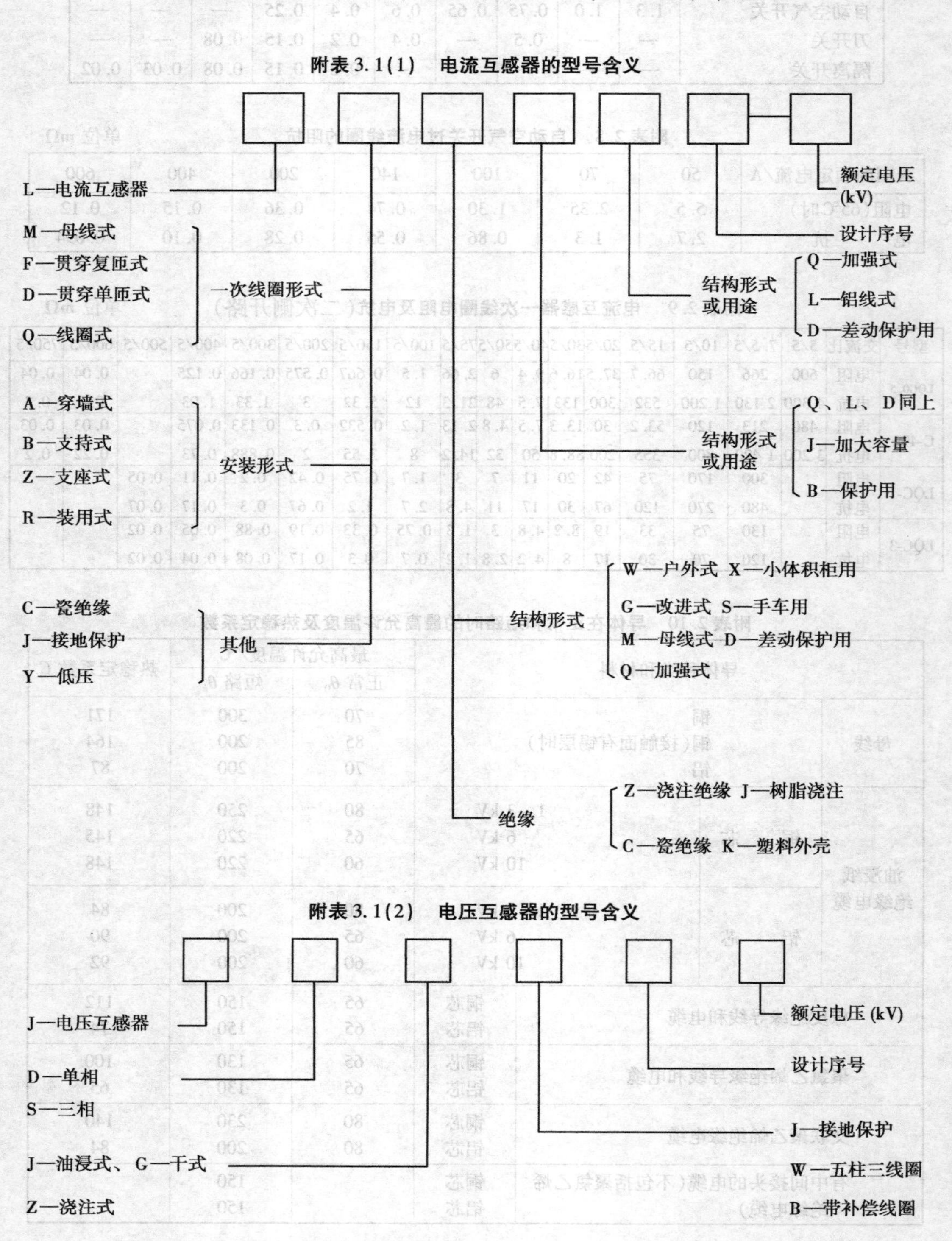

附表 3.1(2)　电压互感器的型号含义

附表 3.1(3)　刀开关型号含义

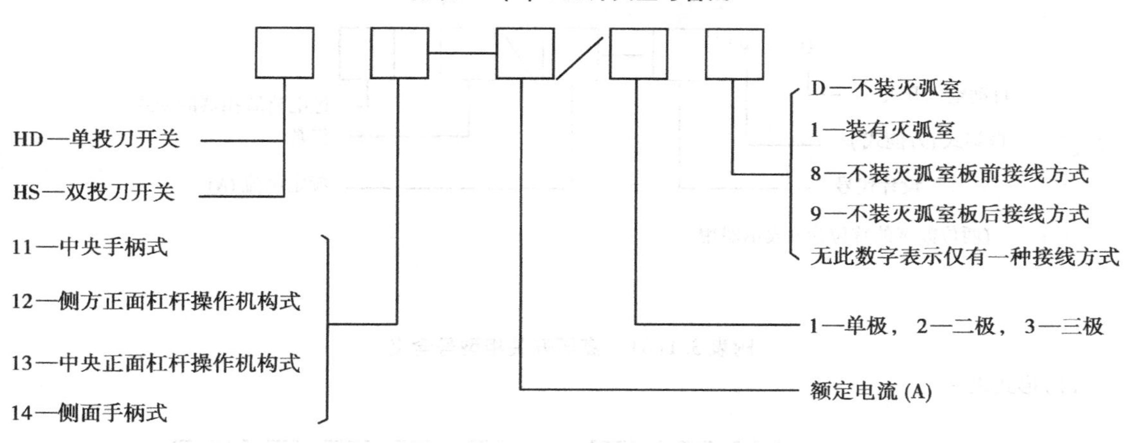

附表 3.1(4)　DZ 系列自动空气开关型号含义

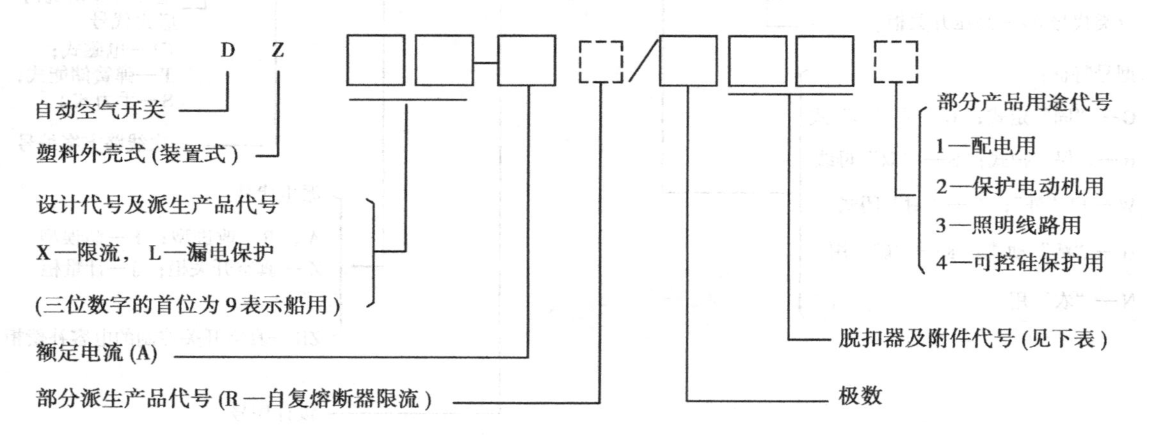

脱扣器形式及附件代号表

代号 附件 种类 脱扣器类别	不带附件	分　励	辅助触头	欠电压	分励 辅助触头	分励 欠电压	二组 辅助触头	欠电压 辅助触头
无脱扣器	00		02				06	
热脱扣器	10	11	12	13	14	15	16	17
电磁脱扣器	20	21	22	23	24	25	26	27
复式脱扣器	30	31	32	33	34	35	36	37

附表 3.1(5) DW 系列自动空气开关型号含义

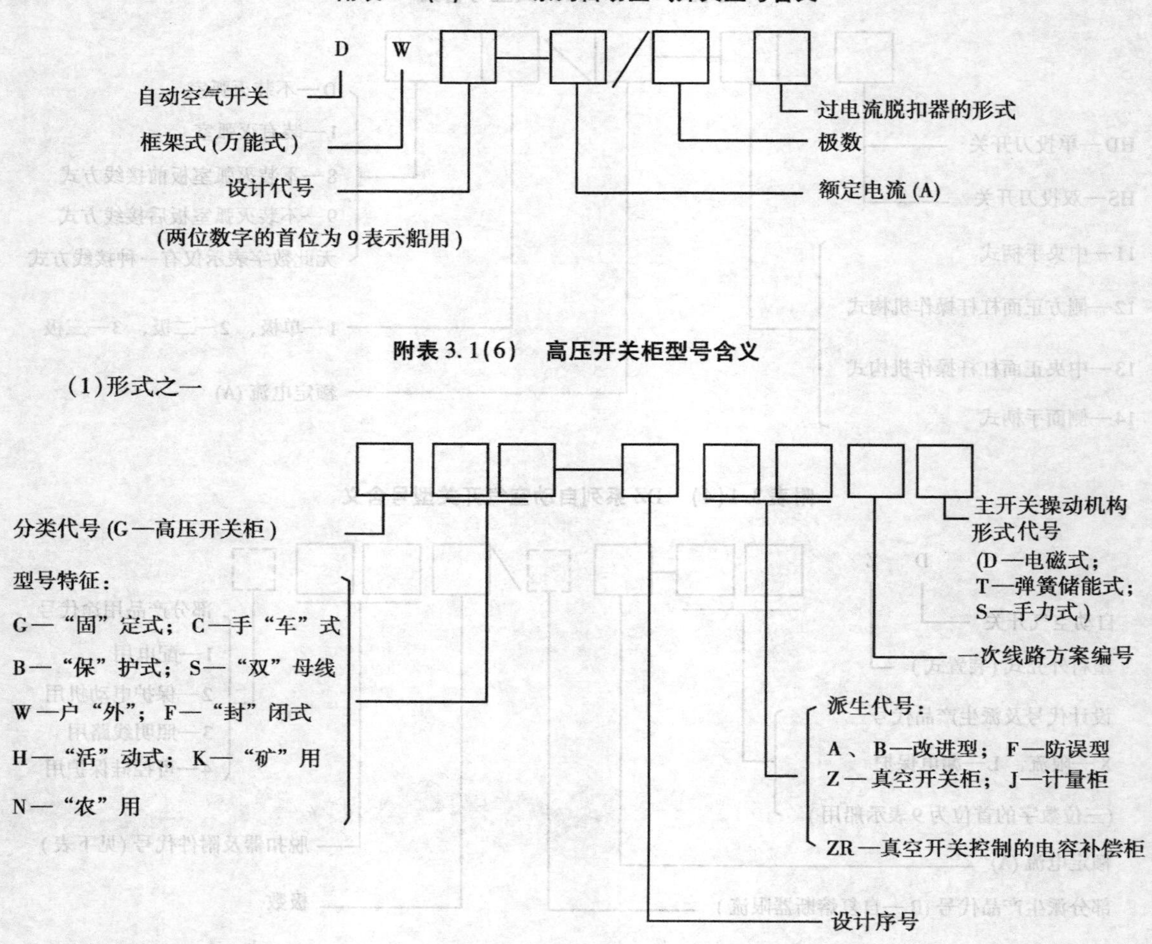

附表 3.1(6) 高压开关柜型号含义

(1)形式之一

(2)形式之二

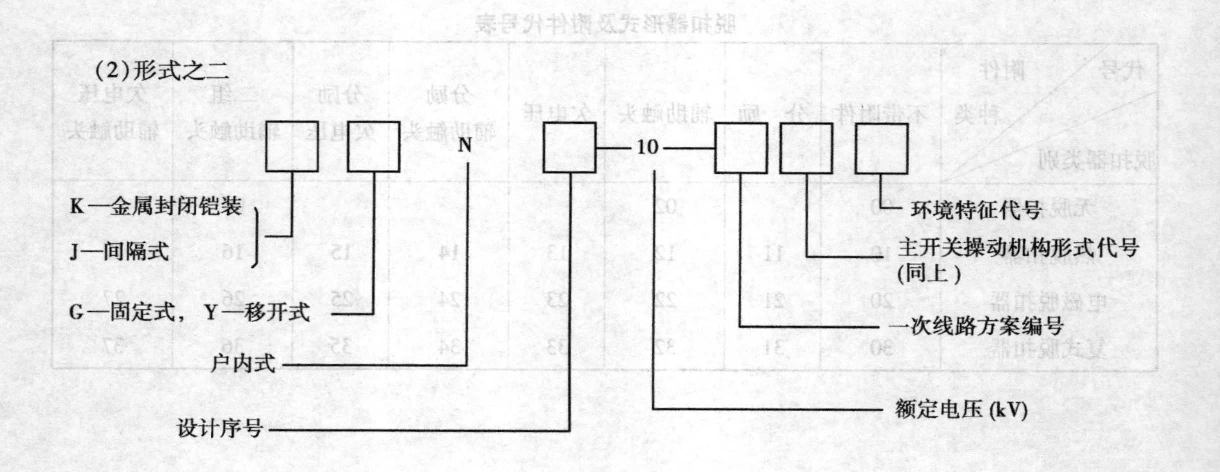

环境特征代号:TH—湿热带型,TA—干热带型,G—高海拔型

附表 3.1(7)　低压配电屏型号含义

(1)形式之一

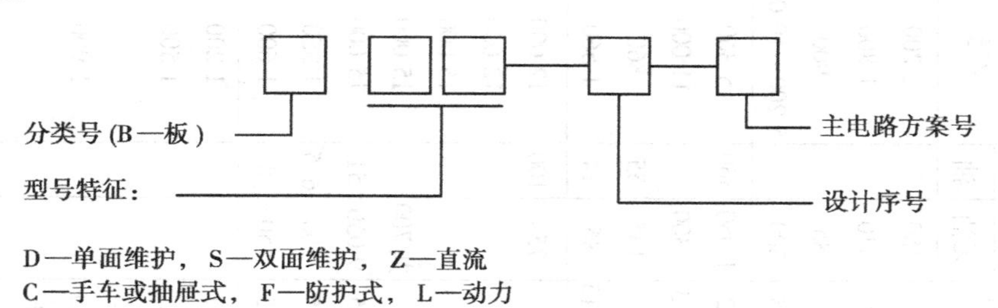

(2)形式之二

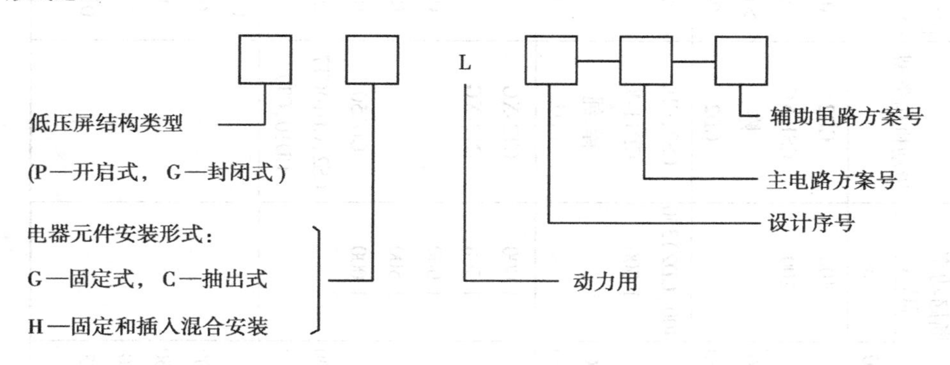

附表 3.2(1)　隔离开关的基本特性

型　号 (户内式)	极限通过电流(峰值) /kV	(4)、5s热稳定电流 /kA	操动机构型　号	型　号 (户外式)	极限通过电流(峰值) /kA	(4)、5s热稳定电流 /kA	操动机构型　号
GN6-6T/200	25.5	10	CS6-1T	GW1-6(10)/200	15	7	CS8-1
GN6-6T/400	40	14	CS6-1T	GW1-6(10)/400	25	14	CS8-1
GN6-6T/600	52	20	CS6-1T	GW1-10/600	35	20	CS8-1
GN6-10T/200	25.5	10	CS6-1T	GW2-35G/600	42	(20)	CS11-G
GN6-10T/400	40	14	CS6-1T	GW2-35GD/600	42	(75)	CS8-6D
GN6-10T/600	52	20	CS6-1T	GW4-35/600	50	(15.3)	CS11G
GN6-10T/1000	75	30	CS6-1T	GW4-35D/1000	80	(23.7)	CS8-6D
GN2-10/2000	85	51	CS6-2	GW5-35G/600	50	14	CS-G
GN2-10/3000	100	70	CS7	GW5-35G/1000	50	14	CS-G
GN2-20/400	50	14	CS6-2	GW5-35GD/600	50	14	CS-G
GN2-35T/400	52	14	CS6-2T	GW5-35GD/1000	50	14	CS-G
GN2-35T/600	54	25	CS6-2T	GW5-35GK/600	50	14	CS1-XG
GN2-35T/1000	70	27.5	CS6-2T	GW5-35GK/1000	50	14	CS1-XG

表面 3.2(2)　高压断路器技术数据

类型	型号	额定电压 /kV	额定电流 /A	动稳定电流 /kA		热稳定电流 /kA			额定切断电流 /kA	断路功率 /MVA		传动机构类型	固有分闸时间 /s	合闸时间 /s	重量 /kg		参考价格 /元
				i_{max}	I_{max}	1s	4s	5s		10	36				无油	油	
气体	LN1-35	35	600	25	14.5		8.5				400	CD2	0.06		450		2 200
	QW1-35	35	200	8.4	4.9			3.3	3.3		200	CS1-XG	0.08	0.3	330		1 800
	QW1-10	10	200	7.4			2.9		2.9	50		棒	≯0.12		85		900
	CN2-10	6	600～1 000	37	22		14.5			150		CD2	0.05	0.15	300		5 200～10 000
多油	DW6-35	35	400	19	11	11	6.6		6.6(CD2)5.6		400(CD2)350	CS2,CD2	<0.1	<0.27	1 050	360	5 360
	DW8-35	35	1 000	41			16.5		16.5		1 000	CD11-X	<0.07	<0.3	1 300		11 000
	DW7-10	10	30～400	5.6	2.3		1.8		1.5	26		棒、绳			135	55	860
	DN3-10	10	400	37	21.5		14.5		11.6	200		CD2	≯0.08	≯0.15	86	14	1 560
少油	SW2-35	35	1 000	45	26		16.5		16.5		1 000	CT2-XG			750	100	12 000
	SW2-35	35	1 500	63.4	39.2		24.8		24.8		1 500	CT2-XG					12 000
	SW3-35	35	1 000	42	25		16.5		16.5		1 000		0.06				15 000
	SW3-35	35	1 500	63.4	37.6		24.8		24.8		1 500		0.06		共 700		15 000
	SW4-35	35	1 200	42			16.5		16.5		1 000	CD150	0.08	0.35	9 050	51	15 000
	SN10-10	10	600	44.1			17.3		17.3	300		CS2,CD10CT7	0.06	0.25	100	6.5	1 350
	SN10-10	10	1 000	74			29		29	500		CD10,CT7	0.06	0.25	150	8	1 600
真空	ZN1-10	10	300	7.6		3			3				0.016	0.07			1 200
	ZN2-10	10	600	30			11.6		11.6	200			0.05	0.2			1 500
	ZN3-10	10	600	22			8.7		8.7	150			0.05	0.15			
	ZN6-10	6	300	29.6	17		5		5	30			0.05	0.15			1 900
	CZG□-150/6	6	150				1.5		1.5	15			0.036	0.1			

附表 3.2(3) RN1 型户内高压熔断器技术数据及参考价格

型号	额定电压 /kV	额定电流 /A	最大开断电流,(有效)值 /kA	最小开断电流 (额定电流倍数)	当开断极限短路电流时,最大电流(峰值) /kA	重量 /kg	熔体管重量 /kg	参考价格 /元
RN1-35	35	7.5	3.5	不规定	1.5	20	2.5	64
		10		1.3	1.6	20	2.5	64
		20			2.8	27	7.5	77
		30			3.6	27	7.5	77
		40			4.2	27	7.5	77
RN1-10	10	20	12	不规定	4.5	10	1.5	26
		50		1.3	8.6	11.5	2.8	26
		100			15.5	14.5	5.8	34
		150			—	21	11	90
		200			—	21	11	90
RN1-6	6	20	20	不规定	5.2	8.5	1.2	26
		75		1.3	14	9.6	2	26
		100			19	13.6	5.8	34
		200			25	13.6	5.8	34
		300			—	17	8.8	90

注:1. 最大三相断流容量均为 200 MVA。
2. 过电压倍数,均不超过 2.5 倍的工作电压。
3. RN1-6 ~ 10 可配熔断体的额定电流等级分为 2、3、5、7.5、10、15、20、30、40、50、75、100、150、200、300A;RN1-35 可配熔断体的额定电流等级分为 2、3、5、7.5、10、15、20、30、40A。

附表 3.2(4) RW 型高压熔断器技术数据

型号	额定电压 /kV	额定电流 /A	断流容量/MVA 上限	断流容量/MVA 下限
RW3-10/50	10	50	50	5
RW3-10/100		100	100	10
RW3-10/200		200	200	20
RW3-10/10		100	75	—
RW4-10G/50	10	50	89	7.5
RW4-10G/100		100	124	10
RW4-10/50		50	75	—
RW4-10/100		100	100	—
RW4-10/200		200	100	30
RW5-35/50	35	50	200	15
RW5-35/100-400		100	400	10
RW5-35/200-800		200	800	30
RW5-35/100-400GY		100	400	30

附表 3.2(5)

型号	额定电流比	级次组合	二次负荷/Ω 0.5级	1级	3级	(c)D级	一秒热稳定倍数	动稳定倍数
LFZ_1-10	5,10,15,20,30,40,50,75,100,150,200,300,400/5	0.5/3;1/3	0.4	0.4	0.6	—	90 80 75	160 140 130
	5,10,15,20,30,40,50,75,100,150,200/5	0.5/3;1/3	0.4	0.6	0.6	—	90	160
LA-10	5,10,15,20,30,40,50,75,100,150,200/5	0.5/3;1/3	0.8	1.2	1			
	300,400/5	0.5/3;1/3					75	135
	500/5	0.5/3;1/3	0.4	0.4	0.6		60	110
	600,800,1 000/5	0.5/3;1/3	0.4	0.4	0.6		50	90
LAJ-10 LNJ-10	400,500,600,800,1 000,1200,1 500,6 000/5	0.5/D;1/D;D/D	1	1	—	1.2	75	135
	500/5	0.5/D;1/D;D/D	1	1	—	1.2		
	600,800/5	0.5/D;1/D;D/D	1	1	—	1.2	50	90
	1 000,1 200,1 500/5	0.5/D;1/D;D/D	1.6	1.6	—	1.6	—	—
	2 000,3 000,4 000,5 000,6 000/5	0.5/D;1/D;D/D	2.4	2.4	—	2		
LMZ_1-10	2 000,3 000/5	0.5/D;D/D	1.6(2.4)			2		
	4 000,5 000/5		2(3)			2.4		
LQJ-10	5;10;15;20;30;40;50;75;100;	0.5/3;1/3	0.4	0.4	0.6	0.6	75~90(5~100/5)	225(5~100/5)
LQJC-10	150;200;400/5	0.5/C;1/C					60~75(150~400/5)	150~160(150~400/5)
LCW-35	15~1 000/5	0.5;3	2	4	2	4	65	100
$LCWD_1$-35	15~1 500/5	0.5/D	2			2	30~75	77~191

附表 3-2(6) 零序电流互感器

型式	继电器型号	联结线电阻	继电器的使用刻度	继电器被动电流	最高的保护灵敏度	重量 kg	参考价格元
LJ_1	DL11/0.2	1Ω	0.1~0.2	0.1A	~10	2	50
LJ-ϕ75						9	50

附表 3.2(7) 户内压气式负荷开关

型号	额定电压/kV	最大工作电压/kV	额定开断容量/MVA		最大开断电流/A		额定电流/A	闭合电流(峰值)/kA	极限通过电流/kA		热稳定电流(有效值)/kA		操动机构
			cos ϕ =0.15	cos ϕ =0.7	cos ϕ =0.15	cos ϕ =0.7			峰值	有效值	1 秒	5 秒	
FN3-10	10	11.5	15	25	850	1 450	400	15	25	14.5	14.5	8.5	CS3 CS3-T
FN3-6	6	6.9	9	20	850	1 950	400	15	25	14.5	14.5	8.5	CS2

附表 3.2(8) FN3-10R 所配 RN1 型熔断器的数据

型 号	额定电压/kV	熔管最大额定电流/A	最大开断电流(有效值)/kA	最大开断容量/MVA	开断最大开断电流时电流限流值/kA	备注
RN1	6	25	20	200	5.8	
		75			14	
		200				
		300				
	10	25	12		5	
		50			8.6	
		150				
		200				

注:1. 型号含义:F(负荷开关),N(户内),3(设计序号),-10(电压 kV),R(带熔断器)。

2. 真空负荷开关 ZNF-10 将取代 FN2 及 FN3 型压气式负荷开关。

附表 3.2(9) 电流互感器基本特性

型 号	额定一次电流/A	一次安匝	穿孔尺寸	可以穿过的铝母线尺寸	额定二次负荷/Ω		
					0.5 级	1 级	3 级
LMZ_1-0.5	5,10,15,30,50,75,150	150	ϕ30	25×3	0.2	0.3	—
	20,40,100,200	200	ϕ30	25×3			
	300	300	ϕ35	30×4			
	400	400	ϕ45	40×5			
LMZJ_1-0.5	5,10,15,20,30,50,75,100,150,300	300	ϕ35	30×4	0.4	0.6	—
	40,200,400	400	ϕ45	40×5			
	500,600	500,600	53×9	50×6			
	800	800	63×12	60×8			
LMZB_1-0.5	同 LMZJ_1-0.5(5~800A)				—	—	1.0
LMZJ_1-0.5	1 000,1 200,1 500	1 000 1 200 1 500	100×50	2×(80×8)	0.8	1.2	2.0
	2 000,3 000	2 000 3 000	140×70	2×(120×10)			

续表

型号	额定一次电流/A	一次安匝	穿孔尺寸	可以穿过的铝母线尺寸	额定二次负荷/Ω 0.5级	1级	3级
LMK_1-0.5	50,10,15,30,50,75,150	150	φ30	25×3	0.2	0.3	—
	20,40,100,200	200	φ30	25×3			
	300	300	φ35	30×4			
	400	400	φ45	40×5			
$LMKJ_1$-0.5	5,10,15,20,30,50,75,100,150,300	300	φ35	30×4	0.4	0.6	—
	40,200,400	400	φ45	40×5			
	500,600	500,600	53×9	50×6			
	800	800	63×12	60×8			

附表3.2(10)　各型电压互感器的二次负荷值

型	式	额定变比系数	在下列准确等级下额定容量/VA 0.5级	1级	3级	最大容量/VA	备注
单相(屋内式)	JDG-0.5	380/100	25	40	100	200	
	JDG-0.5	500/100	25	40	100	200	
	JDG3-0.5	380/100		15		60	
	JDG-3	1 000~3 000/100	30	50	120	240	
	JDJ-6	3 000/100	30	50	120	240	
	JDJ-6	6 000/100	50	80	240	400	
	JDJ-10	10 000/100	80	150	320	640	
三相(屋内式)	JSJW-6	3 000/100/100/3	50	80	200	400	有辅助二次线圈接成开口三角形
	JSJW-6	6 000/100/100/3	80	150	320	640	
	JSJW-10	10 000/100/100/3	120	200	480	960	
单相(屋内式)	JDZ-6	1 000/100	30	50	100	200	浇注绝缘，可代替JDJ型，用于三相结合接成Y(100/$\sqrt{3}$)时使用容量为额定容量的1/3
	JDZ-6	3 000/100	30	50	100	200	
	JDZ-6	6 000/100	50	80	200	300	
	JDZ-10	10 000/100	80	150	300	500	
	JDZ-10	11 000/100	80	150	300	500	
	JDZ-35	35 000/110	150	250	500		试制中
	JDZJ-6	$\frac{1\,000}{\sqrt{3}}\Big/\frac{100}{\sqrt{3}}\Big/\frac{100}{3}$	40	60	150	300	浇注绝缘，用三台取代JSJW，但不能单相运行
	JDZJ-6	$\frac{3\,000}{\sqrt{3}}\Big/\frac{100}{\sqrt{3}}\Big/\frac{100}{3}$	40	60	150	300	
	JDZJ-6	$\frac{6\,000}{\sqrt{3}}\Big/\frac{100}{\sqrt{3}}\Big/\frac{100}{3}$	40	60	150	300	
	JDZJ-10	$\frac{10\,000}{\sqrt{3}}\Big/\frac{100}{\sqrt{3}}\Big/\frac{100}{3}$	40	60	150	300	

续表

型式		额定变比系数	在下列准确等级下额定容量/VA			最大容量/VA	备注
			0.5 级	1 级	3 级		
单相（屋外式）	JDJ-35	35 000/100	150	250	600	1 200	
	JDJJ-35	$\frac{35\ 000}{\sqrt{3}}\Big/\frac{100}{\sqrt{3}}\Big/\frac{100}{3}$	150	250	600	1 200	
	JCC-60	$\frac{60\ 000}{\sqrt{3}}\Big/\frac{100}{\sqrt{3}}\Big/\frac{100}{3}$	—	500	1 000	2 000	

附表 3.3(1)　刀开关及转换开关技术数据

型号	额定电流/A	1 秒热稳定电流/kA	动稳定电流(峰值)/kA		相数
			手柄式	杠杆式	
HD11～14	100 200 400 600 1 000 1 500	6 10 20 25 30 40	15 20 30 40 50 —	20 30 40 50 60 80	1,2,3
HH3	10,15,20,30,60,100,200		500～5 000A		2,3
HH4	10,30,60		500～3 000A		2,3
HZ5	10,20,40,60				2,3,4 极
HZ10	10,25,60,100				2,3

附表 3.3(2)　低压熔断器基本技术数据

型号	熔管额定电流/A	装在管内熔体的额定电流/A	交流 380/V	
			分断能力/A	功率因数
RM7	15	6,10,15	2 000	0.7
	60	15,20,25,30,40,50,60	5 000	0.55
	100	60,80,100	20 000	0.4
	200	100,125,160,200	20 000	0.4
	400	200,240,260,300,350,400	20 000	0.35
	600	400,450,500,560,600	20 000	0.35
RM10	15	6,10,15	1 200	
	60	15,20,25,35,45,60	3 500	
	100	60,80,100	10 000	
	200	100,125,160,200	10 000	
	350	200,225,260,300,350	10 000	
	600	350,430,500,600		
	1 000	600,700,850,1 000	12 000	

续表

型　　号	熔管额定电流/A	装在管内熔体的额定电流/A	交流 380/V	
			分断能力/A	功率因数
RL1	15	2,4,6,10	2 000	≥0.3
	60	20,25,30,35,40,50,60	5 000	
	100	60,80,100	20 000	
	200	100,125,150,200	50 000	
RT0	50	5,10,15,20,30,40,50	50	0.3
	100	30,40,50,60,80,100		
	200	80,100,120,150,200		
	400	150,200,250,300,350,400		
	600	350,400,450,500,550,600		
	1 000	700,800,900,1 000		

附表 3.3(3)　自动开关基本技术数据

型　　号	触头额定电流/A	额定电压/V	脱扣器类别	辅助触头类别	脱扣器额定电流/A	最大分断电流(有效值)/A
DZ5-10	10	~220	复　式	无	0.5,1,1.5,2,3,4,6,10	1 000
DZ5-25	25	~380 —110	复　式	无	0.5,1,1.6,2.5,4,6,10,15,20,25	2 000
DZ5B-50-100	50,100	~380	液压式或电磁式	无辅助触头,或带具有公共动触头的一常开一常闭辅助触头	1.6,2.5,4,6,10,15,20,30,40,50,70,100	2 000
DZ10-100	100	~500 —220	复式或电磁式、热(无)脱扣	一常开 一常闭	20,25,30,40,50,60,80,100,15	7 000~12 000(~380V 时)
DZ10-250	250	~500 —220	复式或电磁式、热(无)脱扣	二常开 二常闭	10,120,140,170,200,250	30 000(~380 V 时)
DZ10-600	600	~500 —220	复式或电磁式热(无)脱扣	二常开 二常闭	200,250,300,350,400,500,600	50 000(~380 V)
DW5-400	400	~380 —440	过电流、失压分励	二常开 二常闭	100~800	10,20(kA)
DW5-1000~1500	1 000~1 500	~380 —440	过电流、失压分励	四常开 四常闭	100~1 500	20,40(kA)
DW10-200	200	~380 —440	过电流、失压分励	三常开,三常闭或更多	60,100,150,200	10(kA)
DW10-400	400	~380 —440	过电流、失压分励	三常开,三常闭或更多	100,150,200,250 300,350,400	15(kA)
DW10-600	600	~380 —440	过电流、失压分励	三常开,三常闭或更多	500,600	15(kA)
DW10-1000	1 000	~380 —440	过电流、失压分励	三常开,三常闭或更多	400,500,600,800,1 000	20(kA)
DW10-1500	1 500	~380 —440	过电流、失压分励	三常开,三常闭或更多	1 500	20(kA)
DW10-2500	2 500	~380 —440	过电流、失压分励	三常开,三常闭或更多	1 000,1 500,2 000,2 500	30(kA)
DW10-4000	4000	~380 —440	过电流、失压分励	三常开,三常闭或更多	2 000,2 500,3 000,4000	40(kA)

附表 3.4　SL7 系列低损耗电力变压器主要技术数据

额定容量 S_N /kVA	空载损耗 Δp_0 /W	短路损耗 ΔP_k /W	阻抗电压 $U_Z\%$	空载电流 $I_0\%$
100	320	2 000	4	2.6
125	370	2 450	4	2.5
160	460	2 850	4	2.4
200	540	3 400	4	2.4
250	640	4 000	4	2.3
315	760	4 800	4	2.3
400	920	5 800	4	2.1
500	1 080	6 900	4	2.1
630	1 300	8 100	4.5	2.0
800	1 540	9 900	4.5	1.7
1 000	1 800	11 600	4.5	1.4
1 250	2 200	13 800	4.5	1.4
1 600	2 650	16 500	4.5	1.3
2 000	3 100	19 800	5.5	1.2

注：电力变压器的一次额定电压为 6 ~ 10 kV，二次额定电压为 230/400 V。

附　录　4

附表 4.1(1)　LJ 型铝绞线的主要技术数据

额定截面/mm^2	16	25	35	50	70	95	120	150	185	240
50℃的电阻 R_0/($\Omega \cdot km^{-1}$)	2.07	1.33	0.96	0.66	0.48	0.36	0.28	0.23	0.18	0.11
线间几何均距/mm	线路电抗 X_0/($\Omega \cdot km^{-1}$)									
600	0.36	0.35	0.34	0.33	0.32	0.31	0.30	0.29	0.28	0.28
800	0.38	0.37	0.36	0.35	0.34	0.33	0.32	0.31	0.30	0.30
1 000	0.40	0.38	0.37	0.36	0.35	0.34	0.33	0.32	0.31	0.31
1 250	0.41	0.40	0.39	0.37	0.36	0.35	0.34	0.34	0.33	0.33
1 500	0.42	0.41	0.40	0.38	0.37	0.36	0.35	0.35	0.34	0.33
2 000	0.44	0.43	0.41	0.40	0.40	0.39	0.37	0.37	0.36	0.35
室外气温25℃导线最高允许温度70℃时的允许载流量/A	105	135	170	215	265	325	375	440	500	610

注:1. 铝绞线全型号的表示和含义:

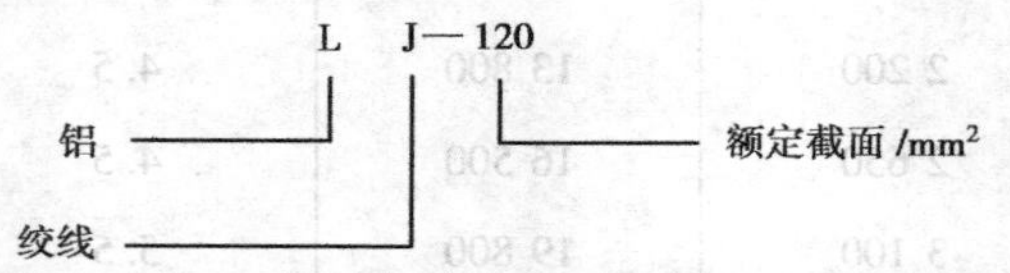

2. 表中允许载流量所对应的环境温度为25℃。如不是25℃,则导体的允许载流量应按下面附表修正。
3. TJ 型铜绞线的允许载流量约为同截面的 LJ 型铝绞线允许载流量的1.3倍。
4. 线间几何均距 $D_{av} = \sqrt[3]{d_{ab} \cdot d_{bc} \cdot d_{ca}}$,式中 d_{ab}、d_{bc}、d_{ca} 为三相导线之间的距离。

附表 4.1(2)　LJ 型铝绞线的允许载流量温度修正系数(导体最高允许温度为70℃)

实际环境温度/℃	5	10	15	20	25	30	35	40	45
允许载流量修正系数	1.20	1.15	1.11	1.05	1.00	0.94	0.89	0.82	0.75

附表 4.1(3)　LGJ 型钢芯铝绞线的电阻和感抗

导线型号	LGJ-16	LGJ-25	LGJ-35	LGJ-50	LGJ-70	LGJ-95	LGJ-120	LGJ-150	LGJ-185	LGJ-240	LGJ-300	LGJ-400
电阻 R_0/($\Omega \cdot km^{-1}$)	2.04	1.38	0.85	0.65	0.46	0.33	0.27	0.21	0.17	0.132	0.107	0.082
线间几何均距/mm	线路电抗 X_0/($\Omega \cdot km^{-1}$)											
1 000	0.387	0.374	0.359	0.351	—	—	—	—	—	—	—	—
1 250	0.401	0.388	0.373	0.365	—	—	—	—	—	—	—	—
1 500	0.412	0.400	0.385	0.376	0.365	0.354	0.347	0.340	—	—	—	—
2 000	0.430	0.418	0.403	0.394	0.383	0.372	0.365	0.358	—	—	—	—
2 500	0.444	0.432	0.417	0.408	0.397	0.386	0.379	0.372	0.365	0.357	—	—
3 000	0.456	0.443	0.428	0.420	0.409	0.398	0.391	0.384	0.377	0.369	—	—
3 500	0.466	0.453	0.438	0.429	0.418	0.406	0.400	0.394	0.386	0.378	0.371	0.362

附表 4.2(1)　BLX 和 BLV 型铝芯绝缘线穿硬塑料管时的允许载流量 A

（导线正常最高允许温度为 65℃）

导线型号	线芯截面/mm²	2 根单芯线				2 根穿管管径/mm	3 根单芯线				2 根穿管管径/mm	4～5 根单芯线				4 根穿管管径/mm	5 根穿管管径/mm
		环境温度					环境温度					环境温度					
		25℃	30℃	35℃	40℃		25℃	30℃	35℃	40℃		25℃	30℃	35℃	40℃		
BLX	2.5	19	17	16	15	15	17	15	14	13	15	15	14	12	11	20	25
	4	25	23	21	19	20	23	21	19	18	20	20	18	17	15	20	25
	6	33	30	28	26	20	29	27	25	22	20	26	24	22	20	25	32
	10	44	41	38	34	25	40	37	34	31	25	35	32	30	27	32	32
	16	58	54	50	45	32	52	48	44	41	32	46	43	39	36	32	40
	25	77	71	66	60	32	68	63	58	53	32	60	56	51	47	40	40
	35	95	88	82	75	40	84	78	72	66	40	74	69	64	58	40	50
	50	120	112	103	94	40	108	100	93	85	50	95	88	82	75	50	50
	70	153	143	132	121	50	135	126	116	106	50	120	112	103	94	50	65
	95	184	172	159	145	50	165	154	142	130	65	150	140	129	118	65	80
	120	210	196	181	166	65	190	177	164	150	65	170	158	147	134	80	80
	150	250	233	216	197	65	227	212	196	179	75	205	191	177	162	80	90
	185	282	263	243	223	80	255	238	220	201	80	232	216	200	183	100	100
BLV	2.5	18	16	15	14	15	16	14	13	12	15	14	13	12	11	20	25
	4	24	22	20	18	20	22	20	19	17	20	19	17	16	15	20	25
	6	31	28	26	24	20	27	25	23	21	20	25	23	21	19	25	32
	10	42	39	36	33	25	38	35	32	30	25	33	30	28	26	32	32
	16	55	51	47	43	32	49	45	42	38	32	44	41	38	34	32	40
	25	73	68	63	57	32	65	60	56	51	40	57	53	49	45	40	50
	35	90	84	77	71	40	80	74	69	63	40	70	65	60	55	50	65
	50	114	106	98	90	50	102	95	88	80	50	90	84	77	71	63	65
	70	145	135	125	114	50	130	121	112	102	50	115	107	99	90	63	75
	95	175	163	151	138	65	158	147	136	124	65	140	130	121	110	75	75
	120	206	187	173	158	65	180	168	155	142	65	180	149	138	126	75	80
	150	230	215	198	181	75	207	193	179	163	75	185	172	160	146	80	90
	185	265	247	229	209	75	235	219	203	185	75	212	198	183	167	90	100

附表 4.2(2)　BLX 和 BLV 型铝芯绝缘线明敷时的允许载流量 A

（导线正常最高允许温度为 65℃）

芯线载面/mm²	BLX 型铝芯橡皮线				BLV 型铝芯塑料线			
	环境温度							
	25℃	30℃	35℃	40℃	25℃	30℃	35℃	40℃
2.5	27	25	23	21	25	23	21	19
4	35	32	30	27	32	29	27	25
6	45	42	38	35	42	39	36	33
10	65	60	56	51	59	55	51	46
16	85	79	73	67	80	74	69	63
25	110	102	95	87	105	98	90	83
35	138	129	119	100	130	121	112	102

续表

芯线载面/mm²	BLX 型铝芯橡皮线				BLV 型铝芯塑料线			
	环境温度							
	25℃	30℃	35℃	40℃	25℃	30℃	35℃	40℃
50	175	163	151	178	165	154	142	130
70	220	206	190	174	205	191	177	162
95	265	247	229	209	250	233	216	197
120	310	280	268	245	283	266	246	225
150	360	336	311	384	325	303	281	257
185	420	392	363	332	380	355	328	300
240	510	476	441	403	—	—	—	—

附表 4.2(3)　BLX 和 BLV 型铝芯绝缘线穿钢管时的允许载流量 A

（导线正常最高允许温度为 65℃）

导线型号	线芯截面/mm²	2 根单芯线 环境温度				2 根穿管管径/mm		3 根单芯线 环境温度				3 根穿管管径/mm		4～5 根单芯线 环境温度				4 根穿管管径/mm		5 根穿管管径/mm	
		25℃	30℃	35℃	40℃	G	DG	25℃	30℃	35℃	40℃	G	DG	25℃	30℃	35℃	40℃	G	DG	G	DG
BLX	2.5	21	19	18	16	15	20	19	17	16	15	15	20	16	14	13	12	20	25	20	25
	4	28	26	24	22	20	25	25	23	21	19	20	25	23	21	19	18	20	25	20	25
	6	37	34	32	29	20	25	34	31	29	26	20	25	30	28	25	23	20	25	25	32
	10	52	48	44	41	25	32	46	43	39	36	25	32	40	37	34	31	25	32	32	40
	16	66	61	57	52	25	32	59	55	51	46	32	32	52	48	44	41	32	40	40	(50)
	25	86	80	74	68	32	40	76	71	65	60	32	40	68	63	58	53	40	(50)	40	
	35	106	99	91	89	32	40	94	87	81	74	32	(50)	83	77	71	65	40	(50)	50	
	50	133	124	115	105	40	(50)	118	110	102	93	50	(50)	105	98	90	83	50		70	
	70	164	154	142	130	50	(50)	150	140	129	118	50	(50)	133	124	115	105	70		70	
	95	200	187	173	158	70		180	168	155	142	70		160	149	138	126	70		80	
	120	230	215	198	181	70		210	196	181	166	70		190	177	164	150	70		80	
	150	260	243	224	205	70		240	224	207	189	70		220	205	190	174	80		100	
	185	295	275	255	233	80		270	252	233	213	80		250	233	216	197	80		100	
BLV	2.5	20	18	17	15	15	15	18	16	15	14	15	15	15	14	12	11	15	15	15	20
	4	27	25	23	21	15	15	24	22	20	18	15	15	22	20	19	17	15	20	20	20
	6	35	32	30	27	15	20	32	29	27	25	15	20	28	26	24	22	20	25	25	25
	10	49	45	42	38	20	25	44	41	38	34	20	25	38	35	32	30	25	25	25	32
	16	63	58	54	49	25	25	56	52	48	44	25	32	50	46	43	39	25	32	32	40
	25	80	74	69	63	25	32	70	65	60	55	32	32	65	60	50	51	32	40	32	(50)
	35	100	93	86	79	32	40	90	84	77	71	32	40	80	74	69	63	40	(50)	40	
	50	125	116	108	98	40	50	110	102	95	87	40	(50)	100	93	86	79	50	(50)	50	
	70	155	145	134	122	50	50	143	133	123	113	40	(50)	127	118	109	100	50		70	
	95	190	177	164	149	50	(50)	170	158	147	134	50		152	142	131	120	70		70	
	120	219	203	188	170	50	(50)	195	182	168	154	50		172	160	148	106	70		80	
	150	246	233	216	197	70	(50)	225	210	194	177	70		200	187	173	158	70		80	
	185	285	266	246	225	70		255	238	220	201	70		230	215	198	181	80		100	

注:1. 绝缘导线全型号的表示和含义:

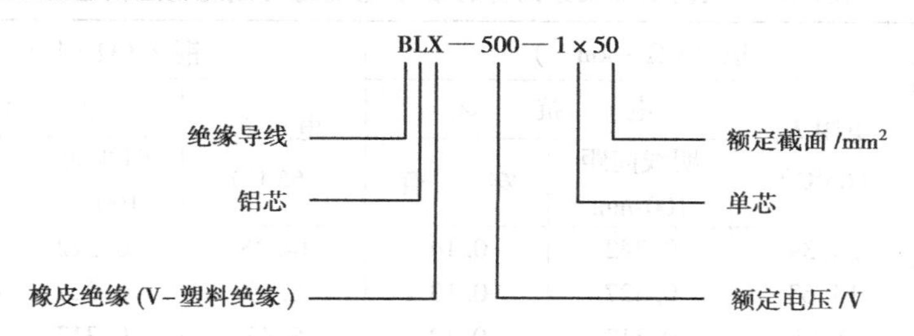

2. BX 和 BV 型铜芯绝缘线的允许载流量约为同截面的 BLX 和 BLV 型铝芯绝缘线的允许载流量的 1.3 倍。
3. 表 2 中的钢管 G——焊接钢管,管径按内径计; DG——电线管,管径按外径计。
4. 表中 4 ~5 根单芯线穿管的载流量,是指三相四线制的 TN—C 系统、TN—S 系统及 TN—C—S 系统中的相线载流量,其中性线(N)或保护中性线(PEN)可有不平衡电流通过。如果是供电给三相平衡负荷,另一导线为单纯的保护线(PE 线),则虽有四根线穿管,但其载流量应按三根线穿管的载流量考虑,而管径则仍按四根线穿管确定。
5. 管径的国际单位制(SI 制)与英制的近似对照如下表:

SI 制 mm	15	20	25	32	40	50	65	70	80	90	100
英制 in	$\frac{1}{2}$	$\frac{3}{4}$	1	$1\frac{1}{4}$	$1\frac{1}{2}$	2	$2\frac{1}{2}$	$2\frac{3}{4}$	3	$3\frac{1}{2}$	4

表 4.3　1 000V 三芯铜(铝)芯纸绝缘电缆的阻抗　　单位/($m\Omega \cdot m^{-1}$)

阻抗 芯线截面/mm^2	铜芯				铝芯			
	电阻		电抗		电阻		电抗	
	正序及负序	零序	正序及负序	零序	正序及负序	零序	正序及负序	零序
3×2.5	0.05	30.0	0.098	0.160	15.4	36.7	0.098	0.160
3×4	5.65	24.7	0.092	0.148	9.6	28.7	0.092	0.148
3×6	3.77	20.9	0.087	0.139	6.4	23.5	0.087	0.139
3×10	2.26	17.2	0.082	0.128	3.84	18.6	0.082	0.128
3×16	1.41	3.29	0.078	0.946	2.39	4.27	0.078	0.946
3×25	0.005	2.76	0.067	0.896	1.54	3.4	0.067	0.896
3×35	0.647	2.45	0.064	0.835	1.10	2.9	0.064	0.835
3×50	0.452	2.21	0.062	0.291	0.768	2.53	0.062	0.791
3×70	0.323	2.01	0.06	0.722	0.548	2.24	0.06	0.722
3×95	0.238	1.83	0.058	0.639	0.404	2.0	0.058	0.639
3×120	0.188	1.73	0.058	0.594	0.319	1.86	0.058	0.594
3×150	0.151	1.61	0.057	0.530	0.256	1.76	0.057	0.53
3×185	0.122		0.057		0.208	1.6	0.057	0.47
2(3×70)	0.101		0.030		0.274		0.030	
2(3×95)	0.119		0.029		0.202		0.029	
2(3×120)	0.094		0.029		0.159		0.029	
2(3×150)	0.075		0.028		0.128		0.028	

附表 4.4　室内明敷及穿钢管的铝、铜芯绝缘导线的电阻和电抗

导线截面/mm^2	铝/($\Omega \cdot km^{-1}$)			铜/($\Omega \cdot km^{-1}$)		
	电阻 R_0 (65℃)	电抗 X_0		电阻 R_0 (65℃)	电抗 X_0	
		明线间距 100 mm	穿管		明线间距 100 mm	穿管
1.5	24.39	0.342	0.14	14.48	0.342	0.14
2.5	14.63	0.327	0.13	8.69	0.327	0.13
4	9.15	0.312	0.12	5.43	0.312	0.12
6	6.10	0.300	0.11	3.62	0.300	0.11
10	3.66	0.280	0.11	2.19	0.280	0.11
16	2.29	0.265	0.10	1.37	0.265	0.10
25	1.48	0.251	0.10	0.88	0.251	0.10
35	1.06	0.241	0.10	0.63	0.241	0.10
50	0.75	0.229	0.09	0.44	0.229	0.09
70	0.53	0.219	0.09	0.32	0.219	0.09
95	0.39	0.206	0.09	0.23	0.206	0.09
120	0.31	0.199	0.08	0.19	0.199	0.08
150	0.25	0.191	0.08	0.15	0.191	0.08
185	0.20	0.184	0.07	0.13	0.184	0.07

附表 4.5　架空裸导线的最小截面

导线种类	最小允许截面/mm^2		备　注
	高压(至 10 kV)	低压	
铝及铝合金线	35	16 *	* 与铁路交叉跨越时应为 35 mm^2
钢芯铝线	25	16	

注:对更高电压等级的线路,规程未作规定,一般不小于 35 mm^2。

附表 4.6　绝缘导线线芯的最小截面

导线用途		线芯最小截面/mm^2 铜芯	线芯最小截面/mm^2 铝芯
照明用灯头引下线		1.0	2.5
室内敷设在绝缘支持件上的绝缘导线,其支持点间距 $L \leq 2$ m		1.0	2.5
室外敷设在绝缘支持件上的绝缘导线,其支持点间距 L 为	$L \leq 2$ m	1.5	2.5
	2 m $< L \leq$ 6 m	2.5	4
	6 m $< L \leq$ 15 m	4	6
	15 m $< L \leq$ 25 m	6	10
穿管敷设、槽板、护套线扎头明敷、线槽		1.0	2.5
PE 线和 PEN 线	有机械保护时	1.5	2.5
	无机械保护时	2.5	4

附 录 5

附表 5.1 直流回路数字标号

回路名称	数字标号			
	一	二	三	四
正电源回路	1	101	201	301
负电源回路	2	102	202	302
合闸回路	3 ~ 31	103 ~ 131	203 ~ 231	303 ~ 331
绿灯或合闸回路监视继电器回路	5	105	205	305
跳闸回路	33 ~ 49	133 ~ 149	233 ~ 249	333 ~ 349
红灯或跳闸回路监视继电器回路	35	135	235	335
备用电源自动合闸回路	50 ~ 69	150 ~ 169	250 ~ 269	350 ~ 369
开关信号的信号回路	70 ~ 89	170 ~ 189	270 ~ 289	370 ~ 389
事故跳闸音响信号回路	90 ~ 99	190 ~ 199	290 ~ 299	390 ~ 399
保护及自动重合闸回路	01 ~ 099			
机组自动控制回路	401 ~ 599			
励磁控制回路	601 ~ 649			
发电机励磁回路	651 ~ 699			
信号及其他回路	701 ~ 999			

附表 5.2 交流回路数字标号

回 路 名 称	互感器文字符号及电压等级	回路标号组
保护装置及测量仪表的电流回路	*TA*	*A*(*B*、*C*、*N*、*L*)401 ~ 409
	*TA*1	*A*(*B*、*C*、*N*、*L*)411 ~ 419
	*TA*2	*A*(*B*、*C*、*N*、*L*)421 ~ 429
	⋮	⋮
	*TA*9	*A*(*B*、*C*、*N*、*L*)491 ~ 499
	*TA*10	*A*(*B*、*C*、*N*、*L*)501 ~ 509
	*TA*19	*A*(*B*、*C*、*N*、*L*)591 ~ 599
保护装置及测量仪表的电压回路	*TV*	*A*(*B*、*C*、*N*、*L*)601 ~ 609
	*TV*1	*A*(*B*、*C*、*N*、*L*)611 ~ 619
	*TV*2	*A*(*B*、*C*、*N*、*L*)621 ~ 629
在隔离开关辅助触点和隔离开关位置继电器触点后的电压回路	110 kV	*A*(*B*、*C*、*N*、*L*)710 ~ 719
	220 kV	*A*(*B*、*C*、*N*、*L*)720 ~ 729
	35 kV	*A*(*B*、*C*、*N*、*L*)730 ~ 739
	6 ~ 10 kV	*A*(*B*、*C*)760 ~ 769
控制、保护、信号回路		*A*(*B*、*C*、*N*)1 ~ 399
绝缘监测电压表的公用回路		*A*(*B*、*C*、*N*)700
母线电流差动保护公共回路	110 kV	*A*(*B*、*C*、*N*)310
	220 kV	*A*(*B*、*C*、*N*)320
	35 kV	*A*(*C*、*N*)330
	6 ~ 10 kV	*A*(*C*、*N*)360

附表 5.3　电力设备接地电阻允许值

电力设备名称	接地电阻	备　　注
1 000 V 以下系统	$R_E \leqslant 4\ \Omega$	总容量在 100 kVA 以上发电机或变压器接地装置
	$R_E \leqslant 10\ \Omega$	总容量在 100 kVA 及以下发电机或变压器接地装置
1 000 V 以上大电流接地系统	$R_E \leqslant \dfrac{2\ 000}{I_K^{(1)}}\ \Omega$ 当 $I_K^{(1)} > 4\ 000$ A 时 $R_E \leqslant 0.5\ \Omega$	仅用于该系统的接地装置
1 000 V 以上小电流接地系统	$R_E \leqslant \dfrac{250}{I_E}\ \Omega$ 且 $R_E \leqslant 10\ \Omega$	仅用于该系统的接地装置
	$R_E \leqslant \dfrac{120}{I_E}\ \Omega$ 且 $R_E \leqslant 10\ \Omega$	与 1 000V 以下系统共用的接地装置
重复接地	$R_E \leqslant 10\ \Omega$	架空中性线
	$R_E \leqslant 30\ \Omega$	总容量在 1 000 kVA 及以下发电机或变压器的重复接地
供电系统防雷接地	$R_E \leqslant 10\ \Omega$	保护变电所的独立避雷针
	$R_E \leqslant 10\ \Omega$	杆上避雷器或保护间隙(在电气上与旋转电机无联系者)
	$R_E \leqslant 5\ \Omega$	同上(但与旋转电机有联系者)

附表 5.4　垂直接地体利用系数

	管间距离与管子长度之比 a/l	管子根数 n	利用系数 η		管间距离与管子长度之比 a/l	管子根数 n	利用系数 η
敷设成一排时	1	2	0.84～0.87	敷设成环形时	1	4	0.66～0.72
	2		0.90～0.92		2		0.72～0.80
	3		0.93～0.95		3		0.80～0.84
	1	3	0.76～0.80		1	10	0.52～0.58
	2		0.85～0.88		2		0.66～0.71
	3		0.90～0.92		3		0.74～0.78
	1	5	0.67～0.72		1	20	0.44～0.50
	2		0.79～0.83		2		0.61～0.66
	3		0.85～0.88		3		0.68～0.73
	1	10	0.56～0.62		1	30	0.41～0.47
	2		0.72～0.77		2		0.58～0.63
	3		0.79～0.83		3		0.66～0.71

注:利用系数值未计入扁钢的影响。

附　录　6

附表 6.1　交流异步电动机的无功功率

电动机额定功率/kW			15	30	45	90
电动机无功功率/kVA	1 500 r/min	空载	7.0	15	21	39
		满载	9.5	20	31	59
	1 000 r/min	空载	5.0	17	24	44
		满载	10	22	34	65

附表 6.2　异步机就地补偿推荐电容值

电机额定功率/kW	10 ~ 14	14 ~ 18	18 ~ 22	22 ~ 30	30 ~ 40	40 ~ 75	75 ~ 200
补偿电容容量/kVA	5.0	6.0	7.5	10	15	$0.35P_e$	$0.30P_e$

附表 6.3　国家推荐的新型电动机和淘汰的高能耗、落后产品

序号	节能产品名称	主要技术规格	相对应的老产品	
			型号规格	淘汰日期
1	三相异步电动机 Y 系统	共11 个机座号,19 个功率等级,0.55 ~90 kW,65 个规格	JO 2、JO3 共 9 个机座号,18 个功率等级,0.6 ~ 100 kW,67 个规格	JO 3 自 1984 年 1 月 1 日,JO2 自 1985 年 1 月 1 日起,除少量维修用外,一律停止生产
2	冶金起重电机 YZR、YZ 系列	共 11 个机座号,43 个规格	JZR2, JZ2、JZ、JZR、JZB、JZRB、共 12 个机座号,26 个规格	1986 年 1 月 1 日
3	分马力电机 AO2、BO2、CO2、DO2 系列	共8 个机座号,7 档中心高,64 个规格	AO、BO、CO、DO、JW、JX、JY、JZ、JLO、2JCL、JE、JLOE、ZL-LOR、JLOX	1985 年 1 月 1 日 ~ 1986 年 1 月 1 日
4	隔爆型三相异步电动机 YB 系列	共 11 个机座号,65 个规格	JB3 BJO2	1985 年 1 月 1 日 1986 年 1 月 1 日
5	防护式绕线型三相异步电动机 YR 系列(IP23)	共37 个规格,功率 4 ~ 132 kW,B 级绝缘	JR 、JR2、JR3,共 59 个规格	1986 年 12 月 30 日
6	封闭式绕线型三相异步电动机 Y 系列(IP44)	共 34 个规格,B 级绝缘	JRO2,共 26 个规格,功率 5.5 ~75 kW	19 86 年 12 月 30 日

续表

序号	节能产品名称	主要技术规格	相对应的老产品	
			型号规格	淘汰日期
7	H315 三相异步电动机 Y 系列(IP44)	H3 15S、H315M1、H315M2、H315M3	过去无此规格	
8	高效率三相异步电动机 YX 系列	共43个规格,功率1.5~90 kW,平均较Y系列效率高3%,适用于年运行在2 000小时以上的工况		
9	深井泵用三相异步电动机 YLB 系列	共6个机座号,20个规格,功率5.5~132 kW,B级绝缘	DM、JLB、JLB2、JTB2、JD 系列	1987年12月1日
10	变极多速三相异步电动机 YD 系列(IP44)	共7个机座号,65个规格,功率0.35~22 kW,B级绝缘,双速、三速、四速共九种速比	JDO2 系列,99 规格 JDO3 系列,32 规格	1988年12月31日
11	电磁调速电动机 YCT 系列	共10个机座号,19个规格,功率0.55~90 kW,B级绝缘,H315及以下机座调速比10∶1	JZT、JZT2、JZTT、JZTS 系列	
12	户外防腐电动机 Y-W、Y-WF 系列化工防腐电动机 Y-F 系列	IP54,共83个规格 IP54,共83个规格	JO2-WF 系列67个规格 JO2-F 系列63个规格	1988年12月31日
13	电磁制动三相异步电动机 YEJ 系列	共95个机座号、53个规格,功率0.55~45 kW	JZO2 系列,12个规格,功率0.6~1.5 kW;JZD3.112S-4	1988年12月31日
14	傍磁制动三相异步电动机 YEP 系列	共18个规格,功率0.55~11 kW	JPZ2 系列	1988年12月31日
15	高滑差三相异步电动机 YH 系列(IP44)	共36个规格,功率0.75~18.5 kW,S3工作制	JHO2、JHO3 系列	1988年12月31日
16	低振动、低噪声三相异步电动机 YZC 系列(IP44)	共15个规格,功率0.55~18.5 kW	DP90S-2/MO1,JJO2、JO2O、JJ、JJD 四种精密机床用三相异步电动机	1988年12月31日
17	木工用三相异步电动机 YM 系列	共4个机座号,9个规格,功率0.55~7.5 kW	JM 2、JM3、JDM2 系列	1988年1月1日

附表 6.4　Y(IP44)系列电动机的最佳负荷率β'

额定功率p_c / kW	同步转速/($r \cdot min^{-1}$)											
	3 000			1 500			1 000			750		
	η_c	P_0 /kW	β'	η_c	P_0 /kW	β'	η_c	P_0 /kW	β'	η_c	P_0 /kW	β'
4.0	0.855	0.265	0.8	0.845	0.245	0.71	0.84	0.228	0.65	0.84	0.25	0.7
7.5	0.862	0.30	0.58	0.87	0.285	0.58	0.86	0.376	0.66	0.86	0.35	0.63
11	0.872	0.66	0.83	0.88	0.45	0.65	0.87	0.52	0.68	0.865	0.63	0.76
15	0.882	0.76	0.78	0.885	0.57	0.64	0.895	0.69	0.68	0.88	0.6	0.64
22	0.89	1.28	0.94	0.915	0.692	0.72	0.902	0.74	0.72	0.90	0.90	0.76
37	0.905	1.75	0.91	0.918	1.1	0.71	0.908	1.2	0.69	0.91	1.38	0.78
55	0.915	2.52	0.99	0.926	1.56	0.74	0.92	1.35	0.73	—	—	—
75	0.915	3.38	0.97	0.927	2.41	0.83	—	—	—	—	—	—
90	0.92	3.6	0.92	0.935	2.65	0.86						
18.5	0.89	0.79	0.73	0.91	0.65	0.74	0.898	0.74	0.8	0.895	0.74	0.72

附表 6.5　JO2 系列和 Y(IP44)系列电动机的空载电流I_0(A)

系列 / 极数 / P_c/kW	JO2 系列				系列 / 极数 / P_c/kW	Y(IP44)系列			
	2	4	6	8		2	4	6	8
4.0	2.7	3.5	4.0	4.6	4.0	2.9	4.4	4.9	6.2
5.5	3.5	4.3	4.9	5.8	7.5	4.0	5.96	8.65	9.1
7.5	4.6	4.5	6.1	8.8	11	6.4	8.4	12.4	13
10	6.1	5.9	10.1	10.5	15	7.3	10.4	13.8	16.2
13	6.5	8.6	11.6	12.5	18.5	8.2	13.4	14.9	17.9
17	7.1	12.2	11.8	15.2	22	12	15	17.7	19.9
22	7.8	12.1	12.8	21	30	16.9	19.5	18.7	26
30	9.2	11.7	14.8	22.5	37	18.6	19	19.4	28.6
40	14	15.1	24	27.2	45	18.7	22	23.3	32.1
55	16.8	19	27.2	34.1	55	28.5	28.6	25.5	—
75	22.2	24.8	34.1	—	75	37.4	39.4	—	—
100	31	31.9	—	—	90	43.1	43.8	—	—

附表 6.6　照明光源较佳布置的距离比 L/h 值

照明器类型	L/h 值		单行布置时，房间允许的最大宽度
	多行布置	单行布置	
配照型、广照型工厂灯	1.8～2.5	1.8～2.0	$1.2H^{*}$
深照型、镜面深照型，乳白玻璃罩吊灯	1.6～1.8	1.5～1.8	$1.0H^{*}$
防爆灯、圆球灯、吸顶灯、防水防尘灯、防潮灯	2.3～3.2	1.9～2.5	$1.3H^{*}$
荧光灯	1.4～1.5		

注：H—房间高度，h—计算高度，L—灯间距离。

附表 6.7　国产电光源的技术条件

技术条件 \ 光源	普通白炽灯	卤钨灯	普通荧光灯	异型节电荧光灯	荧光高压汞灯	管形氙灯	高压钠灯	低压钠灯
功率范围(W)	5～1 000	500～2 000	6～125	7～25	50～1 000	1 500～10^5	250～400	
光效(lm/W)	6.5～19	19.5～30	25～60	50～70	30～50	20～37	90～150	180
标称寿命(h)	1 000	1 500	2 000～5 000	3 000～5 000	2 500～6 000	500～1 000	3 000～6 000	3 000～6 000
显色指数	97～99	95～99	65～80	85～90	30～40	90～94	20～25	20～25
起动时间	瞬时	瞬时	1～3 s	1～3 s	4～8 min	1～2 s	4～8 min	
再起动时间	瞬时	瞬时	1～3 s	1～3 s	5～10 min	瞬时	10～20 min	
功率因数	1	1	0.33～0.6	0.33～0.5	0.43～0.63	0.4～0.9	0.35～0.46	0.3～0.4
频闪效应	不明显	不明显	明显	明显	明显	明显	明显	明显
U 变化对 ϕ 的影响	大	大	较大	较大	较大	较大	大	大
t℃对 ϕ 的影响	小	小	大	大	较小	小	较小	较小
表面亮度	大	大	小	小	较大	大	较大	较大
耐震性能	较差	差	较好	较好	好	好	较好	较好
所需附件	无	无	镇流器 启辉器	镇流器 启辉器	镇流器	镇流器 触发器	镇流器	镇流器

参 考 资 料

1. 苏文成主编．工厂供电．北京:机械工业出版社,1990 年
2. 刘介才编．工厂供电．北京:机械工业出版社,1991 年
3. 同济大学电气工程系编．工厂供电．北京:中国建筑工业出版社,1981 年
4. 耿毅主编．工业企业供电．北京:冶金工业出版社,1985 年
5. 戴延年主编．建筑电气设计与应用．北京:水利电力出版社,1992 年
6. 徐玉琦编著．工厂电气设备经济运行．北京:机械工业出版社,1988 年
7. 工厂常用电气设备手册编写组编．工厂常用电气设备手册(补充本)．北京:水利电力出版社,1990 年
8. 李宗纲主编．节能技术．北京:兵器工业出版社,1991 年

参考资料

1. 苏文成主编．工厂供电．北京:机械工业出版社,1990年
2. 刘介才编．工厂供电．北京:机械工业出版社,1991年
3. 同济大学电气工程系编．工厂供电．北京:中国建筑工业出版社,1981年
4. 耿毅主编．工业企业供电．北京:冶金工业出版社,1985年
5. 戴延年主编．建筑电气设计与应用．北京:水利电力出版社,1992年
6. 徐玉琦编著．工厂电气设备经济运行．北京:机械工业出版社,1988年
7. 工厂常用电气设备手册编写组编．工厂常用电气设备手册(补充本)．北京:水利电力出版社,1990年
8. 李宗纲主编．节能技术．北京:兵器工业出版社,1991年